全国普通高校大学生竞赛排行榜榜单赛事

2024年（第17届）
中国大学生计算机设计大赛
参 赛 指 南

中国大学生计算机设计大赛组委会参赛指南编写委员会　组织编写

中国铁道出版社有限公司
CHINA RAILWAY PUBLISHING HOUSE CO., LTD.

内容简介

中国大学生计算机设计大赛是国家公布的全国普通高校大学生竞赛排行榜榜单赛事之一。

为了更好地指导2024年（第17届）中国大学生计算机设计大赛，大赛组委会参赛指南编写委员会组织编写了本书。本书共分12章，内容包括2024年大赛通知、大赛章程、大赛组委会、大赛内容与分类、赛事级别与作品上推方案、国赛承办单位与管理、参赛要求、奖项设置、违规作品处理、作品评比与评比委员规范、特色作品研讨，以及2023年获奖概况与获奖作品选登。

本书有助于规范参赛作品和提高大赛作品质量，是参赛院校，特别是参赛队指导教师的必备用书，也是参赛学生的重要参考资料。此外，本书也是从事计算机基础教学，尤其是新文科跨学科计算机教学的参考用书。

图书在版编目（CIP）数据

2024年（第17届）中国大学生计算机设计大赛参赛指南/中国大学生计算机设计大赛组委会参赛指南编写委员会组织编写.—北京:中国铁道出版社有限公司，2024.4
ISBN 978-7-113-31133-9

Ⅰ.①2… Ⅱ.①中… Ⅲ.①大学生-电子计算机-设计-竞赛-中国-2023-指南 Ⅳ.①TP302-62

中国国家版本馆CIP数据核字（2024）第063546号

书　　名：2024年（第17届）中国大学生计算机设计大赛参赛指南
作　　者：中国大学生计算机设计大赛组委会参赛指南编写委员会

策　　划：王春霞　　编辑部电话：（010）63551006
责任编辑：王春霞　许　璐
封面设计：刘　颖
责任校对：安海燕
责任印制：樊启鹏

出版发行：中国铁道出版社有限公司（100054，北京市西城区右安门西街8号）
网　　址：http://www.tdpress.com/51eds/
印　　刷：天津嘉恒印务有限公司
版　　次：2024年4月第1版　2024年4月第1次印刷
开　　本：787 mm×1 092 mm 1/16　印张：15.25　字数：370千
书　　号：ISBN 978-7-113-31133-9
定　　价：69.00元

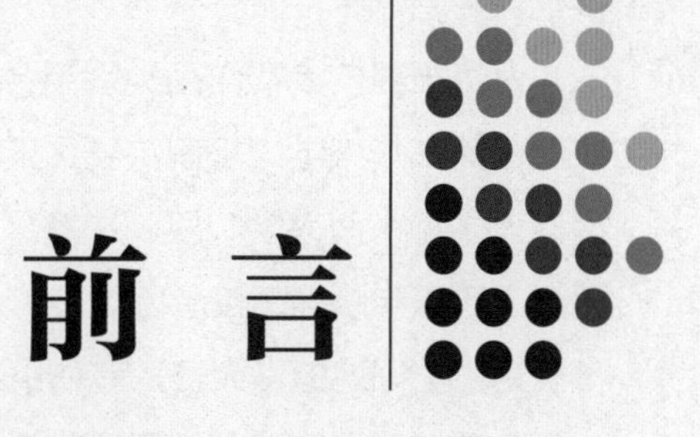

前 言

中国大学生计算机设计大赛（Chinese Collegiate Computing Competition，简称“4C”或“大赛”）是我国普通高校面向本科生最早的赛事之一，始筹于2007年，始创于2008年。自2008年开赛至2019年，一直由教育部高校与计算机相关的教指委等组织或独立或联合主办。根据教育部相关文件精神，从2020年开始，大赛由以北京语言大学为法人单位的中国大学生计算机设计大赛组织委员会主办。大赛组委会由北京语言大学、中国人民大学、华东师范大学、东南大学、厦门大学、山东大学、东北大学等高校，以及清华大学、北京大学等高校的教师组成。大赛自2019年开始，一直是国家公布的全国普通高校大学生竞赛排行榜榜单赛事之一，目前名列全国普通高校大学生计算机类竞赛列表第3位。

大赛是在国家现行宪法、法律、法规范围内的非营利性、公益性、科技型的群众性活动。大赛内容覆盖非专业的大学计算机课程的基本内容，是大学计算机课程理论教学实践活动的组成部分。大赛的创作主题与学生就业需求贴近，为在籍学生提升实践能力、创新创业能力的训练提供机会，为优秀人才脱颖而出创造条件，以提高学生信息素质、提升学生运用现代信息技术解决实际问题的综合能力。

大赛本着公平、公正、公开的原则对待每一件参赛作品，是为参赛师生展示才华提供的竞技平台。大赛的目的是以赛促学、以赛促教、以赛促创，为培养德智体美劳全面发展的创新性、应用型、复合型人才服务。

2024年（第17届）中国大学生计算机设计大赛的国赛参赛对象为全国高等院校2024年在籍的所有本科生（含港、澳、台学生及留学生）。

大赛已成功举办了 16 届 80 场次赛事。在大赛组织过程中，以北京语言大学、中国人民大学、华东师范大学、北京大学、清华大学等为代表的广大老师，4C各国赛决赛区，4C各省级赛组委会，以及作品指导教师等，做出了重要贡献。

2024年大赛分设11个类，分别是：（1）软件应用与开发；（2）微课与教学辅助；（3）物联网应用；（4）大数据应用；（5）人工智能应用；（6）信息可视化设计；（7）数媒静态设计；（8）数媒动漫与短片；（9）数媒游戏与交互设计；（10）计算机音乐创作；（11）国际生“汉学”。

大赛国赛按参赛作品类别组合为6个决赛区，将于 2024年7月～8月，先后由上海决赛区的东华大学、济南决赛区的山东大学、沈阳决赛区的东北大学、南京决赛区的南京大学和东南大学、厦门决赛区的厦门大学，以及杭州决赛区的杭州电子科技大学和浙江音乐学院等高校承办。

为了更好地指导大赛，我们组织编写了这本参赛指南。

参赛指南主要章节由大赛组委会卢湘鸿、李吉梅组织编写，全书整合由李吉梅负责。参与具体工作和提供意见的还有杜小勇、尤晓东、周小明、王学颖等。参赛指南是中国大学生计算机设计大赛实践的总结。在此，特别感谢（排名不分先后）：黄心渊、郑莉、张铭、卢卫、曹永存、淮永建、赵慧周、黄达、霍楷、吕英华、郑骏、杨志强、杜明、金莹、陈汉武、褚宁琳、李骏扬、林菲、詹国华、潘瑞芳、谢秉元、杨勇、陈华宾、郝兴伟、徐东平、郑世珏、王学松、陈志云、孙慧、温雅、牟堂娟、匡松、卢虹冰、耿国华等老师所做出的贡献。

参赛指南共分12章，内容包括2024年大赛通知、大赛章程、大赛组委会、大赛内容与分类、赛事级别与作品上推方案、国赛承办单位与管理、参赛要求、奖项设置、违规作品处理、作品评比与评比委员规范、特色作品研讨，以及2023年获奖概况与获奖作品选登。

此外，2023年获奖概况与获奖作品选登，按获奖类别和获奖等级分类编辑出版，以作为创作2024 年参赛作品时的参考。特色作品的竞赛提交文档（含演示视频和作品素材），可通过中国铁道出版社有限公司教育资源数字化平台（网页地址 http://www.51eds.com/tdjy/courseHome/searchCourseHomeDetail.action?courseId=55）进行下载；或者扫描作品右侧二维码进行下载；或者登录http://www.tdpress.com/51eds/，用手机号注册登录后，在“搜索”栏选择“课程”并输入关键字（如“4C2024大赛”）查找，即可找到相关资源进行下载。

参赛指南的出版，得到了中国铁道出版社有限公司的大力支持。本参赛指南对于规范参赛作品、提高大赛的作品质量，以及促进我国高等院校计算机基础课程的教学工作都会起到积极的推动作用。

对于参赛指南中的不足，欢迎大家指正、提出建议。

中国大学生计算机设计大赛
组委会参赛指南编写委员会
2023 年 11 月 8 日于北京

目 录

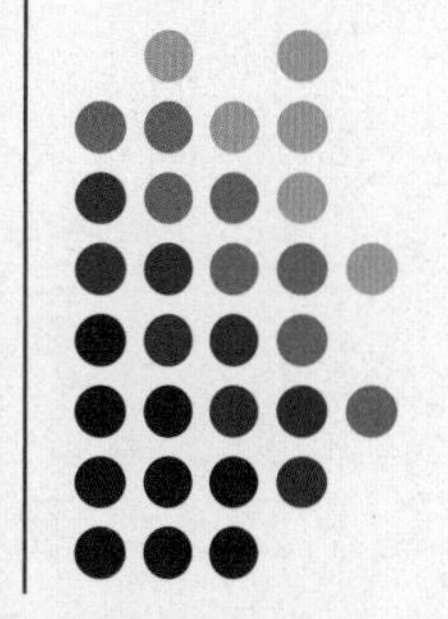

第 1 章 2024 年大赛通知

中国大学生计算机设计大赛组织委员会函件

中大计赛函〔2024〕1号

关于举办“2024年（第17届）中国大学生计算机设计大赛”的通知

各相关院校、省（直辖市、自治区）赛区、跨省区域赛区、国赛区：

中国大学生计算机设计大赛（以下简称大赛）是全国普通高校大学生竞赛排行榜榜单赛事之一。

大赛开始于2008年，是我国最早面向高校本科生的赛事之一，由教育部计算机相关教指委发起举办。大赛的目的是以赛促学、以赛促教、以赛促创，为国家培养德智体美劳全面发展的创新型、复合型、应用型人才服务。

2024年（第17届）中国大学生计算机设计大赛是由北京语言大学、中国人民大学、华东师范大学、南京大学、东南大学、厦门大学、山东大学、东北大学等高校，以及清华大学、北京大学等高校的教师组成的中国大学生计算机设计大赛组织委员会主办，参赛对象为全国高校2024年在籍的所有本科生（含港、澳、台学生及留学生）。大赛以校级赛、省级赛、国赛三级竞赛形式开展。国赛只接受省级赛上推的本科生的参赛作品。

2024年大赛分设11个大类，分别是：（1）软件应用与开发；（2）微课与教学辅助；（3）物联网应用；（4）大数据应用；（5）人工智能应用；（6）信息可视化设计；（7）数媒静态设计；（8）数媒动漫与短片；（9）数媒游戏与交互设计；（10）计算机音乐创作；（11）国际生“汉学”。详见附件1～附件3。

2024年大赛数媒类与计算机音乐创作类作品的主题是“中国古代数学——中华优秀传统文化系列之四”，国际生类的主题是“汉学”。

大赛国赛共组合为6个决赛区，其竞赛作品类别、举办地点、承办单位、时间如下：

（1）大数据应用/数媒游戏与交互设计；上海；上海对外经贸大学/东华大学/华东师范大学；7月17日—7月21日。

（2）软件应用与开发；山东威海；山东大学/北京语言大学；7月22日—7月26日。

（3）微课与教学辅助/数媒静态设计；沈阳；东北大学/中国人民大学；7月27日—7月31日。

（4）人工智能应用/国际生“汉学”；江苏无锡；东南大学/南京大学/江苏省计算机学会；8月8日—8月12日。

（5）物联网应用/数媒动漫与短片；厦门；厦门理工学院/厦门大学；8月13日—8月17日。

（6）信息可视化设计/计算机音乐创作；浙江金华；浙江师范大学/杭州电子科技大学/浙江音乐学院；8月18日—8月22日。

请各相关院校、省级赛组委会根据大赛通知和章程要求，积极组织学生参赛，并对指导教师工作量及参赛经费等方面予以大力支持。大赛将根据相关规定和实际情况，采取或线下答辩线下评审，或线上答辩线下评审等形式开展。

附件1 2024年（第17届）中国大学生计算机设计大赛竞赛规程
附件2 大赛简介
附件3 大赛信息咨询联系方式
大赛信息发布网站：http://jsjds.blcu.edu.cn

中国大学生计算机设计大赛组织委员会
2024年01月01日

附件 1

2024年（第17届）中国大学生计算机设计大赛竞赛规程（作品分类、参赛要求、承办院校与决赛时间），详见第4章、第5章和第6章。

附件 2

中国大学生计算机设计大赛简介

1. 大赛历史

中国大学生计算机设计大赛（Chinese Collegiate Computing Competition，简称“4C”或“大赛”）始筹于 2007 年，始创于 2008 年，已经举办了 16 届 80 场赛事。

第一届由教育部高等学校文科计算机基础教学指导委员会独立发起主办；从第 3 届开始，理工类计算机教指委参与主办；从第 5 届开始，计算机类专业教指委也参与主办；从第 13 届开始，根据教育部高教司的相关通知，大赛由中国大学生计算机设计大赛组织委员会主办，大赛组委会由北京语言大学、中国人民大学、华东师范大学、南京大学、东南大学、厦门大学、山东大学、东北大学等高校，以及清华大学、北京大学等高校的教师组成。大赛组委会的相应机构，由相关高校、相关部门、承办单位相关人员等组成。

此外，2011—2016 年中国教育电视台参与了主办；2017 年，中国高教学会参与了主办；2018 年，中国青少年新媒体协会参与了主办。

自 2019 年开始，大赛是全国普通高校大学生竞赛排行榜榜单赛事之一，位列计算机类竞赛的第 3 名。大赛每年举办一次。国赛决赛时间是当年 7 月中旬至 8 月下旬。

2. 大赛前提

“三安全”是中国大学生计算机设计大赛的前提，包括政治安全、经济安全和人身安全：

（1）政治安全，是指大赛竞赛的内容和竞赛管理要符合现行的宪法、法律和法规；

（2）经济安全，是指所有往来的经费委托承办院校处理，财务必须符合国家的相关制度；

（3）人身安全，是指现场决赛期间，务必保证参与者的人身安全。参与者包括参赛选手、指导教师、竞赛评委，以及与大赛相关的志愿者等其他人员。

3. 大赛目标

“三服务”是中国大学生计算机设计大赛的办赛目标和发展愿景，具体包括：

（1）为就业能力提升服务，即为满足学生就业（含深造）的需要服务；

（2）为专业能力提升服务，即为满足学生本身专业相关课程实践的需要服务；

（3）为创新创业能力提升服务，即为把学生培养成德智体美劳全面发展、具有团队合作意识和创新创业精神的人才需要服务。

大赛是大学计算机课程理论教学实践活动的组成部分，是大学阶段计算机技术应用“第一课堂”理论学习之后进行实践的一种形式，是大学生学习的“第二课堂”。大赛旨在激发学生学习计算机知识和技能的兴趣与潜能，提高学生运用信息技术解决实际问题的综合能力。通过大赛这种计算机教学实践形式，可展示师生的教与学成果，最终以赛促学，以赛促教，以赛促创。

4. 大赛性质

中国大学生计算机设计大赛是非营利的、公益性的、科技型的群众活动。大赛的生命线与遵从的原则是“三公”，即公开、公平、公正。公平、公正是灵魂和基础，公开是公平、公正的保障。

中国大学生计算机设计大赛设有章程，操作规范、透明。自2009年开始，每年均正式出版参赛指南（内容包括大赛通知、大赛章程、大赛组委会、大赛内容与分类、国赛承办单位与管理、参赛要求、奖项设置、违规作品处理、作品评比与评比委员规范、特色作品研讨、获奖作品选登等）。这种方式利于社会监督、检验赛事，是目前全国200多个面向大学生的竞赛中所仅有的。

5. 大赛对象与竞赛分类

（1）国赛参赛对象是全国高等院校当年在籍本科生（含港、澳、台学生及留学生）。

（2）竞赛内容目前分设：软件应用与开发、微课与教学辅助、物联网应用、大数据应用、人工智能应用、信息可视化设计、数媒静态设计、数媒动漫与短片、数媒游戏与交互设计、计算机音乐创作，以及国际生“汉学”等类别。

其中，计算机音乐创作类竞赛是我国境内开设最早的、面向大学生进行计算机音乐创作的国家级赛事。

6. 大赛现况

（1）大赛以三级竞赛形式开展，校级赛—省级赛—国家级赛。校级赛、省级赛（包括省赛、跨省区域赛和省级联赛）可自行、独立组织。省级赛原则上由各省的计算机学会、省计算机教学研究会、省计算机教指委或省教育厅（市教委）主办。

由省教育厅一级参与或继续主办省级选拔赛的有天津、辽宁、吉林、黑龙江、上海、江苏、安徽、福建、山东、湖南、广东、海南、四川、云南、甘肃、新疆等。

要求校级赛上推省级赛的比例不高于参加校级赛有效作品数的50%。省级赛的奖项由省级赛组委会自行设置。建议省级赛一等奖作品数不高于参加省级赛有效作品数的10%，二等奖不高于20%，三等奖为30% ～40%。

往年要求省级赛上推国赛的比例不高于参加省级赛有效作品数的30%。2023年开始，省级赛上推国赛的作品数量增加限额要求。省级赛组委会可将不超过上推限额的、按作品小类排名在省级赛前30%的优秀作品，上推入围国赛。

（2）大赛的参赛作品贴近实际，有些直接由企业命题，与社会需要相结合，有利于学生动手能力的提升，有利于创新创业人才的培养。参赛院校逐年增多，由2008年（第1届）的80所院校，发展到2023年（第16届）的1 000多所；国赛的参赛作品数由2008年的242件发展到2023年的5 671件（仅由省级赛上推到国赛的作品数）。

参赛作品质量也逐年提高，有些作品被CCTV采用，有些已商品化。

（3）由于秉承公开、公平、公正的原则，大赛在全国已有良好声誉，赛事的影响力也逐年提升。以大赛国赛的参赛院校为例，目前本科院校参赛超过六成，一流大学和一流学科院校参赛超过八成；原211院校和原985大学参赛超过八成。

7. 结束语

中国大学生计算机设计大赛以“三安全”为前提，以“三服务”为目标，以“三公”为原则，从筹备开赛到现在，经过十多年的共同努力，得到了参赛师生的理解、支持和信任。

中国大学生计算机设计大赛的发展，将进一步让师生受益、让学校受益、让社会受益，更好地服务于国家利益。

（大赛组委会秘书处整理，2023年10月8日）

附件3

2024年（第17届）中国大学生计算机设计大赛信息咨询联系方式

序号	类别	名称	联系人	联系电话	联系人邮箱	联系人单位
1	省赛	北京	武文娟 姚琳	010-62511258 17810239065	bjjsjsjds@163.com yaolin@ustb.edu.cn	中国人民大学 北京科技大学
2	省赛	天津	郭天勇	15922101627	guoty@nankai.edu.cn	南开大学
3	省赛	河北	肖胜刚	13833043671	hbsjsjds@hotmail.com	河北大学
4	省赛	山西	王博 张奋飞	13803490321 15834072803	22599870@qq.com 839668455@qq.com	中北大学
5	省赛	内蒙古	卜范玉	15847101243	bufanyu@imufe.edu.cn	内蒙古财经大学
6	省赛	辽宁	刘冰	024-86574484	3610278@qq.com	沈阳师范大学
7	省赛	吉林	张宇楠	18843077111	zhyn@jlu.edu.cn	吉林大学
8	省赛	黑龙江	金一宁	13936619560	hlj4cds@163.com	哈尔滨商业大学
9	省赛	上海	王占全	13512162031	zhqwang@ecust.edu.cn	华东理工大学
10	省赛	江苏	蒋锁良 叶锡君	15951802690 18651600817	jsjdswk@163.com	南京师范大学 南京农业大学
11	省赛	浙江	成禄	0571-86919045 18358112973	jsjsjds@hdu.edu.cn	杭州电子科技大学
12	省赛	安徽	杨勇	0551-5108293	ahjsjds@163.com	安徽大学
13	省赛	福建	高博	13375003893	xiaogengzj@126.com	福建农林大学
14	省赛	山东	田金良 牟堂娟	15953126255 18663770916	164239197@qq.com	山东工艺美术学院
15	省赛	江西	廖云燕	18970827031	liaoyunyan@foxmail.com	江西师范大学
16	省赛	河南	尚展垒	13838156565	shangzl@zzuli.edu.cn	郑州轻工业大学
17	省级联赛	中南赛区 - 湖北	彭德巍	18971201441	617068@qq.com	武汉理工大学
18	省级联赛	中南赛区 - 湖南	刘毅文	15367585173	87134537@qq.com	怀化学院
19	省级联赛	粤港澳赛区 - 广东	李宇耀	020-36635026	everybit@163.com	广东外语外贸大学

续表

序号	类别	名称	联系人	联系电话	联系人邮箱	联系人单位
20	省级联赛	粤港澳赛区 - 澳门	李宇耀	020-36635026	everybit@163.com	广东外语外贸大学
21	省级联赛	粤港澳赛区 - 香港	李宇耀	020-36635026	everybit@163.com	广东外语外贸大学
22	省赛	广西	尹本雄	18677362918	550566558@qq.com	广西师范大学
23	省赛	海南	罗志刚	13307609500	33099047@qq.com	海南师范大学
24	省赛	重庆	刘慧君	13668020601	290441667@qq.com	重庆大学
25	省赛	四川	罗晓东	18982006275	761030360@qq.com	四川旅游学院
26	省赛	贵州	胡家磊	18798093145	85449598@qq.com	贵州师范大学
27	省赛	云南	杜文方	13078702437	dwenfpn@163.com	昆明理工大学
28	省级联赛	西北赛区 - 陕西	董卫军	18082286999	wjdong@nwu.edu.cn	西北大学
29	省级联赛	西北赛区 - 甘肃	董卫军	18082286999	wjdong@nwu.edu.cn	西北大学
30	省级联赛	西北赛区 - 青海	董卫军	18082286999	wjdong@nwu.edu.cn	西北大学
31	省级联赛	西北赛区 - 宁夏	董卫军	18082286999	wjdong@nwu.edu.cn	西北大学
32	省级联赛	西北赛区 - 西藏	董卫军	18082286999	wjdong@nwu.edu.cn	西北大学
33	省赛	新疆	崔青	09918582023/ 13899802208	xjjsjds@163.com	新疆大学
34	国赛	国赛咨询	王学颖	18640575939	751661713@qq.com	沈阳师范大学
35	国赛	国赛咨询	杨勇	0551-65108293	yyzhhyzb@163.com	安徽大学

第 2 章
大赛章程

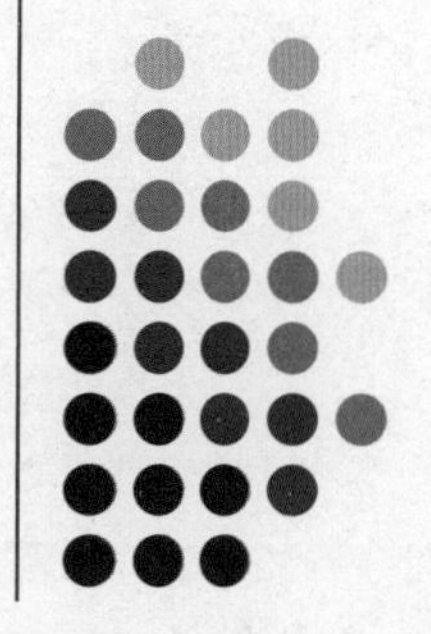

中国大学生计算机设计大赛（Chinese Collegiate Computing Competition，简称“4C”或“大赛”）是我国最早面向高校本科生的赛事之一，始筹于 2007 年，首届举办于 2008 年。自 2008 年开赛至 2019 年，一直由教育部高校与计算机相关的教指委等组织或独立或联合主办。根据教育部相关文件精神，从 2020 年开始，大赛由以北京语言大学为法人单位的，由北京语言大学、中国人民大学、华东师范大学、南京大学、东南大学、厦门大学、山东大学、东北大学等高校，以及清华大学、北京大学等高校的教师组成的中国大学生计算机设计大赛组织委员会主办。自 2019 年开始，大赛是全国普通高校大学生竞赛排行榜的榜单赛事之一，名列全国普通高校大学生计算机类竞赛列表第 3 位。

2.1 总则

第 1 条　大赛遵循国家现行宪法、法律、法规，是面向全国高校当年在籍本科生（含港、澳、台学生及留学生）的非营利性、公益性、科技型的群众活动。其中高职高专学生可参加省级赛，但国赛仅接收本科生的参赛作品。

第 2 条　大赛目的。

1．激发学生学习计算机知识和技能的兴趣与潜能，提高其运用信息技术解决实际问题的综合能力，为学生就业的需要服务、为学生专业发展的需要服务和为创新创业人才培养的需要服务，以赛促学、以赛促教、以赛促创，为培养德智体美劳全面发展、具有团队合作意识、创新创业能力的复合型、应用型的新质人才服务。

2．大赛是本科生相关专业计算机知识与技能学习的一种实践形式，是教学实践活动的组成部分。通过计算机教学实践，进一步推动高校大学计算机课程有关计算机应用教学的知识体系、课程体系、教学内容和教学方法的改革，培养学生科学思维意识，切实提高计算机技术基本应用的教学质量，展示师生的教学成果。

2.2 组织机构

第 3 条　中国大学生计算机设计大赛组织委员会（以下简称“大赛组委会”），是大赛

的最高权力组织机构。大赛组委会由高校相关人员、政府相关部门、承办单位相关负责人等组成。

第 4 条　本赛事由大赛组委会主办，大学（或与所在地方政府，或与省级高校计算机学会，或与省级高校计算机教育研究会，或与企业，或与行业等共同）承办，专家指导，学生参与，相关部门支持。

大赛组织委员会下设秘书处、专家委员会、数据与技术保障委员会（简称“数据委”）、纪律与监督委员会（简称“纪监委”）等工作部门。

（1）大赛组委会下属工作部门由大赛组委会负责组筹，其挂靠高校有责任在经费等方面给予必要的支持。

（2）大赛组委会秘书长主管秘书处，秘书处具体负责大赛组委会日常工作。

第 5 条　大赛组委会各工作部门分别负责大赛对象确定、国赛赛务承办单位落实、赛题拟定、报名发动、评委聘请、作品评比、证书印制、颁奖仪式举办、参赛人员食宿服务及其他与赛事相关的所有工作。

大赛组委会下属各工作部门，若做出的决定欲成为大赛组委会行为时，需经大赛组委会批准。

2.3 大赛形式与规则

第 6 条　本赛事采用全国统一命题，每年举办一次，赛事活动在当年结束。大赛国赛一般是现场赛，在暑假期间举行。根据竞赛的内容和其他需要，大赛组委会可决定采取线下决赛，或线上决赛，或线上线下混合决赛等形式。

第 7 条　本赛事采用三级赛制。

（1）校级赛（简称“校赛”）：本赛事的基层动员与初赛举办。

（2）省级赛：为国家级赛（简称“国赛”）推荐参赛作品和作者。省级赛包括省赛（即省、直辖市、自治区举办的赛事）和省级联赛（即跨省的区域选拔赛）。

（3）国家级赛（简称“国赛”）：国赛在大赛组委会委托的承办单位所在地或其他合适的地点举办。

校级赛、省级赛可自行、独立组织。

校级赛、省级赛的作品所录名次，与作品在国赛中评比、获奖等级无必然联系，不影响国赛独立评比和确定作品的获奖等级。

第 8 条　参赛作品要求。

（1）遵循国家宪法和相关法律、法规，符合中华民族优秀文化传统、优良公共道德价值、行业规范等要求。

（2）本届参赛作品必须是在本届大赛时间范围内（2023 年 7 月 1 日—2024 年 6 月 30 日）完成的原创作品，并体现一定的创新性或实用价值。不在本届大赛时间范围内完成的作品，不得参加本届竞赛。提交作品时，需同时提交该作品的源代码及素材文件。

（3）参赛作品必须是为本届大赛所完成的校级、校际与省级选拔赛的作品。与 2023 年 7 月 1 日之前校外展出或获奖作品雷同的参赛作者的前期作品，不得重复参赛；作品完成者与参赛作者必须一致，不得由他人代做；参赛作品的版权必须属于参赛作者，不得侵权。

凡已经转让知识产权或不具有独立知识产权的作品，均不得报名参加本赛事。

（4）省级赛上推入围国赛的作品，在取得国赛参赛资格后，其作者与指导教师的姓名和排序，不得变更。

（5）参赛作品不得在本赛事的大类间一稿多投。

（6）对本赛事设有作品主题的竞赛类别，作品必须按设定的主题进行设计。

第 9 条　本赛事国赛参赛对象为 2024 年全国高校当年在籍的中国本科生和国际来华本科生。2024 届的毕业生可以参赛，但一旦入围国赛，则应亲自参与决赛答辩，否则将影响作品的最终成绩。

第 10 条　本赛事只接受以学校为单位组队参赛。每校参赛作品，原则上每个小类不多于 2 件，每个大类不多于 3 件。各个类别的具体规定，请参见第 4 章。

第 11 条　参赛院校应安排有关职能部门负责参赛作品的组织、纪律监督与内容审核等工作，以保证本校竞赛的规范性和公正性，并由该学校相关部门签发组队参加大赛报名的文件。

第 12 条　违规作品处理。

违规作品的处理细则，参见第 9 章。其他异议作品的处理细则，另行规定。

第 13 条　作品参赛经费。

（1）学生参赛费用，应由参赛学生所在学校承担。

（2）学校有关部门要在多方面积极支持大赛工作，对指导教师应在工作量、活动经费等方面给予必要的支持。

第 14 条　本赛事国赛的参赛作品，参赛作者享有署名权、使用权，大赛组委会对参赛作品享有不以营利为目的的使用权；参赛作品的其他权利，由参赛作者和大赛组委会共同所有。

2.4　评奖办法

第 15 条　大赛组委会专家委员会本着公开、公平、公正的原则，组织评审参赛作品。

第 16 条　各个省级赛（包括省赛和省级联赛），可将不超过上推限额的、按作品小类排名在省级赛前 30% 的优秀作品上推入围国赛。各个省级组委会的上推限额与该省级赛区本届入围国赛参赛院校的数量、上一届的国赛参赛（如获奖情况、违规情况）等情况有关。

第 17 条　上推入围国赛的作品，经资格审查、入围公示并确认合格后，确定为入围国赛作品，其名单将在大赛网站公告。

第 18 条　入围国赛的作品，将按参赛作品类别，分别在不同国赛决赛区进行全国决赛。全国决赛包括作品展示与说明、作品答辩、专家评审等环节，部分作品将根据情况邀请其公开展示、参与点评研讨等活动。

第 19 条　入围国赛作品的获奖比例，按实际参加国赛的合格作品数量计算，一等奖不多于实际参赛合格作品数的 5%；二等奖不少于实际参赛合格作品数的 25%；三等奖不多于实际参赛合格作品数的 60%。入围国赛的作品，若发现违规，则按第 9 章的违规作品处理细则进行违规处理。

上述评奖比例分别按比赛作品类别大类中的小类计算。本届共设置 11 个大类，包括软件应用与开发、微课与教学辅助、物联网应用、大数据应用、人工智能应用、信息可视化设计、数媒静态设计、数媒动漫与短片、数媒游戏与交互设计、计算机音乐创作和国际生“汉学”。各大类应有各自的一等奖，各类别之间获奖名额不得互相挪用；各个大类中包含若干个小类，各小类原则上也应有各自的各级奖项，各小类之间奖项名额不得挪用。

2.5 公示与异议

第 20 条　为使大赛评比公平、公正、公开，大赛实行公示与异议制度。

第 21 条　对参赛作品，大赛组委会将分阶段（如报名、省级赛上推入围国赛、国赛决赛）在大赛网站上公示，以供监督、评议。任何个人和单位均可提出异议，由大赛组委会纪律与监督委员会受理。

第 22 条　受理异议的重点是违反竞赛章程的行为，包括作品抄袭、重复参赛、他人代做、一稿多投、不公正的评比等。

第 23 条　异议形式

大赛仅受理实名提出的异议（包括申诉、投诉和举报），匿名提出的异议无效。

（1）个人提出的异议，须写明本人的真实姓名、所在单位、通信地址、联系手机号码、电子邮件地址等，并需提交身份证复印件和具有本人亲笔签名的异议书。

（2）单位提出的异议，须写明联系人的真实姓名、通信地址、联系手机号码、电子邮件地址等，并需提交加盖本单位公章和负责人亲笔签名的异议书。

（3）大赛组委会纪监委对提出异议的个人或单位的信息负有保密职责。

（4）与异议有关的学校的相关部门，应协助大赛组委会纪监委对异议作品进行调查。

（5）纪监委在公示期或公示期结束后的适当时间（如每年的 10 月下旬前）向提出异议的个人或单位统一答复处理结果。

第 24 条　申诉和投诉的受理，仅限于公示期。若在公示期之外，举报已获奖的作品，只要是有真凭实据地举报其抄袭、他人代做等侵权行为，以及重复参赛、一稿多投等违规行为，纪监委均随时受理，何时发现何时处理，决不姑息。

违规作品的处理细则，参见第 9 章。

2.6 经费

第 25 条　大赛经费由主办、承办、协办和参赛单位共同筹集。各项费用标准依据历年承办经验和实际情况，由大赛组委会研究确定。

每件参加国赛的作品，均需由参赛院校交纳报名费。

每件参加国赛的作品，均需根据国赛决赛区的要求，由参赛院校交纳或免交评审费。评审费主要用于评比委员的交通、劳务等补贴。

每位参加国赛决赛的成员（包括参赛作品作者、指导教师和领队），均需根据国赛决赛区的要求，由参赛院校交纳或免交赛务费。赛务费主要用于参赛人员餐费、保险以及其他（如奖牌、证书）等开支。

正常情况下，国赛承办单位负责为参赛师生和评比委员统一安排住宿，费用自理。

第 26 条　在不违反大赛评比公开、公平、公正原则和不损害大赛及相关各方声誉的前提下，大赛接受政府、企业、事业单位或个人向大赛提供经费或其他形式的捐赠资助。

第 27 条　大赛属非营利性、公益性、科技型的群众活动，所筹经费仅以满足大赛赛事本身的各项基本需要为原则。大赛经费使用应遵循国家财务制度，直接用于竞赛本身和参赛师生，承办学校或个人不得挪作他用。

第 28 条　大赛国赛承办院校，在竞赛活动结束后，应在国赛当年的规定时间内，按照指定格式，上报财务决算报告与决赛总结。

2.7 国赛决赛承办单位的职责

第 29 条　国赛承办单位要与组委会签订承办协议，具体规定承办单位的职责和权利。

第 30 条　国赛承办单位有责任在必要时通过其法律顾问为大赛提供法律援助。

2.8 附则

第 31 条　本赛事的未尽事宜，将另行制定补充章程。补充章程中的相应规定，与本章程具有同等效力。

第 32 条　本章程的解释权属大赛组委会。

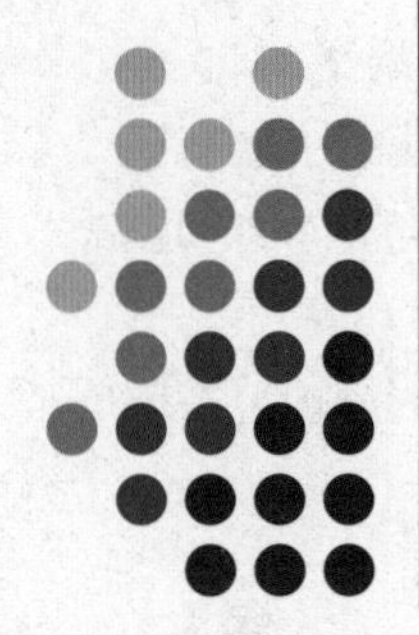

第3章 大赛组委会

中国大学生计算机设计大赛（Chinese Collegiate Computing Competition，简称“4C”或“大赛”）是我国高校最早面向普通高校本科生的赛事之一。自2008年开赛至2019年，一直由教育部高校与计算机相关的教指委等组织，或独立或联合主办。

根据教育部相关文件的精神，目前大赛是由以北京语言大学为法人单位的，由北京语言大学、中国人民大学、华东师范大学、东南大学、厦门大学、山东大学、东北大学等高校，以及清华大学、北京大学等高校的教师组成的中国大学生计算机设计大赛组委会主办。

自2019年开始，大赛一直为全国普通高校大学生竞赛排行榜榜单赛事之一。

2024年度大赛组委会基本构架如下。

3.1 名誉主任

（按姓氏笔画排序）

陈国良（中国科学技术大学，中国科学院）

周远清（教育部）

靳　诺（中国人民大学）

3.2 组委会主任

段　鹏（北京语言大学）

3.3 组委会常务副主任

杜小勇（中国人民大学）

3.4 组委会副主任

（按姓氏笔画排序）

王　强（东北大学）
王　瑞（浙江音乐学院）
韦　穗（安徽大学）
吕英华（东北师范大学）
朱顺痣（厦门理工学院）
陆延青（南京大学）
吴　卿（杭州电子科技大学）
吴　臻（山东大学）
林一钢（浙江师范大学）
金　石（东南大学）
周大旺（厦门大学）
周傲英（华东师范大学）
顾春华（上海理工大学）
徐永林（上海对外经贸大学）
舒慧生（东华大学）

3.5 组委会顾问

卢湘鸿（北京语言大学）

3.6 组委会秘书长

李吉梅（北京语言大学）

3.7 组委会常务委员

（按姓氏笔画排序）

王学松（北京师范大学）
卢虹冰（空军医科大学）
匡　松（西南财经大学）
刘　渊（江南大学）
杜　明（东华大学）
何钦铭（浙江大学）
张　孝（中国人民大学）
张　莉（北京航空航天大学）
张　铭（北京大学）
陈汉武（东南大学）
陈华宾（厦门大学）
林　菲（杭州电子科技大学）
金　莹（南京大学）
郑　莉（清华大学）
郑　骏（华东师范大学）
赵　欢（湖南大学）
郝兴伟（山东大学）
桂小林（西安交通大学）
耿国华（西北大学）
徐东平（武汉理工大学）
黄　达（东北大学）
黄心渊（中国传媒大学）
龚沛曾（同济大学）
曾　一（重庆大学）

3.8 组委会副秘书长

（按姓氏笔画排序）

王学松（北京师范大学）　　尤晓东（中国人民大学）
张　铭（北京大学）　　郑　莉（清华大学）
徐东平（武汉理工大学）

3.9 部分省级赛组委会部分成员

（排名不分先后）

刘志敏（北京大学）　　姚　琳（北京科技大学）
邓习峰（北京大学）　　武文娟（中国人民大学）
赵　宏（南开大学）　　朱美玲（南开大学）
郭天勇（南开大学）　　袁　方（河北大学）
滕桂法（河北农业大学）　　于　明（河北工业大学）
任家东（燕山大学）　　肖胜刚（河北大学）
李仁伟（中北大学）　　张奋飞（中北大学）
赵俊岚（内蒙古财经大学）　　周建涛（内蒙古大学）
魏宏喜（内蒙古大学）　　卜范玉（内蒙古财经大学）
罗敏娜（沈阳师范大学）　　张　欣（吉林大学）
张宇楠（吉林大学）　　郑德权（哈尔滨商业大学）
金一宁（哈尔滨商业大学）　　原松梅（哈尔滨工业大学）
李　丹（东北林业大学）　　刘玉峰（黑龙江大学）
杨志强（同济大学）　　刘晓强（东华大学）
徐志京（上海海事大学）　　吉根林（南京师范大学）
陶先平（南京大学）　　张　洁（南京大学）
叶锡君（南京农业大学）　　黄冬明（宁波大学）
谢秉元（浙江音乐学院）　　杨柏林（浙江工商大学）
陈小平（中国科技大学）　　杨　勇（安徽大学）
王　浩（合肥工业大学）　　许　勇（安徽师范大学）
陈桂林（滁州学院）　　孙中胜（黄山学院）
陈华宾（厦门大学）　　余　轮（福州大学）
徐鲁雄（福建师范大学）　　高　博（福建农林大学）
徐　琳（福建技术师范学院）　　杨印根（江西师范大学）
廖云燕（江西师范大学）　　毛阳芳（江西师范大学）
罗文兵（江西师范大学）　　于海雯（南昌大学）

郭　辉（井冈山大学）　　钟　琦（赣南师范大学）
顾群业（山东工艺美术学院）　　牟堂娟（山东工艺美术学院）
田金良（山东工艺美术学院）　　任雪玲（青岛大学）
郭清溥（河南财经政法大学）　　尚展垒（郑州轻工业大学）
刘　洋（河南财经政法大学）　　翟　萍（郑州大学）
彭德巍（武汉理工大学）　　杨　青（华中师范大学）
黄建忠（武汉大学）　　彭小宁（怀化学院）
杨玉军（怀化学院）　　赵　欢（湖南大学）
刘卫国（中南大学）　　蒋盛益（广东外语外贸大学）
王常吉（广东外语外贸大学）　　李宇耀（广东外国外贸大学）
吴丽华（海南师范大学）　　陈叙明（海南师范大学）
罗志刚（海南师范大学）　　朱庆生（重庆计算机学会）
曾　一（重庆大学）　　刘慧君（重庆大学）
丁晓明（西南大学）　　向　毅（重庆科技学院）
邹显春（西南大学）　　王　锦（西华师范大学）
梅　挺（成都医学院）　　王　扬（西南石油大学）
任　伟（成都医学院）　　欧卫华（贵州师范大学）
周　勋（贵州师范大学）　　张　乾（贵州民族大学）
龙　飞（贵州理工学院）　　崔忠伟（贵州师范学院）

高　飞（云南民族大学）　　杨志军（云南省教育厅）
杨　毅（云南农业大学）　　普运伟（昆明理工大学）
梁　洁（云南大学）　　董卫军（西北大学）
陈明晰（西安石油大学）　　汪烈军（新疆大学）
崔　青（新疆大学）　　王崇国（新疆大学）
田翔华（新疆医科大学）　　李海芳（新疆师范大学）
李志刚（石河子大学）

3.10 组委会组成

组委会下属机构由专家委员会（简称“专家委”）、数据与技术保障委员会（简称“数据委”）、纪律与监督委员会（简称“纪监委”），以及秘书处组成。

3.10.1　专家委员会

1. 挂靠单位：中国人民大学。
2. 主　任：杜小勇（兼，中国人民大学）

   副主任（按姓氏笔画排序）：

   李吉梅（北京语言大学）　　张　铭（北京大学）
   张小夫（中央音乐学院）　　郑　莉（清华大学）
   黄心渊（中国传媒大学）

3. 秘书长：卢　卫

副秘书长（按姓氏笔画排序）：

李骏扬（东南大学）　　严宝平（南京艺术学院）

陈志云（华东师范大学）　　金　莹（南京大学）

谢秉元（浙江音乐学院）　　韩静华（北京林业大学）

温　雅（西北大学）

4. 规模：

（1）专家委员会规模原则上不多于20人

（2）每个分专家委员会规模原则上不多于20人

5. 主要任务：

（1）确定每年参赛作品的类别和主题。

（2）制定各类别参赛作品国家级赛的评比标准。

（3）制定国家级赛的评比委员标准。

（4）推荐与审定国家级赛的评比委员。

（5）组建和维护五个专家分委员会的专家库。

（6）以作品大类为单位：①国家级赛评比的组织与实施；②评比前评比专家的培训；③评比专家与参赛师生代表的对接与沟通；④国赛期间特色作品的点评、研讨；⑤大赛学术活动的组织；⑥获奖作品的确定。

说明：评比委员数据库由各专家分委员会分别负责组建。

6. 专家委机构设置，下设五个分委员会：

（1）大数据 / 人工智能 / 信息可视化设计专家分委会

主　任：杜小勇（兼，中国人民大学）

副主任（按姓氏笔画排序）：

刘　渊（江南大学）　　张　铭（北京大学）

桂小林（西安交通大学）

秘书长：卢卫（中国人民大学）

副秘书长（按姓氏笔画排序）：

王学松（北京师范大学）　　王晓慧（北京科技大学）

刘晓强（东华大学）　　李骏扬（东南大学）

温　雅（西北大学）

下设：

①大数据组；②人工智能组；③信息可视化设计组。

（2）软件应用与开发 / 微课与教学辅助 / 物联网应用专家分委会

主　任：郑　莉（清华大学）

副主任（按姓氏笔画排序）：

牛东来（首都经济贸易大学）　　陈志云（华东师范大学）

别荣芳（北京师范大学）　　金　莹（南京大学）

杨　青（华中师范大学）

秘书长：白玥（华东师范大学）

副秘书长（按姓氏笔画排序）：

唐大仕（北京大学）　　郑　宇（南京医科大学）

下设：①软件应用与开发组；②微课与教学辅助组；③物联网应用组。

（3）数媒分委会

主　任：黄心渊（中国传媒大学）

副主任（按姓氏笔画排序）：

李四达（北京服装学院）　　顾群业（山东工艺美术学院）

淮永建（北京林业大学）　　褚宁琳（南京艺术学院）

潘瑞芳（浙江传媒学院）

秘书长：严宝平（南京艺术学院）

副秘书长（按姓氏笔画排序）：

孙　慧（东北师范大学）　　牟堂娟（山东工艺美术学院）

黄晓瑜（福州大学）　　韩静华（北京林业大学）

下设：①静态设计组；②动漫与短片组；③游戏与交互设计组。

（4）计算机音乐专家分委会

主　任：张小夫（中央音乐学院）

副主任：王　铉（中国传媒大学）

秘书长：谢秉元（浙江音乐学院）

副秘书长（按姓氏笔画排序）：

冯　坚（武汉音乐学院）　　李　嘉（武汉音乐学院）

李秋筱（浙江音乐学院）　　蒋安庆（中国传媒大学）

（5）国际生"汉学"专家分委会

主　任：徐　娟（北京语言大学）

副主任（按姓氏笔画排序）：

宋继华（北京师范大学）　　宗　平（南京邮电大学）

秘书长：于　淼（北京语言大学）

副秘书长：郑　宇（南京医科大学）

3.10.2　数据与技术保障委员会

1. 挂靠单位：中国人民大学
2. 常务副主任：张　孝（中国人民大学）
   副主任：金　莹（南京大学）
3. 秘书长：尤晓东（中国人民大学）
   副秘书长（按姓氏笔画排序）：
   刘慧君(重庆大学)　　杨　勇（安徽大学）
   周小明（中国人民大学）　　彭德巍（武汉理工大学）
4. 委员（按姓氏笔画排序）：
   丁代宏（厦门大学）　　尤晓东（中国人民大学）

尹　枫（东华大学）　　　　　　刘小锋（东北大学）
刘慧君（重庆大学）　　　　　　伍爱平（杭州电子科技大学）
李炫烨（山东大学）　　　　　　张　孝（中国人民大学）
杨　喆（东北大学）　　　　　　杨　勇（安徽大学）
金　莹（南京大学）　　　　　　周小明（中国人民大学）
彭德巍（武汉理工大学）　　　　董卫军（西北大学）

5．任务：

（1）大赛网站的开发运行与维护；

（2）校赛、省级赛、国赛承办院校数据处理人员的技术培训；

（3）赛事报名与相关技术保障；

（4）大赛日常线上与线下数据处理与咨询回复；

（5）国赛决赛现场技术设备检查与赛事数据处理。

3.10.3　纪律与监督委员会

1．挂靠单位：华东师范大学

2．主　任：周傲英（华东师范大学）

常务副主任：郑　骏（华东师范大学）

副主任（按姓氏笔画排序）：

刘腾红（中南财经政法大学）　　陈汉武（东南大学）
徐东平（武汉理工大学）　　　　韩忠愿（南京财经大学）

3．秘书长：张　洁（南京大学）

副秘书长（按姓氏笔画排序）：

刘志敏（北京大学）　　　　　　赵慧周（北京语言大学）
彭小宁（怀化学院）

4．委员（按姓氏笔画排序）：

刘志敏（北京大学）　　　　　　刘腾红（中南财经政法大学）
张　洁（南京大学）　　　　　　张　露（四川大学）
陈汉武（东南大学）　　　　　　陈利群（南京艺术学院）
赵慧周（北京语言大学）　　　　郑　骏（华东师范大学）
徐东平（武汉理工大学）　　　　彭小宁（怀化学院）
韩忠愿（南京财经大学）

5．任务：

（1）本赛事各类别的评价；

（2）评比委员资格审查；

（3）作品指导教师、各校领队基本条件制定；

（4）违规作品处理；

（5）申诉投诉与举报受理；

（6）对决赛承办单位经费使用监督；

（7）对大赛各个环节的过程与质量监督。

3.10.4 秘书处

1．挂靠单位：北京语言大学

2．主　任：待定

副主任：匡　松（西南财经大学）　　郝兴伟（山东大学）

3．秘书长：李吉梅（兼，北京语言大学）

副秘书长（按姓氏笔画排序）：

王学颖（沈阳师范大学）　　杨　勇（安徽大学）

赵慧周（北京语言大学）　　曹淑艳（对外经济贸易大学）

4．成员（排名不分先后）：

刘慧君（重庆大学）　　李吉梅（北京语言大学）

李骏扬（东南大学）　　严宝平（南京艺术学院）

杨　勇（安徽大学）　　张婧波（东北师范大学）

赵慧周（北京语言大学）　　贾刚勇（杭州电子科技大学）

曹淑艳（对外经济贸易大学）　　彭德巍（武汉理工大学）

董卫军（西北大学）　　廖云燕（江西师范大学）

5．任务：

（1）参赛指南的研究、修改与出版；

（2）与省级赛的联系与业务指导；

（3）国赛承办院校的选定与落实；

（4）国赛决赛现场的赛务组织指导；

（5）各国赛决赛区开、闭幕式组织；

（6）本赛事启动会、总结会等会议的组筹与落实；

（7）本赛事各委员会任务之外的其他日常工作。

说明：

1．大赛组委会所有人员，均为志愿性质，服务期为一年。大赛组委会每年重组一次。

2．组委会下属各工作部门的其他组成人员，另行公布。

第 4 章 大赛内容与分类

4.1 大赛内容依据与分类

4.1.1 大赛竞赛内容主要依据

大赛竞赛内容覆盖本科大学计算机课程的基本内容，是计算机应用技术理论教学实践的组成部分，是计算机应用技术理论教学实践的一种形式。

根据《国务院办公厅关于深化高等学校创新创业教育改革实施意见》（国办发〔2015〕36 号）、《关于深化本科教育教学改革 全面提高人才培养质量的意见》（教高〔2019〕6 号）等文件精神，依据本科大学计算机课程教学要求、文科类专业大学计算机教学要求，大赛竞赛的主要目标包括：

（1）为学生社会就业（含深造）的需要服务。

（2）为学生本身专业的需要服务。

（3）为把学生培养成创新创业人才的需要服务。

说明：参赛作品中如果包含地图，在涉及国家当代疆域时，应注明地图来源（如中华人民共和国自然资源部网站），并且注明审图号，否则属于违规，取消参赛资格。

4.1.2 大赛作品内容的大类与主题说明

1. 2024 年（第 17 届）大赛作品共分 11 大类，具体包括：

（1）软件应用与开发。

（2）微课与教学辅助。

（3）物联网应用。

（4）大数据应用。

（5）人工智能应用。

（6）信息可视化设计。

（7）数媒静态设计。

（8）数媒动漫与短片。

（9）数媒游戏与交互设计。

（10）计算机音乐创作。

（11）国际生“汉学”。

其中，（7）、（8）、（9）三个大类，统称为数媒类。

2. 大赛数媒类与计算机音乐创作类作品的主题

2024年（第17届）中国大学生计算机设计大赛数媒类与计算机音乐创作类作品的主题为“中国古代数学——中华优秀传统文化系列之四”。

内容仅限于我国历史上（1911年以前）数学相关成就，包括：

（1）中国古代数学成就——弘扬中华优秀自然科学成就。

（2）中国古代数学领域杰出科学家——弘扬中华优秀科学家精神。

（3）中国古代杰出的数学著作——弘扬中华优秀数学科学专著。

（4）中国古代数学文化——弘扬中华优秀自然科学文明和文化传承。

3. 国际生参赛作品的主题为：汉学

内容限于中国古代文化（1911年以前）相关成就，包括：

（1）中国古代文化概述——弘扬中华优秀传统文化成就。

（2）中国古代文化杰出著作——弘扬中华优秀文化典籍。

（3）中国古代文化杰出学者——弘扬中华优秀传统科技文化和精神文化。

（4）中国古代文化典故与文化习俗——弘扬传承中华优秀语言文化和民俗文化。

4. 国赛作品奖项设置

（1）一等奖：不多于有效参赛作品数的5%。

（2）二等奖：不少于有效参赛作品数的25%。

（3）三等奖：不多于有效参赛作品数的60%。

5. 数媒各大类参赛作品分组

数媒各大类参赛作品参赛时，按普通组与专业组分别进行。界定数媒类作品专业组的专业清单（参考教育部2020年发布新专业目录），具体包括：

（1）教育学类：040105 艺术教育。

（2）新闻传播学类：050302 广播电视学、050303 广告学、050306T 网络与新媒体、050307T 数字出版。

（3）机械类：080205 工业设计。

（4）计算机类：080906 数字媒体技术、080912T 新媒体技术、080913T 电影制作、080916T 虚拟现实技术。

（5）建筑类：082801 建筑学、082802 城乡规划、082803 风景园林、082805T 人居环境科学与技术、082806T 城市设计。

（6）林学类：090502 园林。

（7）戏剧与影视学类：130303 电影学、130305 广播电视编导、130307 戏剧影视美术设计、130310 动画、130311T 影视摄影与制作、130312T 影视技术。

（8）美术学类：130401 美术学、130402 绘画、130403 雕塑、130404 摄影、130405T 书法学、130406T 中国画、130408TK 跨媒体艺术、130410T 漫画。

（9）设计学类：130501 艺术设计学、130502 视觉传达设计、130503 环境设计、130504 产品设计、130505 服装与服饰设计、130506 公共艺术、130507 工艺美术、130508 数字媒体艺术、130509T 艺术与科技、130511T 新媒体艺术、130512T 包装设计、082404T 家具设计与工程、130510TK 陶瓷艺术设计、81602 服装设计与工程。

备注：现有专业中如果涉及上述专业方向，视同按照专业类参赛。例如：计算机科学与技术（数字媒体方向）视同专业组参赛。

6. 计算机音乐创作类参赛作品分组

计算机音乐创作类参赛作品参赛时，按普通组与专业组分别进行。同时符合以下三个条件的作者，其参赛作品按计算机音乐创作类专业组参赛。

（1）在以专业音乐学院、艺术学院与类似院校（例如武汉音乐学院、南京艺术学院、中国传媒大学）、师范大学或普通本科院校的音乐专业或艺术系科就读。

（2）所在专业是电子音乐制作或作曲、录音艺术等类似专业，例如：电子音乐制作、电子音乐作曲、音乐制作、作曲、音乐录音、新媒体（流媒体）音乐，以及其他名称但实质是相似的专业。

（3）在校期间，接受过以计算机硬、软件为背景（工具）的音乐创作、录音艺术课程的正规教育。

其他不同时具备以上三个条件的作者，其参赛作品均按普通组参赛。

4.1.3　大赛作品内容的类别与说明

1. 软件应用与开发

包括以下小类：

（1）Web 应用与开发。

（2）管理信息系统。

（3）移动应用开发（非游戏类）。

（4）算法设计与应用。

（5）软件应用与开发专项赛。

说明：

（1）软件应用与开发的作品是指运行在计算机（含智能手机）、网络、数据库系统之上的软件，提供信息管理、信息服务、移动应用、算法设计等功能或服务。

（2）Web 应用与开发类作品，一般是 B/S 模式（即浏览器端 / 服务器端应用程序），客户端通过浏览器与 Web 服务器进行数据交互，例如各类购物网站、博客、在线学习平台等。参赛者应提供能够在互联网上访问的网站地址（域名或 IP 地址均可）

（3）管理信息系统类作品，一般为满足用户信息管理需求的信息系统，具有信息检索迅速、查找方便、可靠性高、存储量大等优点。该类系统通常具有信息的规划与管理、科学统计和快速查询等功能。例如财务管理系统、图书馆管理系统、学生信息管理系统等。

（4）移动应用开发（非游戏）类作品，通常专指手机上的应用软件，或手机客户端。

（5）算法设计与应用类作品，主要以算法为核心，以编程的方式解决实际问题并得以应用。既可以使用经典的传统算法，也可以利用机器学习、深度学习等新兴算法与技术，支持 C、C++、Python、MATLAB 等多种语言实现。涉及算法设计、逻辑推理、数学建模、编程实现等综合能力。

（6）软件应用与开发专项赛，采用大赛组委会命题方式，赛题（不超过 3 个）将适时在大赛相关网站公布。

（7）本大类每个参赛队可由同一所院校的 1 ～ 5 名本科生组成，指导教师不多于 2 人。

（8）每位作者在本大类只能提交 1 件作品，无论作者排名如何。

（9）每校参加省级赛的每小类作品数量，由各省级赛组委会自行规定；每校每小类入围国赛的作品不多于 2 件；每校本大类入围国赛的作品不多于 3 件。

（10）每件作品答辩时，作者的作品介绍（含作品演示）时长不超过 10 分钟。

2. 微课与教学辅助

包括以下小类：

（1）计算机基础与应用类课程微课（或教学辅助课件）。

（2）中、小学数学或自然科学课程微课（或教学辅助课件）。

（3）汉语言文学（限于唐诗宋词）微课（或教学辅助课件）。

（4）虚拟实验平台。

说明：

（1）微课是指运用信息技术，按照认知规律，呈现碎片化学习内容、过程及扩展素材的结构化数字资源，其内容以教学短视频为核心，并包含与该教学主题相关的教学设计、素材课件、教学反思、练习测试及学生反馈、教师点评等辅助性教学资源。

（2）教学辅助课件是指根据教学大纲的要求，经过教学目标确定、教学内容和任务分析、教学活动结构及界面设计等环节，运用信息技术手段制作的课程软件。

（3）微课与教学辅助课件类作品，应是经过精心设计的信息化教学资源，能多层次多角度开展教学，实现因材施教，更好地服务受众。本类作品选题限定于大学计算机基础、汉语言文学（唐诗宋词）和中小学自然科学相关教学内容三个方面。 作品应遵循科学性和思想性统一、符合认知规律等原则，作品内容应立足于教材的相关知识点展开，其立场、观点需与教材保持一致。

（4）虚拟实验平台是指借助多媒体、仿真和虚拟现实等技术在计算机上营造可辅助、部分替代或全部替代传统教学和实验各操作环节的相关软硬件操作环境。

（5）本大类每个参赛队可由同一所院校的 1 ～ 5 名本科生组成，指导教师不多于 2 人。

（6）每位作者在本大类只能提交 1 件作品，无论作者排名如何。

（7）每校参加省级赛的作品数量，由各省级赛组委会自行规定；每校本大类和每小类入围国赛的作品不多于 2 件。

（8）每件作品答辩时，作者的作品介绍（含作品演示）时长不超过 10 分钟。

3. 物联网应用

包括以下小类：

（1）城市管理。

（2）医药卫生。

（3）运动健身。

（4）数字生活。

（5）行业应用。

（6）物联网专项。

说明：

（1）城市管理小类作品是基于全面感知、互联、融合、智能计算等技术，以服务城市管理为目的，以提升社会经济生活水平为宗旨，形成某一具体应用的完整方案。例如：智慧交通、城市公用设施、市容环境与环境秩序监控、城市应急管理、城市安全防护、智能建筑、文物保护、数字博物馆等。

（2）医药卫生小类作品应以物联网技术为支撑，实现智能化医疗保健和医疗资源的智能化管理，满足医疗健康信息、医疗设备与用品、公共卫生安全的智能化管理与监控等方面的需求。建议但不限于如下方面：医院应用，如移动查房、婴儿防盗、自动取药、智能药瓶等；家庭应用，如远程监控家庭护理，包括婴儿监控、多动症儿童监控、老年人生命体征家庭监控、老年人家庭保健、病人家庭康复监控、医疗健康监测、远程健康保健、智能穿戴监测设备等。

（3）运动健康小类作品应以物联网技术为支撑，以提高运动训练水平和大众健身质量为目的。建议但不限于如下方面：运动数据分析、运动过程跟踪、运动效果监测、运动兴趣培养、运动习惯养成以及职业运动和体育赛事的专用管理训练系统和设备。

（4）数字生活小类作品应以物联网技术为支撑，通过稳定的通信方式实现家庭网络中各类电子产品之间的“互联互通”，以提升生活水平、提高生活便利程度为目的，包括：各类消费电子产品、通信产品、信息家电以及智能家居等。鼓励选手设计和创作利用各种传感器解决生活中的问题、满足生活需求的作品。

（5）行业应用小类作品应以物联网技术为支撑，解决某行业领域某一问题或实现某一功能，以提高生产效率、提升产品价值为目的，包括物联网技术在工业、零售、物流、农林、环保以及教育等行业的应用。

（6）物联网专项赛，采用大赛组委会命题方式，赛题（不超过 3 个）将适时在大赛相关网站公布。

（7）作品必须有可展示的实物系统，需提交实物系统功能演示视频（不超过 10 分钟）与相关设计说明书，现场答辩过程应对作品实物系统进行功能演示。

（8）本大类每个参赛队可由同一所院校的 1 ～ 5 名本科生组成，指导教师不多于 2 人。

（9）每位作者在本大类只能提交 1 件作品，无论作者排名如何。

（10）每校参加省级赛的每小类作品数量，由各省级赛组委会自行规定；每校每小类入围国赛的作品不多于 2 件；每校本大类入围国赛的作品不多于 3 件。

（11）每件作品答辩时，作者的作品介绍（含作品演示）时长不超过 10 分钟。

4. 大数据应用

包括以下小类：

（1）大数据实践赛。

（2）大数据主题赛。

说明：

（1）大数据实践赛作品指利用大数据思维发现社会生活和学科领域的应用需求，利用大数据和相关新技术设计解决方案，实现数据分析、业务智能、辅助决策等应用。要求参赛作品以研究报告的形式呈现成果，报告内容主要包括：数据来源、应用场景、问题描述、系统设计与开发、数据分析与实验、主要结论等。参赛作品应提交的资料包括：研究报告、可运行的程序、必要的实验分析，以及数据集和相关工具软件。

作品涉及的领域包括但不限于：

① 环境与人类发展大数据（气象、环境、资源、农业、人口等）。

② 城市与交通大数据（城市、道路交通、物流等）。

③ 社交与 Web 大数据（舆情、推荐、自然语言处理等）。

④ 金融与商业大数据（金融、电商等）。

⑤ 法律大数据（司法审判、普法宣传等）。

⑥ 生物与医疗大数据。

⑦ 文化与教育大数据（教育、艺术、文化、体育等）。

(2)大数据主题赛采用组委会命题方式,赛题(不超过 3 个)将适时在大赛相关网站公布。

（3）本大类每个参赛队可由同一所院校的 1 ～ 5 名本科生组成，指导教师不多于 2 人。

（4）每位作者在本大类只能提交 1 件作品，无论作者排名如何。

（5）每校参加省级赛的每小类作品数量，由各省级赛组委会自行规定；每校每小类入围国赛的作品不多于 2 件；每校本大类入围国赛的作品不多于 3 件。

（6）每件作品答辩时，作者的作品介绍（含作品的运行演示）时长不超过 10 分钟。

5. 人工智能应用

包括以下小类：

（1）人工智能实践赛。

（2）人工智能挑战赛。

说明：

（1）人工智能实践赛是针对某一领域的特定问题，提出基于人工智能的方法与思想的解决方案。这类作品，需要有完整的方案设计与代码实现，撰写相关文档，主要内容包括：作品应用场景、设计理念、技术方案、作品源代码、用户手册、作品功能演示视频等。本类作品必须有具体的方案设计与技术实现，现场答辩时，必须对系统功能进行演示。作品涉及的领域，包括但不限于：智能城市与交通（包括汽车无人驾驶）、智能家居与生活、智能医疗与健康、智能农林与环境、智能教育与文化、智能制造与工业互联网、三维建模与虚拟现实、自然语言处理、图像处理与模式识别方法研究、机器学习方法研究。

（2）人工智能挑战赛采用大赛组委会命题方式，赛题（不超过 5 个）将适时在大赛相关网站公布。挑战类项目的国赛将进行现场测试，并以测试效果与答辩成绩综合评定最终排名。

（3）本大类每个参赛队可由同一所院校的 1 ～ 5 名本科生组成，指导教师不多于 2 人。

（4）每位作者在本大类只能提交 1 件作品，无论作者排名如何。

（5）每校参加省级赛的每小类作品数量，由各省级赛组委会自行规定；每校每小类入围国赛的作品不多于 2 件；每校本大类入围国赛的作品不多于 3 件。

（6）每件作品答辩时，作者的作品介绍（含作品演示）时长不超过 10 分钟。

6. 信息可视化设计

包括以下小类：

（1）信息图形设计。

（2）动态信息影像（MG 动画）。

（3）交互信息设计。

（4）数据可视化。

说明：

（1）信息可视化设计侧重用视觉化的方式，归纳和表现信息与数据的内在联系、模式和结构，具体分为信息图形设计、动态信息影像、交互信息设计和数据可视化。

（2）信息图形指信息海报、信息图表、信息插图、信息导视或科普图形。

（3）动态信息影像指以可视化信息呈现为主的动画或影像合成作品。

（4）交互信息设计指基于电子触控媒介、虚拟现实等技术的可交互的可视化作品，如交互图表以及仪表板作品。

（5）数据可视化是指基于编程工具或数据分析工具（含开源软件）等实现的具有数据分析和数据可视化特点的作品。

（6）该类别要求作品具备艺术性、科学性、完整性、流畅性和实用性，而且作者需要对参赛作品信息数据来源的真实性、科学性与可靠性进行说明，并提供源文件。该类别作品需要提供完整的方案设计与技术实现的说明，特别是设计思想与现实意义。数据可视化和交互信息设计作品还需说明作品应用场景、设计理念，提交作品源代码、作品功能演示录屏等。

（7）本大类每个参赛队可由同一所院校的 1 ～ 5 名本科生组成，指导教师不多于 2 人。

（8）每位作者在本大类只能提交 1 件作品，无论作者排名如何。

（9）每校参加省级赛的每小类作品数量，由各省级赛组委会自行规定；每校每小类入围国赛的作品不多于 2 件；每校本大类入围国赛的作品不多于 3 件。

（10）每件作品答辩时，作者的作品介绍（含作品演示）时长不超过 10 分钟。

7. 数媒静态设计

包括以下小类：

（1）平面设计普通组。

（2）环境设计普通组。

（3）产品设计普通组。

（4）平面设计专业组。

（5）环境设计专业组。

（6）产品设计专业组。

说明：

（1）本大类的参赛作品应以“中国古代数学——中华优秀传统文化系列之四”为主题进行创作，主题的内容限定与说明，参见 4.1.2 第 2 点所述。

（2）平面设计，内容包括服饰、手工艺、手工艺品、海报招贴设计、书籍装帧、包装设计等利用平面视觉传达设计的展示作品。

（3）环境设计，内容包括空间形象设计、建筑设计、室内设计、展示设计、园林景观设计、公共设施小品（景观雕塑、街道设施等）设计等环境艺术设计相关作品。

（4）产品设计，内容包括传统工业和现代科技产品设计，即有关生活、生产、运输、交通、办公、家电、医疗、体育、服饰等工具或生产设备等领域产品设计作品。该小类作品必须提供表达清晰的设计方案，包括产品名称、效果图、细节图、必要的结构图、基本外观尺寸图、产品创新点描述、制作工艺、材质等，如有实物模型更佳。要求体现创新性、可行性、美观性、环保性、完整性、经济性、功能性、人体工学及系统整合。

（5）本大类作品分普通组与专业组进行报名与评比。普通组与专业组的划分参见 4.1.2 第 5 点所述。

（6）参赛作品有多名作者的，如其中有作者的专业属于专业组专业清单，则该作品属于专业组作品。属于专业组的作品只能参加专业组选拔赛，不得参加普通组的竞赛；属于普通组的作品只能参加普通组竞赛，不得参加专业组的竞赛。

（7）本大类每个参赛队可由同一所院校的 1 ～ 5 名本科生组成，指导教师不多于 2 人。

（8）每位作者在本大类只能提交 1 件作品，无论作者排名如何。

（9）每校参加省级赛的每小类作品数量，由各省级赛组委会自行规定；每校每小类入围国赛的作品不多于 2 件；每校本大类入围国赛的作品不多于 3 件。

（10）每件作品答辩时，作者的作品介绍（含作品演示）时长不超过 10 分钟。

8. 数媒动漫与短片

包括以下小类：

（1）微电影普通组。

（2）数字短片普通组。

（3）纪录片普通组。

（4）动画普通组。

（5）新媒体漫画普通组。

（6）微电影专业组。

（7）数字短片专业组。

（8）纪录片专业组。

（9）动画专业组。

（10）新媒体漫画专业组。

说明：

（1）本大类的参赛作品应以“中国古代数学——中华优秀传统文化系列之四”为主题进行创作，主题的内容限定与说明，参见 4.1.2 第 2 点所述。

（2）微电影作品，应是借助电影拍摄手法创作的视频短片，反映一定故事情节和剧本创作。

（3）数字短片作品，是利用数字化设备拍摄的各类短片。

（4）纪录片作品，是利用数字化设备和纪实的手法，从参赛作者视角拍摄的与主题相关的短片。

（5）动画作品，是利用计算机创作的二维、三维动画，包含动画角色设计、动画场景设计、动画动作设计、动画声音和动画特效等内容。

（6）新媒体漫画作品，是利用数字化设备、传统手绘漫画创作和表现手法，创作的静态、动态和可交互的数字漫画作品。

（7）本大类作品分普通组与专业组进行报名与评比。普通组与专业组的划分，参见 4.1.2 第 5 点所述。

（8）参赛作品有多名作者的，如其中有作者的专业属于专业组专业清单，则该作品属于专业组作品。属于专业组的作品只能参加专业组选拔赛，不得参加普通组的竞赛；属于普通组的作品只能参加普通组竞赛，不得参加专业组的竞赛。

（9）本大类每个参赛队可由同一所院校的 1 ～ 5 名本科生组成，指导教师不多于 2 人。

（10）每位作者在本大类只能提交 1 件作品，无论作者排名如何。

（11）每校参加省级赛的每小类作品数量，由各省级赛组委会自行规定；每校每小类入围国赛的作品不多于 2 件；每校本大类入围国赛的作品不多于 3 件。

（12）每件作品答辩时，作者的作品介绍（含作品演示）时长不超过 10 分钟。

9. 数媒游戏与交互设计

包括以下小类：

（1）游戏设计普通组。

（2）交互媒体设计普通组。

（3）虚拟现实 VR 与增强现实 AR 普通组。

（4）游戏设计专业组。

（5）交互媒体设计专业组。

（6）虚拟现实 VR 与增强现实 AR 专业组。

说明：

（1）本大类的参赛作品应以“中国古代数学——中华优秀传统文化系列之四”为主题进行创作，主题的内容限定与说明，参见 4.1.2 第 2 点所述。

（2）游戏设计作品的内容包括游戏角色设计、场景设计、动作设计、关卡设计、交互设计，是能体现反映主题，具有一定完整度的游戏作品。

（3）交互媒体设计，是利用各种数字交互技术、人机交互技术，借助计算机输入输出设备、语音、图像、体感等各种手段，与作品实现动态交互。作品需体现一定的交互性与互动性，不能仅为静态版式设计。

（4）虚拟现实 VR 与增强现实 AR 作品，是利用 VR、AR、MR、XR、AI 等各种虚拟交互技术创作的围绕主题的作品。作品具有较强的视效沉浸感、用户体验感和作品交互性。

（5）本大类作品分普通组与专业组进行报名与评比。普通组与专业组的划分，参见 4.1.2 第 5 点所述。

（6）参赛作品有多名作者的，如其中有作者的专业属于专业组专业清单，则该作品属于专业组作品。属于专业组的作品只能参加专业组选拔赛，不得参加普通组的竞赛；属于普通组的作品只能参加普通组竞赛，不得参加专业组的竞赛。

（7）本大类每个参赛队可由同一所院校的 1 ～ 5 名本科生组成，指导教师不多于 2 人。

（8）每位作者在本大类只能提交 1 件作品，无论作者排名如何。

（9）每校参加省级赛的每小类作品数量，由各省级赛组委会自行规定；每校每小类入围国赛的作品不多于 2 件；每校本大类入围国赛的作品不多于 3 件。

（10）每件作品答辩时，作者的作品介绍（含作品演示）时长不超过 10 分钟。

10. 计算机音乐创作

包括以下小类：

（1）原创音乐类普通组。

（2）原创歌曲类普通组。

（3）视频音乐类普通组。

（4）交互音乐与声音装置类普通组。

（5）音乐混音类普通组。

（6）原创音乐类专业组。

（7）原创歌曲类专业组。

（8）视频音乐类专业组。

（9）交互音乐与声音装置类专业组。

（10）音乐混音类专业组。

说明：

（1）本大类的参赛作品应以“中国古代数学——中华优秀传统文化系列之四”为主题进行创作，主题的内容限定与说明，参见 4.1.2 第 2 点所述。

（2）原创音乐类：纯音乐类，包含 MIDI 类作品、音频结合 MIDI 类作品。

（3）原创歌曲类：曲、编曲需原创，歌词至少拥有使用权。编曲部分至少有计算机 MIDI 制作或音频制作方式，不允许全录音作品。

（4）视频音乐类：音视频融合多媒体作品或视频配乐作品，视频部分鼓励原创。如非原创，需获得授权使用。音乐部分需原创。

（5）交互音乐与声音装置类：作品必须是以计算机编程为主要技术手段的交互音乐，或交互声音装置。提交文件包括能够反应作品整体艺术形态的、完整的音乐会现场演出或展演视频、工程文件、效果图、设计说明等相关文件。

（6）音乐混音类：根据提供的分轨文件，使用计算机平台及软件混音。

（7）本大类作品分普通组与专业组进行报名与评比。普通组与专业组的划分，参见 4.1.2 第 6 点所述。

（8）参赛作品有多名作者的，如其中有作者符合专业组条件的，则该作品应参加专业组的竞赛。属于专业组的作品只能参加专业组竞赛，不得参加普通组竞赛；属于普通组的作品只能参加普通组竞赛，不得参加专业组竞赛。

（9）本大类每个参赛队可由同一所院校的 1 ～ 5 名本科生组成，指导教师不多于 2 人。

（10）每位作者在本大类中只能提交 1 件作品，无论作者排名如何。

（11）每校参加省级赛的每小类作品数量，由各省级赛组委会自行规定；每校每小类入围国赛的作品不多于 2 件；每校本大类入围国赛的作品不多于 3 件。

（12）每件作品答辩时，作者的作品介绍（含作品演示）时长不超过 10 分钟。

11. 国际生“汉学”

包括以下小类：

（1）软件应用与开发。

（2）微课与教学辅助。

（3）物联网应用。

（4）大数据应用。

（5）人工智能应用。

（6）信息可视化设计。

（7）数字媒体类。

（8）计算机音乐创作。

说明：

（1）本大类参赛作品应以汉学为主题进行创作，主题的内容限定与说明，参见 4.1.2 第 3 点所述。

（2）本大类作品应用于国际中文教育领域，包括中国国内的来华留学生汉语教学、国际上的汉语作为第二语言教学和海外华人社区中的学龄和学龄前华裔子弟的华文教育。

（3）本大类仅面向全国高校招收注册的在籍本科国际生（即来华留学本科生）。参赛作品的队员应全部为在籍本科国际生。如果参赛作品的作者中有作者是中国国籍学生（持中国身份证或港澳台证件的学生属于中国国籍学生），则该作品只能参加第 1 ～ 10 类的竞赛，不得参加本大类；属于本大类的作品，可以参加第 1 ～ 10 类的竞赛，但不得在 4C 赛事内一稿多投。

（4）本大类的软件应用与开发类作品是指运行在计算机（含智能手机）、网络和 / 或数据库系统之上的软件，可在国际中文教育领域提供信息管理、信息服务、移动应用、算法设计等功能或服务。

（5）本大类的微课与教学辅助类作品包括微课、教学辅助课件和虚拟实验平台，作品说明详见 4.1.3 节第 2 点说明中的第（1）～（3）条。本类作品应遵循科学性和思想性统一、符合认知规律等原则，作品内容应立足于在国际中文教育领域使用的教学材料的相关知识点展开，这些教学材料应由在中国注册的出版机构或其海外分支机构正式出版，作品立场、观点需与教学材料保持一致，可在国际中文教育领域应用。

（6）本大类的物联网应用类作品应以物联网技术为支撑，解决国际中文教育领域某一问题或实现某一功能的作品。该类作品必须有可展示的实物系统，作品提交时需录制实物系统功能演示视频（不超过 10 分钟）及相关设计说明书，现场答辩过程应对作品实物系统进行功能演示。

（7）本大类的大数据应用类作品指利用大数据思维发现国际中文教育领域的应用需求，利用大数据和相关新技术设计解决方案，实现数据分析、业务智能、辅助决策等应用。要求参赛作品以研究报告的形式呈现成果，报告内容主要包括：数据来源、应用场景、问题描述、系统设计与开发、数据分析与实验、主要结论等。参赛作品应提交的资料包括：研究报告、可运行的程序、必要的实验分析，以及数据集和相关工具软件。

（8）本大类的人工智能应用类作品针对国际中文教育领域的特定问题，提出基于人工智能的方法与思想的解决方案，需要有完整的方案设计与代码实现，撰写相关文档，主要内容包括：作品应用场景、设计理念、技术方案、作品源代码、用户手册、作品功能演示视频等。本类作品必须有具体的方案设计与技术实现，现场答辩时，必须对系统功能进行演示。

（9）本大类的信息可视化设计类作品可在国际中文教育领域应用，侧重用视觉化的方式，归纳和表现信息与数据的内在联系、模式和结构，包括以下作品形态：信息图形、动态信息影像（MG 动画）、交互信息设计、数据可视化，作品说明详见 4.1.3 节第 6 点说明中的第（2）～（5）条。该小类要求作品具备艺术性、科学性、完整性、流畅性和实用性，而且作者需要对参赛作品信息数据来源的真实性、科学性与可靠性进行说明，并提供源文件。该类作品需要提供完整的方案设计与技术实现的说明，特别是设计思想与现实意义。数据可视化作品还需说明作品应用场景、设计理念，提交作品源代码、作品功能演示录屏等。

（10）本大类的数字媒体类作品可在国际中文教育领域应用，包括：静态设计类 [作品说明详见 4.1.3 节的第 7 点说明中的第（2）～（4）条]、动漫与短片类 [作品说明详见 4.1.3 节第 8 点说明中的第（2）～（6）条]、游戏与交互设计类 [作品说明详见 4.1.3 节第 9 点说明中的第（2）～（4）条]。

（11）本大类的计算机音乐创作类作品可在国际中文教育领域应用，作品说明详见 4.1.3 节第 10 点说明中的第（2）～（6）条。

（12）本大类每个参赛队可由同一所院校的 1 ～ 5 名本科生组成，指导教师不多于 2 人。

（13）每位作者在本大类中只能提交 1 件作品，无论作者排名如何。

（14）每校参加省级赛的每小类作品数量，由省级赛组委会自行规定；每校每小类入围国赛的作品不多于 2 件；每校本大类入围国赛的作品不多于 3 件。

（15）每件作品答辩时，作者的作品介绍（含作品演示）时长不超过 10 分钟。

4.2 大赛命题原则与要求

1. 竞赛题目应能测试学生运用计算机基础知识的能力、实际设计能力和独立工作能力，并便于优秀学生的发挥与创新。

2. 作品题材应面向未来，有利于想象力、创新创业能力的发挥。

3. 命题应充分考虑到竞赛评审时的可操作性。

4.3 计算机应用设计题目征集办法

1. 面向各高校有关教师和专家，按 4.2 节的命题原则及要求，广泛征集下一届大赛的竞赛题目。赛题以 4.1 节中的大赛内容为依据，尽量扩大内容覆盖面，题目类型和风格要多样化。

2. 大赛组委会专家委员会向各高校组织及个人征集竞赛题，以丰富题源。

3. 各高校或个人将遴选出的题目，集中通过电子邮件或信函上报大赛组委会专家委员会（通信地址及收件人：北京语言大学信息科学学院，邮编 100083，李吉梅；电子邮件：jsjds@blcu.edu.cn）。

4. 大赛组委会专家委员会组织命题专家组专家对征集到的题目认真分类、完善和遴选，并根据大赛赛务与评比的需要，以决定最终命题。

5. 根据本次征题的使用情况，专家委员会将报请大赛组委会，对有助于竞赛命题的原创题目作者颁发“优秀征题奖”及其他适当的奖励。

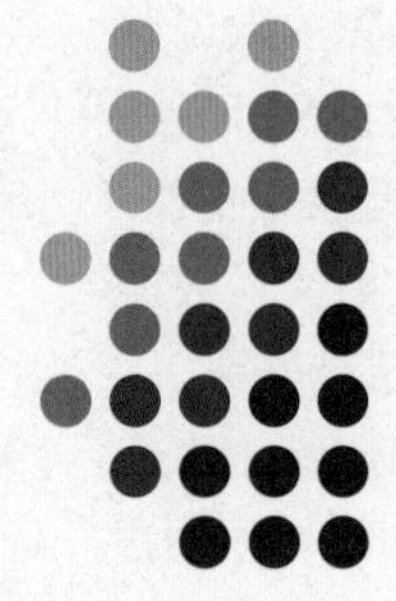

第5章 赛事级别与作品上推方案

5.1 赛事级别

5.1.1 三级赛制

大赛赛事采用三级赛制：

1. 校级赛（赛事基层动员与初赛举办，简称“校赛”）。

2. 省级赛（为参加国赛推荐参赛作品和作者）。省级赛包括省赛和省级联赛。其中，省赛是省、自治区、直辖市举办的赛事，省级联赛是多个省联合举办的赛事。

3. 国家级赛（简称“国赛”）。

5.1.2 省级赛

1. 省赛：由不少于两所且有部属院校或不低于省属重点院校参与的同一个省、直辖市或自治区的多校联合选拔赛，经大赛组委会认同可视为省级赛事。没有部属院校或不低于省属重点院校参与的院校联赛，不构成省赛。

2. 省级联赛 - 跨省赛：由不少于两个不同省（自治区、直辖市）举办的多省联合选拔赛，可视为跨省的省级联赛，其权益与省赛相同。地域辽阔的地区，宜组织省、自治区级赛，不宜组织跨省联赛。

3. 院校可以跨省、跨地区参赛。但某一类参赛作品，只能参加一个渠道的省级赛获得入围国赛的资格，不能同时参加省赛与省级联赛。如有违反，取消该校本届所有作品的参赛资格。

4. 各省级赛，各自组织、独立进行，对其结果负责。

省级赛与国赛无直接从属关系。大赛组委会只对省级赛组委会在业务上进行指导。各省级赛作品获奖名次与该作品在国赛中获奖等级也无必然联系。

5. 各省级赛可向大赛组委会申请使用统一的竞赛平台进行竞赛，亦可使用自备的竞赛平台竞赛。

若省级赛（包括省赛和省级联赛）未使用国赛竞赛平台进行比赛，则应通知获得国赛参赛资格的参赛队，及时完成国赛报名和作品提交的全部手续。

5.1.3 国赛

1．国赛参赛作品的作者，只能是全国高校当年在籍的本科生（含港、澳、台学生及留学生）。非在籍本科学生或高职高专学生或研究生，均不得以任何形式参加国赛。

无论何时，违者一经发现，即刻取消该作品的参赛资格。若该作品已获奖项，无论何时发现，均取消该作品的获奖资格，并追回所有获奖证书、奖牌及所发一切奖励，并按第9章的相关规定，对参赛作者、指导老师、参赛院校和省级赛组委会进行违规处罚。

2．各院校的二级学院（跨省的除外）不得以独立学院的身份参加国赛。无论何时，违者一经发现，将取消该院校所有作品的参赛资格。若该院校的相关作品已获奖项，无论何时将取消相关作品及所在院校所有作品的获奖资格，并追回所有获奖证书、奖牌及所发一切奖励。

若参赛院校的跨省二级学院欲独立参赛，则应通过二级学院所在省级赛组委会向大赛组委会申请。不跨省的所有二级学校一律按一所院校参赛。

3．一所学校的某类参赛作品，不能同时参加两个渠道的省级赛。

例如，虽然院校的计算机音乐创作类参赛作品，可以通过报名参加省赛或省级联赛，获得入围国赛的资格。但一所院校的计算机音乐创作类参赛作品，不能同时报名参加省赛与省级联赛，一经发现将取消该院校所有作品的参赛资格。若该院校的相关作品已获奖项，无论何时将取消相关作品及所在院校所有作品的获奖资格，并追回所有获奖证书、奖牌及所发一切奖励。

4．大赛国赛按竞赛作品类别，共组合为6个决赛区：

（1）上海决赛区：大数据应用/数媒游戏与交互设计。

（2）济南决赛区：软件应用与开发。

（3）沈阳决赛区：微课与教学辅助/数媒静态设计。

（4）南京决赛区：人工智能应用/国际生“汉学”。

（5）厦门决赛区：物联网应用/数媒动漫与短片。

（6）杭州决赛区：信息可视化设计/计算机音乐创作。

5.2 省级赛作品上推国赛方案

1．校级赛、省级赛应积极接受大赛组委会的业务指导，严格按照国赛规程组织竞赛和评比。

按国赛规程组织竞赛和评比的省级赛（包括省赛和省级联赛），可直接推选优秀的参赛作品，进入上推入围国赛的作品名单。

2．省级赛的评奖比例由省级赛组委会自行确定，建议省级赛一等奖作品数不高于参加省级赛有效作品数的10%，二等奖不高于20%，三等奖30～40%。

3．各类省级赛，对合格参赛作品选拔后，可将不超过上推限额的、按作品小类排名在省级赛前30%的优秀作品，上推入围国赛。各个省级组委会的上推限额，与该省级赛区本届入围国赛参赛院校的数量、上一届的国赛参赛（如获奖情况、违规情况）等情况有关。

4．省级赛上推入围国赛的作品比例与限额，按参赛作品大类和小类分别计算，名额不得互相挪用。其中，大类包括软件应用与开发、微课与教学辅助、物联网应用、大数据应用、人工智能应用、信息可视化设计、数媒静态设计、数媒动漫与短片、数媒游戏与交互设计、计算机音乐创作与国际生“汉学”。

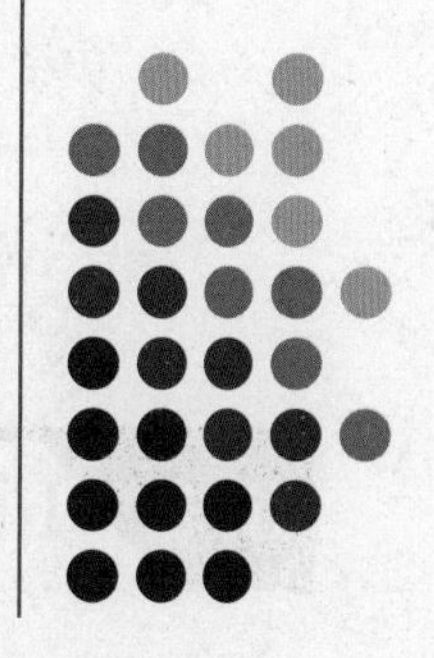

第6章 国赛承办单位与管理

本赛事有关参赛事宜，主要由大赛组委会下设的秘书处、专家委员会、数据与技术保障委员会、纪律与监督委员会等工作部门，以及国赛承办院校共同实施。国赛承办单位主要负责各种场所与食宿安排（线下决赛时）、参赛师生组织、奖牌证书管理等赛务工作。

6.1 国赛赛务承办的申办

6.1.1 国赛决赛现场承办地点的选定

1．现场决赛点所在省市相对稳定。

根据目前国赛已成的规模，需多地设定现场决赛点，才能更好地满足院校根据自身作品优势及本校经费等情况的参赛要求。

2．国赛决赛现场宜设在交通相对便利的城市（比如附近有民用机场、高铁车站等）。

3．国赛决赛现场的自然条件相对安全（比如非台风多发地域等）。

6.1.2 国赛决赛现场赛务承办院校的确定

为把国赛决赛现场赛务工作做得更好，鼓励凡有条件、愿意承办国赛赛务的院校，积极申请承办国赛赛务。

1．申办基本条件

（1）学校具有为国赛现场决赛成功举办的奉献精神并提供必要的支持。

（2）学校具有可容纳不少于 1 000 人的会议厅或体育馆。

（3）学校可解决不少于 1 000 人的住宿与餐饮。

（4）学校具有能满足大赛作品评比所需要的计算机软、硬件设备和网络条件。

2．申办程序

（1）以学校名义正式提交书面申请书（必须盖学校公章）。

（2）书面申请书寄至：100083（邮编），北京海淀区学院路 15 号综合楼 183 信箱 中国大学生计算机大赛组委会秘书处，也可以把盖有学校公章的申请书扫描成电子文件，发到邮箱 jsjds@blcu.edu.cn。

（3）等候大赛组委会回复（一般大赛组委会秘书处一周内反馈）。

说明：

（1）申请书上要注明计划承办哪一年哪些比赛大类的赛务工作。

（2）一个国赛决赛承办点，一场决赛原则上只能举办不多于 3 个大类作品的决赛。

（3）一个国赛决赛承办点不可以承办多于两场的决赛。

（4）如有疑问，可以发送问题至电子邮箱：jsjds@blcu.edu.cn。

6.2 国赛决赛前的日程

2024 年（第 17 届）中国大学生计算机设计大赛国赛决赛，将于 2024 年 7 ～ 8 月举行，详见 6.3 节。

1．各院校的校级赛自行安排在 2024 年春季。

2．对于大部分作品类别的竞赛安排，国赛前日程一般如下：

（1）2024 年 3 ～ 5 月中旬，省级赛（包括省赛和省级联赛）陆续举行。

（2）2024 年 5 月 15 日前，省级赛结束，并向大赛组委会提交上推入围国赛的作品清单及相关参赛信息。

（3）2024 年 5 月 30 日前，省级赛公示结束，并完成入围国赛作品报名的全部手续（包括填报在线报名表、作品信息表、作品内容提交、缴纳报名费与评审费等）。

（4）2024 年 6 月初，根据相关政策的要求和国赛决赛现场承办点所能承受赛事的规模、各省级赛上推入围国赛的作品规模等情况，大赛组委会秘书处与承办单位，确定国赛的决赛现场参赛规模。

（5）2024 年 6 月 15 日前，大赛组委会数据委负责入围国赛作品的资格审查与公示，纪监委负责在入围国赛作品公示期内接受国赛相关的申诉、投诉和违规举报。

（6）2024 年 6 月 30 日前，大赛组委会数据委公布参加国赛的作品清单。

上述日程如有变动，以大赛官网公布的最新信息为准。

6.3 国赛决赛日程、地点与内容

根据参赛作品分类与组别的不同，2024 年大赛的国赛时间及地点如下：

1．大数据应用 / 数媒游戏与交互设计

承办：上海对外经贸大学 / 东华大学 / 华东师范大学

地点：上海　　时间：7 月 17 日～ 7 月 21 日

2．软件应用与开发

承办：山东大学 / 北京语言大学　　地点：山东威海　时间：7 月 22 日～ 7 月 26 日

3．微课与教学辅助 / 数媒静态设计

承办：东北大学 / 中国人民大学　　地点：辽宁沈阳　时间：7 月 27 日～ 7 月 31 日

4．人工智能应用 / 国际生“汉学”

承办：东南大学 / 南京大学 / 江苏省计算机学会

地点：江苏无锡　时间：8 月 8 日～ 8 月 12 日

5．物联网应用 / 数媒动漫与短片

承办：厦门理工学院 / 厦门大学　　地点：福建厦门　时间：8 月 13 日～ 8 月 17 日

6．信息可视化设计 / 计算机音乐创作

承办：浙江师范大学 / 杭州电子科技大学 / 浙江音乐学院

地点：浙江金华　时间：8 月 18 日～ 8 月 22 日

6.4 国赛决赛后的安排

1．国赛决赛结束后，所有获奖作品将在大赛网站公示。对于有异议的作品，大赛组委会纪律与监督委员会将安排专家进行复审。

2．2024 年 10 月前，由大赛组委会数据委员会正式公布大赛各奖项，在 2024 年 12 月底前结束本届大赛全部赛事活动。

如有变化，以大赛官网公告和各决赛区通知为准。

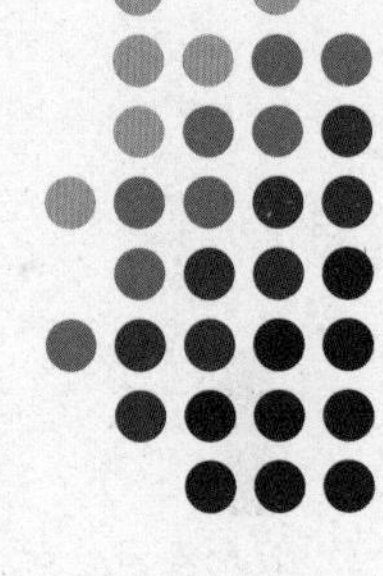

第 7 章 参赛要求

7.1 参赛对象与主题

1．参赛对象

（1）大赛国赛仅限于国内高等院校的当年在籍本科生（含港、澳、台学生及留学生）。

（2）毕业班学生可以参赛，但一旦入围国赛，则应亲自参与决赛答辩，否则将影响作品的最终成绩。

2．数媒各大类参赛作品参赛时，按普通组与专业组分别进行。

界定数媒类作品专业组的专业清单（参考教育部 2020 年发布新专业目录），具体可参见 4.1.2 节。

3．计算机音乐创作类参赛作品参赛时，按普通组与专业组分别进行。

界定计算机音乐创作类作品专业组的条件，具体可参见 4.1.2 节。

4．大赛数媒类与计算机音乐创作类作品的主题

2024 年大赛数媒类与计算机音乐创作类作品的主题是“中国古代数学——中华优秀传统文化系列之四”，详见 4.1.2 节。

5．国际生参赛作品的主题为“汉学”。

6．除了数媒类与计算机音乐创作类作品分普通组与专业组参赛、评比外，其他类作品的参赛对象，不分专业类别。

7.2 组队、领队、指导教师与参赛要求

1．大赛只接受以学校为单位组队参赛。

2．参赛名额限制

（1）2024 年大赛竞赛分为 6 个决赛现场和场次，每个决赛场次的大类下设若干小类。大赛内容分类详见第 4 章，决赛场次详见 6.3 节。

（2）每个院校竞赛后，报名参加省级赛（包括省赛和省级联赛）时，每大类、每小类的作品数量由各个省级赛组委会自行规定。

（3）每校每个大类参加国赛的作品不超过 3 件。每校参加国赛所有大类及其小类的作

品数量规定，参见第 4 章。

3．每个参赛队可由同一所院校的 1 ～ 5 名本科生组成。

4．每队可以设置不多于 2 名的指导教师。

5．每个学生在每个大类中限报 1 件作品，无论作者排名如何。

6．每位指导教师在每个大类中指导的参赛作品数不能多于 3 件，无论指导教师的排名如何。

7．在参加国赛的过程中，参赛学生与指导教师必须实名。实名以有效身份证为依据。

8．指导教师国赛评委回避制。

国赛参赛作品（计算机音乐创作类除外）的指导教师，担任国赛评委时实行国赛决赛区回避制和同校回避制，即参赛作品的指导教师不能担任该作品所在决赛区的评委，评委不得评审同校的参赛作品。

计算机音乐创作类参赛作品的指导教师，担任国赛评委时应采取专业组与普通组回避制和同校回避制。专业组与普通组回避制是指计算机音乐创作类普通组作品的指导教师，不能担任普通组评委，若需要则只能担任专业组评委；专业组作品的指导教师，不能担任专业组评委，若需要则只能担任普通组评委。若一位教师既是普通组作品指导教师，又是专业组作品指导教师，则不能担任计算机音乐创作类的评委。同校回避制是指国赛评委不得评审同校的参赛作品。

9．大赛官网公示的应参加国赛答辩环节的作品，需要作者本人参与答辩。

（1）作者答辩不能找人替代。

（2）参赛的每件作品都必须有作者亲自参与国赛答辩，而且答辩者必须是参赛作品的主要完成者。

（3）没有作者亲自参与答辩的作品不计成绩，不发任何奖项。

10．决赛期间，各校都必须把参赛队所有成员的安全放在首位。参加国赛时，每校参赛必须由 1 名领队带领。领队原则上由学校指定教师担任，可由指导教师（教练）兼任。

学生不得担任领队一职。

11．每校参赛队的领队必须对本校参赛人员在参赛期间的所有方面负全责。

没有领队的参赛队不得参加国赛。

12．参赛院校应安排有关职能部门负责参赛作品的组织、纪律监督以及作品内容审核等工作，以保证本校竞赛的规范性和公正性，并由该学校相关部门签发组队参加大赛报名的文件。

13．学生参赛费用，应由参赛学生所在学校承担。

学校有关部门要在多方面积极支持大赛工作，对指导教师应在工作量、活动经费等方面给予必要的支持。

14．参赛学生、指导教师和领队，应尊重大赛组委会、尊重专家和评委，尊重承办单位和其他选手；遵守大赛纪律，竞赛期间不私下接触专家、评委、仲裁员、其他参赛单位和选手，不说情、不请托，不公开发表或传播对大赛产生不利影响的言论，违规者取消参赛资格；同时，对于涉嫌泄密、违规参赛等事宜，应积极接受、协助、配合相关部门的监督检查，并履行举证义务。

15．投诉和举报时，应有理有据并实名向相应的校级、省级或国家级组委会提交资料

（即针对校级赛的投诉应提交给校赛组委会，依此类推）。对于缺乏证据、借投诉名义公开发表或传播对大赛不利的言论者，或向同一级组委会重复投递已被否定的投诉信息的投诉者，将被取消本届的参赛资格及其参赛作品所获奖项（如有），并自负一切法律责任。

7.3 参赛报名与作品提交

1．通过网上报名和提交参赛作品

本赛事以三级竞赛形式开展，校级赛—省级赛—国家级赛（简称“国赛”），国赛只接受省级赛上推的参赛作品。

参赛队应在大赛限定期限内，参加省级赛。各个省级赛的报名方式与时间安排等通知，于国赛当年的3月起在大赛官网陆续发布。

2．本届所有类的每一件参赛作品，必须是在本届大赛时间范围内（2023年7月1日～2024年6月30日）完成的原创作品，并体现一定的创新性或实用价值。不在本届大赛时间范围内完成的作品，不得参加本届竞赛。与2023年7月1日之前校外展出或获奖的作品雷同的作者的前期作品，不得重复参赛。

提交作品时，需同时提交该作品的源代码及素材文件。

3．参赛作品不得在本大赛的11个大类间一稿多投。

4．参赛作品的版权必须属于参赛作者，不得侵权；凡已经转让知识产权或不具有独立知识产权的作品，均不得参加本赛事。

5．参赛作品中如果包含地图，在涉及国家当代疆域时，应注明地图来源（如中华人民共和国自然资源部网站），并且注明审图号，否则属于违规，取消参赛资格。

6．参赛作品应遵守国家宪法、法律、法规与社会道德规范。作者对参赛作品必须拥有独立、完整的知识产权，不得侵犯他人知识产权。抄袭、盗用、提供虚假材料或违反宪法、相关法律法规者，一经发现即刻丧失参赛相关权利并自负一切法律责任。

7．各竞赛类别参赛作品大小、提交文件类型及其他方面的要求，大赛组委会于2024年5月15日前在大赛官网陆续发布，请及时关注。

参赛提交文件要求如有变更，以大赛官网公布信息为准。

8．在线完成参赛作品报名后，参赛队需要在报名系统内下载由报名系统生成的报名表（参见本章的附件1），打印后加盖学校公章或学校教务处章，由全体作者和指导教师签名后，拍照或扫描后上传到报名系统。纸质原件需在参加决赛报到时提交（线下）或出示（线上），请妥善保管。

9．在通过校级赛、省级赛获得入围国赛资格后，还应通过国赛竞赛平台完成信息填报和核查工作，截止日期均为2024年5月30日，逾期视为自动放弃参赛资格。

10．在取得国赛参赛资格后，参赛作品的作者与指导教师的姓名和排序，不得变更。

11．参加国赛的作品，作者享有署名权、使用权，大赛组委会对作品享有不以营利为目的的使用权；作品的其他权利，由作者和大赛组委会共同所有。参加国赛作品可以分别以作品作者或大赛组委会的名义发表，或以作者与大赛组委会的共同名义发表，或者作者或大赛组委会委托第三方发表。

12．参赛队需要在报名系统内下载由报名系统生成的“著作权授权声明”（参见本章的附件 2），打印并由全体作者签名后，拍照或扫描后上传到报名系统。纸质原件需在参加决赛报到时提交（线下）或出示（线上），请妥善保管。

7.4 报名费汇寄与联系方式

7.4.1 报名费缴纳

1．报名费缴纳范围

参加省级赛（包括省赛和省级联赛）的作品，报名费由省级赛组委会收取，具体请咨询各省级赛组委会（联系方式参见第 1 章的附件 3），或关注省级赛组委会发布的公告。

2．报名费缴纳金额

各级各类的省级赛，原则上每件作品报名费均为 100 元。

报名费发票由收取单位开具和发放，具体办法由各省级赛制定。

7.4.2 咨询信息

1．大赛官网：http://jsjds.blcu.edu.cn/。

2．大赛报名平台：2024 年 3 月报名工作启动后，将在大赛官网公告。

3．省级赛和国赛决赛区的咨询联系方式，可参见第 1 章的附件 3；最新信息将于 2024 年 3 月起陆续在大赛官网发布。

4．国赛组委会咨询信箱：jsjds@blcu.edu.cn。有信必复，原则上不接受电话咨询。

7.5 参加国赛须知

1．本届大赛经费由主办、承办、协办和参赛单位共同筹集。

每件参加国赛的作品，均需由参赛院校根据国赛决赛区的要求，交纳或免交评审费 600 元。评审费主要用于评比委员的交通、劳务等补贴。

每位参加国赛决赛的成员（包括参赛作品作者、指导教师和领队），均需由参赛院校根据国赛决赛区的要求，交纳或免交赛务费 300 元。赛务费主要用于参赛人员餐费、保险以及其他（如奖牌、证书）等开支。

正常情况下，国赛承办单位负责为参赛师生和评比委员统一安排住宿，费用自理。

根据情况，2024 年大赛各决赛区的全国决赛可采取线下现场赛、线上视频答辩赛、线上线下混合赛等决赛形式。参与线下现场赛的规模，视承办单位的承办能力等情况而定，具体请关注各决赛区的参赛指南和相关通知。

2．国赛决赛区联系方式

2024 年大赛各决赛区的联系信息，参见表 7-1。

表 7-1　2024 年大赛各决赛区的联系信息

序号	决赛区名称	决赛作品类别	决赛时间	联系人	单位	联系电话	联系邮箱
1	上海决赛区	大数据应用、数媒游戏与交互设计	7 月 17 日～7 月 21 日	顾振宇 王志军	上海对外经贸大学 东华大学	13040602899 13917413567	gzy@suibe.edu.cn dhucsit2021@163.com
2	济南决赛区	软件应用与开发	7 月 22 日～7 月 26 日	李炫烨	山东大学	15689701379	Lixuanye@sdu.edu.cn
3	沈阳决赛区	微课与教学辅助、数媒静态设计	7 月 27 日～7 月 31 日	杨喆 宫艺恬	东北大学	19904046325 18202423016	yangzhe@mail.neu.edu.cn 2422866561@qq.com
4	南京决赛区	人工智能应用、国际生“汉学”	8 月 8 日～8 月 12 日	陈伟 张洁	东南大学 南京大学	13815421688 17712909982	101006591@seu.edu.cn zhangj@nju.edu.cn
5	厦门决赛区	物联网应用、数媒动漫与短片	8 月 13 日～8 月 17 日	杨东 陈华宾	厦门理工学院 厦门大学	13666068166 18150083385	996413551@qq.com 13626356@qq.com
6	杭州决赛区	信息可视化设计、计算机音乐创作	8 月 18 日～8 月 22 日	张依婷 朱丹华 张聪 李秋筱	浙江师范大学 杭州电子科技大学 浙江音乐学院	13958419117 13575930214 17816124661 13136185296	359066758@qq.com jsjds@hdu.edu.cn

说明：其他未尽事宜及大赛相关补充说明或公告，将在大赛官网（http://jsjds.blcu.edu.cn/）上及时发布，请关注。

附件 1

2024 年（第 17 届）中国大学生计算机设计大赛
参赛作品报名表式样

作品类别		大类 - 小类				
作品编号与名称		报名时由报名系统分配 - 作品名称				
作者信息	学校					
		作者一	作者二	作者三	作者四	作者五
	姓名					
	证件类别					
	证件号码					
	专业					
	年级					
	电子邮箱					
	电话号码					
指导教师 1		姓名		证件类型与号码		
		单位		电话		电子邮箱
指导教师 2		姓名		证件类型与号码		
		单位		电话		电子邮箱
单位联系人		姓名		职务		
		电话		电子邮箱		
共享协议		本参赛作品，作者享有署名权、使用权等知识产权，大赛组委会享有不以营利为目的的使用权。作者同意大赛组委会将该作品列入锦集出版发行。				
开源代码与组件使用情况说明						
学校推荐意见		（学校公章或校教务处章） 2024 年 月 日				
原创声明与参赛承诺		我们声明我们的参赛作品为我们原创构思和使用正版软件制作，我们对参赛作品拥有独立、完整、合法的著作权和其他相关之权利，绝无违反宪法与相关法律法规，或侵害他人著作权、商标权、专利权等知识产权与其他合法权益的情况。若因此导致法律纠纷和违规处罚，一切责任由我们自行承担。 我们承诺尊重大赛组委会、尊重专家和评委，尊重承办单位和其他选手；遵守大赛纪律，竞赛期间不私下接触专家、评委、仲裁员、其他参赛单位和选手，不说情、不请托，不公开发表或传播对大赛产生不利影响的言论；对于涉嫌泄密、违规参赛等事宜，愿接受、协助、配合相关部门的监督检查，并履行举证义务。如若违反上述承诺，我们自愿承担相关责任。 作者签名：1. ________ 2. ________ 3. ________ 4. ________ 5. ________ 指导教师签名：1. ________ 2. ________				

附件2

著作权授权声明

《　　　　　　　　　　　　　》为本人在“2024年（第17届）中国大学生计算机设计大赛”的参赛作品，本人对其拥有完全的和独立的知识产权，本人同意中国大学生计算机设计大赛组委会将上述作品及本人撰写的相关说明文字收录到中国大学生计算机设计大赛组委会编写的《2024年（第17届）中国大学生计算机设计大赛参赛指南》（暂定名）和其他相关作品中，以纸介质出版物、电子出版物或网络出版物的形式予以出版发行，且中国大学生计算机设计大赛组委会无须向本人支付任何费用。

授权人（全体作者）签名：________

2024年　月　日

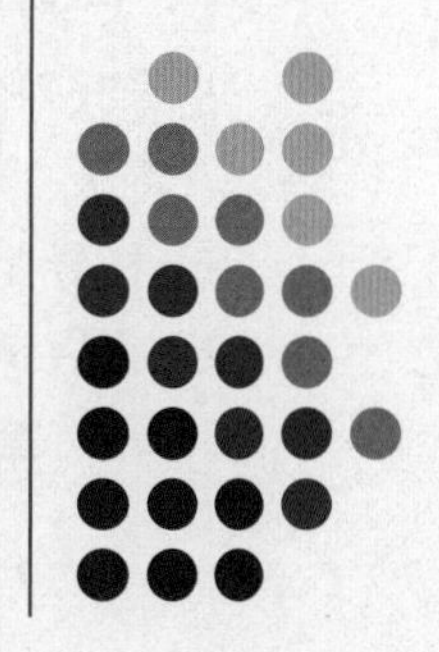

第 8 章 奖项设置

大赛的奖项分设个人奖项与集体奖项两类。

8.1 个人奖项

8.1.1 作品奖项

大赛以三级竞赛形式开展，校级赛—省级赛—国家级赛。校级赛、省级赛（包括省赛和省级联赛）可自行、独立组织。要求校级赛上推省级赛的比例不高于参加校级赛有效作品数的 50%；省级赛作品上推国赛采取限额制，上推数量不超过本届本省级赛的上推限额，且上推比例不高于参加省级赛有效作品数的 30%。

省级赛的奖项由省级赛组委会自行设置。建议省级赛一等奖作品数不高于参加省级赛有效作品数的 10%，二等奖不高于 20%，三等奖 30% ～ 40%。

1. 国赛作品奖项的设置比例

（1）一等奖的作品数：不多于有效参赛作品数的 5%；

（2）二等奖的作品数：不少于有效参赛作品数的 25%；

（3）三等奖的作品数：不多于有效参赛作品数的 60%。

说明：

（1）上述评奖比例分别按比赛作品类别大类中的小类计算。各大类应有各自的一等奖，各类别之间获奖名额不得互相挪用；各个大类中设若干个小类，各小类原则上也应有各自的各级奖项，各小类之间奖项名额不得挪用。

（2）国赛的合格参赛作品中没有获得一、二、三等的作品，将发国赛决赛的成功参赛证明。

（3）大赛组委会可根据实际参加国赛的作品数量与质量，适量微调各奖项名额。

2. 奖项归属

国赛一、二、三等奖的获奖作品，均颁发获奖证书；一、二等奖的作品均颁发奖牌，三等奖的获奖院校若在本决赛区本届没有获得一、二等奖，则颁发奖牌一块。

获奖证书颁发给每位作者和指导教师，奖牌只颁发给获奖单位。

8.1.2 优秀指导教师奖

指导教师是组织大赛参赛作品的具体实施者。优秀指导教师对高质量作品的出现，往往有着特殊的贡献。具有如下绩效之一者可获得相应的星级优秀指导教师奖：

1. 指导参加国赛作品本届累计获得 2 个一等奖，可获得一星级优秀指导教师奖。
2. 指导参加国赛作品本届累计获得 3 ～ 4 个一等奖，可获得二星级优秀指导教师奖。
3. 指导参加国赛作品当本届累计获得 5 个或 5 个以上一等奖，可获得三星级优秀指导教师奖。

说明：

（1）若本届指导的参赛作品中有违规作品，则取消本届被评选为优秀指导教师的资格。

（2）星级优秀指导教师每届评选一次。

（3）星级优秀指导教师由大赛组委会颁发相应证书。

8.1.3 优秀征题奖

计算机应用设计题目是大赛竞赛内容的基础，大赛组委会面向各高校有关教师和专家广泛征集下一届大赛的竞赛题目（“大赛命题要求”请参见 4.2 节），并对有助于竞赛命题的原创题目作者，颁发“优秀征题奖”证书及其他适当的奖励。

8.2 集体奖项

可根据参赛实际情况对参赛院校、承办院校设立年度优秀组织奖，对企业设立服务社会公益奖。

8.2.1 年度优秀组织奖

年度优秀组织奖授予组织参赛队成绩优秀或承办赛事等方面表现突出的院校。具有如下绩效之一的院校，可获得年度优秀组织奖：

1. 在本届大赛全部决赛区累计获得 5 个或 5 个以上一等奖的单位；
2. 在本届大赛全部决赛区累计获得 12 个或 12 个以上不低于二等奖(含二等奖)的单位；
3. 在本届大赛全部决赛区累计获得不少于 20 个（含 20 个）各级作品奖项的单位；
4. 顺利完成大赛决赛赛事（含报名、复赛评比及决赛评比等）的承办单位。

说明：

（1）若本届本院校的参赛作品中有违规作品，则取消本届被推评为年度优秀组织奖的资格。

（2）每届每个单位只授予一次年度优秀组织奖。

（3）年度优秀组织奖由大赛组委会颁发奖牌或奖状给学校，不发证书。

8.2.2 服务社会公益奖

服务社会公益奖授予对本赛事做出重要贡献的企业。经单位或个人推荐，由大赛组委会组织审核确定，企业可获得服务社会公益奖。

服务社会公益奖只颁发奖牌或奖状给企业，不发证书。

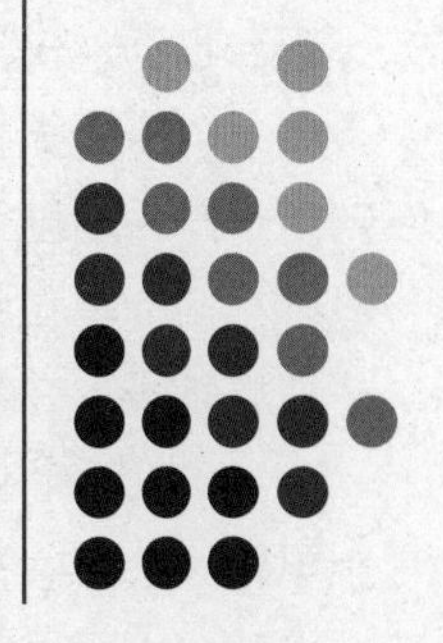

第 9 章 违规作品处理

本赛事是全国普通高校大学生竞赛排行榜榜单的赛事之一，大赛国赛的参赛对象是全国高等院校当年在籍的本科生（含港、澳、台学生及留学生）。为了使参赛者共享公平、公正、公开的竞赛环境，根据《国家教育考试违规处理办法》（中华人民共和国教育部令第 33 号）和《普通高等学校学生管理规定》（中华人民共和国教育部令第 41 号）相关规定的精神，特制定对参赛的违规作品认定，对违规作品的作者、指导教师、参赛院校及省级赛组委会的处理意见。

9.1 违规作品的认定

1．大赛恪守诚信，杜绝不端行为，以利于吸引更多以诚信为本的师生参赛，进一步激发广大师生的参赛热情。

（1）参赛作品应遵守国家法律法规与社会道德规范（包括但不限于关于地图的合法使用，比如地图必须符合国家《中华人民共和国测绘法》的规定）。作者对参赛作品必须拥有独立、完整的知识产权，不得侵犯他人知识产权，不得抄袭、盗用、提供虚假材料，或违反宪法与相关的法律法规。

对涉嫌抄袭、盗用、他人代做、重复参赛（即与 2023 年 7 月 1 日前校外展出或与获奖作品雷同的参赛作品）、一稿多投（即在本赛事的不同类别间多次报名参赛）等情况的参赛作品，一经查证核实，即认定为违规作品。

（2）参赛作品是否违规，原则上由大赛组委会纪监委（或大赛决赛现场指挥小组）裁定。

任何个人或单位（包括大赛参赛师生、评委、其他人员或任何单位）均可提供作品违规线索，实名提出异议（包括申诉、投诉和举报）；纪监委（或大赛决赛现场指挥小组）受理异议，并依据异议线索进行核查，判断作品是否违规；认定结果通知被异议的个人或参赛单位，并对确属违规的作品提出处理意见，报大赛组委会核准。对于仅针对奖项等级的申诉，一律不受理。

（3）作品违规的认定，既包括国赛现场决赛期间，也包括入围国赛作品公示期间、获奖作品公示期间，以及获奖后不设时限的举报认定等多个时间段。

2．异议形式。大赛仅受理实名提出的异议，匿名提出的异议无效。提出异议的唯一途径是国赛竞赛平台（https://2024.jsjds.com.cn）提供的“申诉举报入口”链接。而且针对申诉和投诉，仅接受在规定时间内提交的；举报可随时提交。

（1）个人提出的异议，须写明本人的真实姓名、所在单位、通信地址、联系手机号码、电子邮件地址等，并需提交身份证复印件和具有本人亲笔签名的异议书。

（2）单位提出的异议，须写明联系人的真实姓名、通信地址、联系手机号码、电子邮件地址等，并需提交加盖本单位公章和负责人亲笔签名的异议书。

（3）与异议有关的学校的相关部门，要积极配合大赛组委会纪监委对异议作品进行调查、审定、处理。纪监委在公示期或公示期结束后的适当时间（如每年的 9 月下旬）向提出异议的个人或单位统一答复处理结果。

（4）大赛组委会对提出异议的个人信息或单位信息给予保密。

9.2 违规作品的处理

大赛组委会对已认定的违规作品，给予以下第 1~2 条的违规处理，并视违规情节给予以下第 3~5 条的违规处理：

1．取消参赛资格，不得获取任何等级的奖项和参赛证明。

已经获得奖项的违规作品，立即取消其获奖资格，追回获奖奖状及其相应所得的一切。

2．核减违规作品所在省级赛组委会下一届上推国赛的作品数量。

3．在大赛官网公布违规作品的作品编号、作品名称、作者姓名、指导教师姓名、学校名称及省级赛组委会名称等信息。

4．将违规作品的作品编号、作品名称、作者姓名、指导教师姓名等信息，通知违规作品所在省级赛组委会以及学校的教务处。

5．取消违规作品所在院校参加本届年度优秀组织奖的评选资格。

9.3 违规作品作者的处理

大赛组委会对已认定为违规作品的参赛作者，给予以下 2 条违规处理：

1．追回违规作品作者已参赛场次获奖作品的奖状及相关所得，并取消其参加本届赛事的资格。

2．禁止违规作品作者在本科期间参加本赛事的活动。

同时，违规作品作者自行承担可能出现的一切法律责任。

9.4 违规作品指导教师的处理

大赛组委会对已认定为违规作品的指导教师，给予以下 3 条违规处理：

1．追回违规作品指导教师在本届赛事内已获奖作品的奖状及相关所得。

2．取消违规作品指导教师参加本届星级优秀指导教师奖的评选资格。

3．取消违规作品指导教师作为本赛事评委的资格。

同时，违规作品指导教师自行承担可能出现的一切法律责任。

第10章 作品评比与评比委员规范

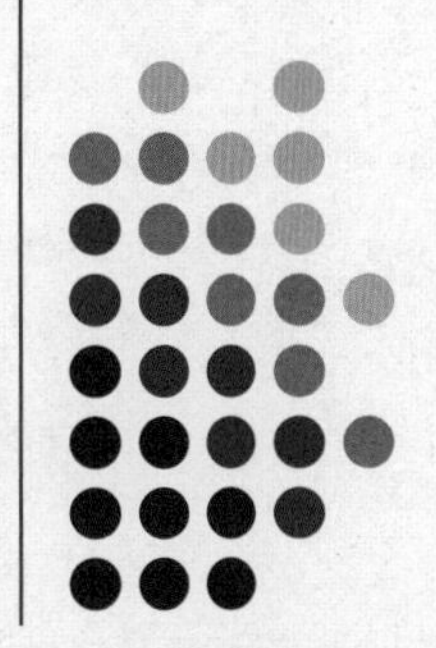

10.1 评比形式

10.1.1 参加国赛的形式

1. 本赛事分为三个阶段：一是校级赛，二是省级赛（即省赛和省级联赛），三是国家级赛（简称“国赛”）。

2024年大赛各决赛区的全国决赛可采取线下现场赛、线上视频答辩赛、线上线下混合赛等决赛形式。具体请关注各决赛区的参赛指南和相关通知。

2. 大赛组委会对省级赛上推入围国赛的参赛作品，视承办单位的承办能力等情况，确定进入国赛现场答辩环节的作品数量。

3. 每件参赛作品的作者，原则上应全部参加线上或现场答辩。每一件作品，参加答辩的作者，必须是参赛作品的主要制作者，不能找人替代。

10.1.2 省级赛推荐入围国赛名单的确定

1. 各省级赛组委会，按规定的上推国赛方案（参见5.2节）推荐入围国赛的作品清单，一般可直接进入入围国赛作品网上公示环节。但经核查不符合参赛条件（包括不按参赛要求进行报名和提交材料、超出学校报名限额、因违规处罚取消参赛资格等）的作品，不能进入国赛。

2. 设有省（自治区、直辖市）赛的院校，应通过本省省赛的途径，获得推荐进入国赛资格；未设省赛的院校，可通过大赛组委会设立的省级联赛-跨省赛获得推荐入围国赛资格。

10.1.3 入围国赛作品的资格审核

对于经省级赛上推入围国赛的作品，大赛组委会进行以下工作：

（1）形式检查：数据委员会负责对报名表格、材料、作品等进行形式检查。针对需要补全或修正的情况，比如有缺失信息的参赛作品、超出学校报名限额的院校及其参赛作品等，提醒院校联系人和参赛队在规定时间内完善和修正；对因违规处罚取消参赛资格的作品，进行备注说明并取消其国赛参赛资格。

（2）上网公示：大赛官网上公示入围国赛的作品信息并接受异议（含申诉、投诉、举报等）

信息。异议形式与要求，可参见 2.5 节。

（3）专家审核：大赛组委会纪律与监督委员会对公示期有异议的作品进行审核与分类处理。

（4）入围国赛作品公布与通知：公示结束后确定入围国赛的作品清单，数据委员会负责在大赛官网上公布，并通知参赛院校。

10.1.4 国赛评比

2024 年大赛各决赛区的全国决赛，可根据情况采取线下现场赛、线上视频答辩赛、线上线下混合答辩赛等决赛形式。

1．入围国赛的参赛队，须根据大赛通知中参赛作品类别与国赛决赛区的对应关系，按时加入相应决赛区的网络联系群，关注该决赛区的参赛指南和相关通知。

2．参赛作者的作品展示与答辩

一般情况下，决赛的作品展示及说明时间不超过 10 分钟，答辩时间不超过 10 分钟；在答辩时需要向评比委员组说明作品创意与设计方案、作品实现技术、作品特色等内容；同时，需要回答评比委员（下面简称评委）的现场提问，评委综合各方面因素，确定作品答辩成绩。

不同类别的作品展示与答辩方案可有所不同。

进入国赛的每件作品，需有作者参加线上或线下答辩。若无正当理由，没有作者按时参加答辩的，一律视为自动放弃，不颁发任何奖项。

3．决赛复审

作品答辩成绩分类排名后，根据大赛奖项设置名额比例，初步确定各作品奖项的等级。其中各类别一、二等奖的候选作品，还需经过各评比委员组组长参加的复审会后，才能确定其最终所获奖项级别。必要时，可通知参赛学生参加复审的答辩或说明。

10.1.5 获奖作品公示

对国赛获奖作品在大赛官网上进行公示，以接受社会监督。

对涉嫌有侵权、抄袭、重复参赛等违规行为的获奖作品，本赛事不设时效限制接受实名举报，何时发现，何时处理。具体处理办法参见第 9 章。

10.2 评比规则

大赛评比的原则是公开、公平、公正。

10.2.1 评奖办法

1．大赛组委会以大赛专家库为基础，聘请专家组成本届赛事的评委工作组，然后按照比赛内容分小组进行评审。各个评审组将按相应作品类别的评审标准，从合格的报名作品中评选出相应奖项的获奖作品。

2．大赛国赛采取评委的国赛决赛区回避制和同校回避制（计算机音乐创作类除外），即参赛作品的指导教师不能担任该作品所在决赛区的评委，评委不得评审同校的参赛作品，具体可参见 7.2 节的“8．指导教师国赛评委回避制”。

3．由大赛组委会专家委员会组织评比出的国赛奖项，经上报大赛组委会审批通过后才生效。未生效的评比结果，任何人不得以任何形式对外公布。

4．对违反参赛作品评比和评奖工作规定的评奖结果，无论何时，一经发现，大赛组委会不予承认。

10.2.2 作品评审办法与评审原则

因大赛所设类别涉及面较广，不同类别可采用不同的评审方案。请参赛队关注大赛官网，了解相关类别参赛作品的具体评审办法。

各省级赛的评审办法，由各省级赛组委会参考国赛规程自行确定，但原则上不得与国赛竞赛评比规程相矛盾。

对于没有单独确定评审办法的类别，一般采用本节所述评审方法。

考虑到不同评委的评分基准存在差异、同类作品不同评审组间的横向比较等因素，参赛作品的通用评审办法可分为两种。

1．推荐评审法，常用于初评阶段。

（1）每个评审组的评委（一般为 3 名），依据评审原则与标准分别对该组作品评审，给出作品的评价值（分别为：强烈推荐、推荐、不推荐），不同评价值对应不同得分，建议：强烈推荐，计 2 分；推荐，计 1 分；不推荐，计 0 分。

（2）合计各个评委的评价值，一般根据其分值从高到低排序，然后按一定比例推荐进入决赛或复评。以 3 个评委的推荐评审为例，通常的处理分为以下三步：

① 如果该件作品的分值不低于 3 分（含 3 分），则进入复评。

② 如果该件作品的分值为 2 分，则由本阶段的复审专家组复审该作品，确定该作品是否进入复评。

③ 如果该件作品的分值为 1 分，则由大赛组委会根据已经确定能够入围复评的作品数量来决定是否安排复审。如果不安排复审，则该作品在本阶段被淘汰，不能进入下一阶段。如果安排复审，则由本阶段的复审专家组复审该作品，确定该作品是否进入复评。

2．排序评审法，常用于具有答辩环节的复评或决赛阶段。

（1）每个评审组的评委（一般为 5 名），依据评审原则与标准分别对该组作品打分，然后从优到劣排序，每个评委的序值从小到大（1,2,3,…）且唯一、连续（评委序值）。

（2）每组全部作品的全部评委序值分别累计，从小到大排序，评委序值累计相等的作品由评审组的全部评委核定其顺序，最后得出该组全部作品的唯一、连续序值（小组序值）。

① 如果某类全部作品在同一组内进行答辩评审，则该组作品按奖项比例、按作品小组序值拟定各作品的奖项等级，并上报给复审专家组核定。

② 如果某类作品分布在多个组内进行答辩评审，由各组将作品的小组序值上报给复审专家组，由复审专家组按序选取各组作品进行横向比较，核定各作品奖项的初步等级。

③ 在复审专家组核定各作品等级的过程中，可能会要求作者再次进行演示和答辩。

（3）复审专家组核定各作品等级后，上报大赛组委会批准。

3．作品评审原则

（1）评委根据各个作品类别的评审标准评审作品。

（2）作品的主题、内容符合要求，报名信息和文档必须完整规范。

（3）决赛答辩阶段，作品介绍明确清晰、演示流畅不出错、答辩正确简要、不超时。

10.3 评比委员组

公开、公平、公正（简称“三公”）是任何一场竞赛取信于参与者、取信于社会的生命线。评比委员是“三公”的实施者，是公权力的代表，在赛事评审中应该体现出应有的风范和权威。拥有一支合格的评审团队是任何一个赛事成功的基本保证。

10.3.1 评比委员条件

1. 具有秉公办事的人格品质，不徇私枉法。

2. 具有评审所需要的专业知识。

3. 来自学校（含在职单位、正常调离单位、退休单位等）需要满足下述中的任意一个：

（1）不低于省属重点大学。

（2）有不少于两个博士点的大学。

（3）公办的艺术类院校。

4. 本人职称，原则上要求副教授（或相当于副教授）及以上。

5. 来自企事业单位的，原则上要求是具有高级职称的技术专家。

6. 若担任参赛作品的指导老师，则本人历史上指导的参赛作品中无违规作品。

10.3.2 评比委员组设定

1. 评比委员组初评阶段由不少于 3 名评比委员组成，其中一名为组长。

国赛决赛答辩阶段的评审组，由 5 名评比委员组成，设组长 1 名，副组长 1 名。

2. 评比委员组宜由不同年龄段、不同地区、不同专长方向的专家组成。

一般来说，年长的教师比较适合更好地把握作品总体方向、结构、思路，以及是否符合社会需求；中年教师比较适合更好地把握作品紧跟产业发展需求，注重作品的原创性，关注作品是否是已有科研课题、项目的移用；青年教师比较适合更好地把握技术应用的先进性。

3. 一个评比委员组中，来自高校的、不低于副教授职称的专家比例，原则上不低于 60%。

4. 国赛决赛评比委员组组长、副组长，原则上由具有评审经验的教授（或相当于教授）职称的专家担任，也可由具有评审经验的省属重点及以上院校的副教授（或相当于副教授）职称的专家担任。

5. 国赛决赛评比委员，由大赛组委会专家委员会推荐，各个国赛决赛区组委会聘请，大赛组委会审核与聘任。

10.3.3 评比委员聘请

评比委员的聘请程序：

1. 评比委员原则上由大赛组委会专家委员会组织、遴选，然后向大赛的各个国赛决赛区组委会推荐。

2. 具备条件的教师本人向大赛组委会专家委员会提出申请，或经其他专家推荐机构（如大赛组委会秘书处、纪监委等）向大赛组委会专家委员会推荐。

3. 大赛的各个国赛决赛区组委会聘请。

4. 大赛组委会专家委员会审核批准，报由大赛组委会颁发评比委员聘书。

说明：

（1）一年中多次参与国赛决赛的评比委员，只颁发一次聘书。

（2）省级赛、校级赛的评审组，可参照国赛评比委员组的组成，由各级赛的组委会自行组织与管理。

10.4 评比委员规范

评比委员必须做到以下 12 条：

1. 坦荡无私，用好评审权，公平、公正对待每一件参赛作品。既不为某个作品的评分进行游说，也不受人之托徇私舞弊。

2. 全程参加评比相关的各项活动，包括评比岗前评委培训会议、现场（或线上）作品评比，获奖作品展示、点评，直到颁奖暨闭幕式（若有）结束。

3. 注重个人整体形象。在现场决赛时：进入决赛现场必须佩戴评委证，出席评审现场、开幕式、作品展示点评研讨、颁奖暨闭幕式等评比活动时，需着大赛统一服装出席；在线上决赛时：进入线上答辩视频会议室必须使用大赛承办单位制作的虚拟背景（若可以设置）、答辩期间全程出境。

4. 准时到达答辩现场（现场答辩时）或进入答辩视频会议室（线上答辩时），不迟到不早退，中途不无故离场。现场或线上评比期间，不打瞌睡，不吸烟，不接听手机，不做与评比无关的事。

5. 认真参加评比，认真听取作者的介绍和回答。按照大赛竞赛要求，严格掌握评审标准，以作者及参赛作品的实际水平作为评分的唯一依据，独立评审，不打关系分、感情分，必须公平、公正对待作者的每一件作品。

6. 尊重每一所参赛院校，一视同仁对待各级各类院校。

7. 尊重每一位参赛作者、每一位参赛指导教师及其他评比委员。作品答辩期间，规范言行，避免影响作者的答辩或其他评比委员的评审。本着关爱作者的态度，对作者要以肯定、鼓励为主。对作者提问的主要目的是进一步了解作品情况，问题要明确清晰，不要过于武断或无根据猜测，对作者或作品不得指责，不得与作者产生争执或冲突。不得以任何方式讥讽、嘲笑、戏弄、挖苦作者，不得当场点评参赛作者个人的优缺点及能力，不得议论指导教师水平。

8. 充分尊重参赛作者应有的权益，不得随意缩减参赛作者答辩时间。

9. 各评审组组长和副组长有义务保证竞赛评审的顺利开展，把握评审质量，并参与评审过程的监督，及时发现和纠正评审中出现的不规范问题。

10. 比赛期间，应回避与参赛作者、指导教师、带队教师，以及参赛作者家长与亲朋好友的私下交往，不准接受参赛院校及个人任何形式的宴请和馈赠。

11. 在作品展示研讨阶段的现场或线上点评，要客观、正面、专业，不夸大，不跑题，评价准确，语言精练。

12．未经大赛组委会授权，不得擅自透露、发布与评审过程及结果有关的信息。

10.5 评比委员违规处理

对违规评比委员，视情节分别作相应的处理：

1．及时提醒警示。

2．解除对其本届评比委员的聘任，并且在后续赛事中不再聘请。

3．其他有助于评比委员规范操作的处理措施。

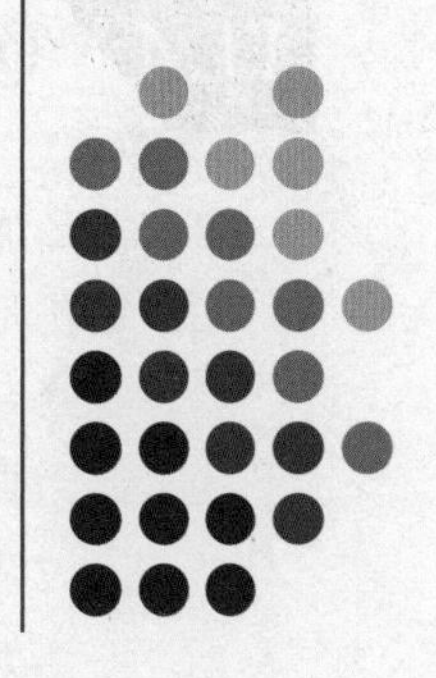

第 11 章 特色作品研讨

11.1 研讨平台的意义

国赛的主要作用有两个：一是评出参赛作品奖项的等级，二是特色作品的研讨。

特色作品的研讨，为参赛师生（包括评比委员）之间互相交流、互相学习，取长补短以提高个人素养与计算机技术应用技能提供了很好的平台，对参赛师生日后创新思想与技能的启发、提高、升华，有着重要的意义。

参加竞赛，争取好的奖项只是一个方面；更重要的是学习，是在参赛过程中提高自己的能力。

11.2 研讨作品的选定与组织

1．研讨作品由作品评比委员组推荐，具有总体水平高、有特色，或者有着某种典型意义的作品。研讨作品可以是一等奖的，也可以是二等奖或三等奖的作品。研讨作品一定有值得点评的方面，有值得借鉴与探讨的地方。

2．作品的点评研讨活动，一般安排在赛期的第三天下午（14:30—17:30）或第四天上午（8:30—11:30）。

3．作品的点评研讨活动可按作品类别进行，一般一个作品研讨场所研讨 6 ～ 8 个作品，平均一个作品研讨 25 分钟。

4．作品研讨场所由决赛承办院校（有线下答辩时）或大赛会议的承办单位（线上答辩时）提供，研讨活动由大赛的各个国赛决赛区组委会负责组织。

11.3 研讨的主要内容

1．作品作者与指导教师对作品的展示与创作介绍。

2．研讨会参与师生对作品的评价、质疑与探讨。

3．评比委员的点评与总结。

11.4 研讨活动的参与对象

1．作品作者与指导教师。
2．参赛师生。
3．观摩者。
4．评比委员。
5．研讨活动主持人。

第 12 章 2023 年获奖概况与获奖作品选登

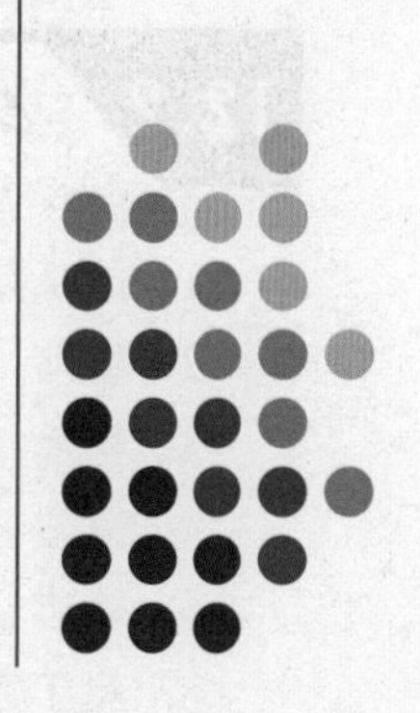

12.1 2023年（第16届）大赛优秀组织奖名单

根据大赛组委会关于优秀组织奖项评审条件，2023 年大赛共有 30 所院校（单位）符合大赛优秀组织奖授予条件，名单如下：

序号	学校	序号	学校
1	北京语言大学	16	南京工业大学
2	大连海事大学	17	南京师范大学
3	电子科技大学	18	南京医科大学
4	东北大学	19	山东大学
5	东华大学	20	山东工商学院
6	东南大学	21	深圳大学
7	广东外语外贸大学	22	武汉大学
8	杭州电子科技大学	23	武汉理工大学
9	华东师范大学	24	西南交通大学
10	华南师范大学	25	厦门大学
11	华中师范大学	26	扬州大学
12	江苏大学	27	浙江传媒学院
13	江苏科技大学	28	浙江音乐学院
14	江苏省计算机学会	29	中国人民大学
15	江西师范大学	30	中央民族大学

说明：

1．排名不分先后；

2．如果某单位多次满足获奖条件，亦只授予一次优秀组织奖。

12.2 2023年（第16届）大赛优秀指导教师奖名单

1. 胡晓雯　　南京医科大学　　二星优秀指导教师
2. 霍楷　　东北大学　　二星优秀指导教师
3. 李慧　　江苏海洋大学　　二星优秀指导教师
4. 吕彪　　西南交通大学　　二星优秀指导教师
5. 陈志云　　华东师范大学　　一星优秀指导教师
6. 樊丁宜　　东北大学　　一星优秀指导教师
7. 荆丽茜　　浙江传媒学院　　一星优秀指导教师
8. 钱伟行　　南京师范大学　　一星优秀指导教师
9. 邱忠才　　西南交通大学　　一星优秀指导教师
10. 汪润　　武汉大学　　一星优秀指导教师
11. 王恪铭　　西南交通大学　　一星优秀指导教师
12. 王铉　　中国传媒大学　　一星优秀指导教师
13. 尉志青　　北京邮电大学　　一星优秀指导教师
14. 吴捷　　南京工业大学　　一星优秀指导教师
15. 袁庆曙　　杭州师范大学　　一星优秀指导教师
16. 左欣　　江苏科技大学　　一星优秀指导教师

说明：

（1）指导参加国赛作品本届累计获得 2 个一等奖，可获得一星级优秀指导教师奖；

（2）指导参加国赛作品本届累计获得 3 ～ 4 个一等奖，可获得二星级优秀指导教师奖；

（3）指导参加国赛作品当本届累计获得 5 个或 5 个以上一等奖，可获得三星级优秀指导教师奖。

若本届指导的参赛作品中有违规作品，则取消本届被评选为优秀指导教师的资格；星级优秀指导教师每届评选一次；星级优秀指导教师由大赛组委会颁发相应证书。

12.3 2023年（第16届）大赛一、二等奖作品列表（节选）

12.3.1 2023 年中国大学计算机设计大赛大数据应用一等奖

序号	作品编号	作品名称	参赛学校	作　者	指导教师
1	2023007257	鹰医生——骨肉瘤病灶智能检测与分割系统	杭州电子科技大学	陈一飞，邹槟峰，黄一凡	秦飞巍，黄彬彬
2	2023009280	基于大数据与深度学习的海洋综合监测可视化平台	江苏海洋大学	王晨曦，周宇琛，李鑫	李慧，周伟
3	2023010851	智电未来——区域电力负荷预测深度学习平台	南京大学	史浩男，史浩宇，陈硕	詹德川，金莹
4	2023011159	“遥”观“植”变——基于多源遥感数据和图像分类的中国植被动态时空变异性分析平台	中国地质大学（北京）	许天驰，阮昊，李庚滔	闫凯

续表

序号	作品编号	作品名称	参赛学校	作　者	指导教师
5	2023011482	基于Hadoop生态集群的海南自贸港智慧城市管理平台应用	海南科技职业大学	乔好鑫，韦思妍	文欣远，佘为
6	2023022145	基于多维度的智能巡防路径规划设计	南京森林警察学院	郭德明，周桤，李昊	邱明月
7	2023034626	见闻——时空新闻数字创作与分析平台	武汉大学	马月娇·坎杰古丽，徐雅婷，阿依佐合热·买买提	苏世亮，翁敏
8	2023041593	智易字坊：基于大数据优化的AI字体创作工具	武汉大学	余昭昕，张文慧，涂艾莎	汪润，王丽娜
9	2023059360	数据解读气候变化与全球应对	华东师范大学	任佳渝	刘垚
10	2023059470	“气候危机下的生命之舞”：气候变化对生物多样性的影响与应对	东华大学	王文正，唐李渊，钟齐俊	尹枫，吴敏
11	2023059968	基于YOLOv8的智能驾驶道路障碍物数据识别系统	同济大学	王蔚达，申雨田，张尧	肖杨

12.3.2　2023年中国大学计算机设计大赛大数据应用二等奖

序号	作品编号	作品名称	参赛学校	作　者	指导教师
1	2023000177	基于多任务学习和深度跨域的药物重定位系统	深圳大学	董东沛，金坚灵，吕劲	欧阳乐
2	2023000407	融合混合脑机接口和视觉避障的多自由度无人机控制系统	华南师范大学	谢尚宏，曾祯，伍庆富	潘家辉，陈赣浪
3	2023000504	一种基于T5模型的神经肽预测工具	安徽农业大学	丁志杰，张涛，李俊	祝小雷
4	2023000561	从“源”头入手，防温室慢“煮”	广东工业大学	黄庆杰，陈晓茵，詹培林	张逸群，朱盈
5	2023000640	基于AIS大数据驱动的船舶轨迹预测系统研究	大连海事大学	张少阳，咸国鹏，邓宇航	马宝山
6	2023000947	基于多属性决策和时间序列的气候变化分析——针对人类经济与自然	武汉理工大学	赵志坤，贾呈华，潘德轩	彭德巍
7	2023001081	全球气候变化背景下基于机器学习算法探索能源转型对未来经济发展的影响研究	辽宁科技学院	张宁海，姜家淮，吴思宇	董志贵，王彦超
8	2023001265	基于大数据分析的能源反弹效应对气候变化影响的实证研究	武汉理工大学	黑永桦，刘安胜，匡龙	费日龙
9	2023002117	基于Bi-LSTM和知识图谱的消防感知与防控平台	南京航空航天大学	赵斌，陈泰伦，焦建博	李静
10	2023003842	“绿天鹅”与全球应对——数据科学视角	深圳大学	邱凡，李坤检	朱福敏，卢亚辉
11	2023004893	数字孪生技术驱动的冲击地压监测预警大数据平台	中国矿业大学	华展博，王柯力，朱少行	徐晓，曹安业
12	2023005489	气候变暖对河南省小麦产量的影响	河南财经政法大学	薛舒文，杨程博，贾向真	刘江伟

续表

序号	作品编号	作品名称	参赛学校	作　　者	指导教师
13	2023005604	基于大数据的智慧农林灌溉系统	江苏第二师范学院	许晟，王怡静，赵子霆	倪艺洋，周近
14	2023005986	基于区块链和人工智能的渔业种质资源可信确权管理及辅助决策系统设计与实现	仲恺农业工程学院	李麟燊，谢志洋，刘奕顺	徐龙琴，谢彩健
15	2023006079	锐眼识症——AI 影像辅助诊断系统	大连理工大学	吴鑫卓，杨新磊，程书晗	金博
16	2023006277	基于多源数据的 ESG 智能决策引擎	河北大学	张泽森，魏佳瑶，彭冉	宋铁锐，范士勇
17	2023006288	基于多图卷积神经网络的中药方剂推荐方法	山东女子学院	朱瑜琛，李希雨，杨欣莹	胡宝芳
18	2023007546	基于知识图谱的医药智能服务平台	中国药科大学	杨文志，孙福博，周超然	侯凤贞
19	2023008278	HerbiV——一个多功能中药网络药理学分析工具	南京中医药大学	周唯叶，沈天威，王皓阳	李梦圆，陆茵
20	2023008669	基于 UGC 的旅游时空大数据分析系统	滁州学院	卢杰，刘源，毛景	邓凯，杨灿灿
21	2023009324	基于 hive 数据仓库的北京二手房市场交易数据可视化分析	中国社会科学院大学	李鑫，李翀，王烁宇	朱俭，蒋欣兰
22	2023009384	基于多源信息融合的马冈鹅育种周期健康养殖系统	仲恺农业工程学院	李嘉鹏，郭家辉，陈粤涛	尹航，SHAHBAZ GUL HASSAN
23	2023012086	基于多源地理大数据的城市热环境智能分析云平台	南通大学	冷晒杰，吴俊杰，冷宏骏	周侗，陶菲
24	2023012783	鹰眼护航——基于 YOLOv7 的船舶识别系统	湖北工业大学	詹必豪	顾巍
25	2023013384	全球气候变化对人类健康的影响	华侨大学	谭睿莎，陈金，刘清	柳欣，彭淑娟
26	2023014040	基于时间序列模型的地表温度预测研究	广州华商学院	骆琦，郑志豪	王会岛
27	2023014749	LocatingGPT ——AI 赋能的大数据文件搜索引擎	广州大学	陈嘉诺，高迅，梁晓阳	彭凌西
28	2023016592	基于达梦数据库的大数据求职招聘分析系统	南京信息工程大学	韩信，杨磊，曹耀雷	孙菁
29	2023020036	CSL-Mooc-Spy：课程评论大数据助力中文二语学习者选课决策	北京语言大学	程洁如，张博谦，张格宁	赵慧周，王治敏
30	2023020149	绿水青山看中国：气候变化与环保新思路探究	湖北大学	常嘉辰，熊艳，刘玉斌	刘吉华
31	2023022109	基于多模型融合的网络流量分析及 DDoS 攻击检测系统	新疆大学	孙健康，闫梦蝶，张晗	郑炅，秦继伟
32	2023022783	大数据驱动的长江流域农业耕地高质量利用多目标决策系统研究	南京森林警察学院	丁姿芊，沙欣怡，陈羿帆	张水锋，王新猛

续表

序号	作品编号	作品名称	参赛学校	作　　者	指导教师
33	2023023754	基于 CNN-BiLSTM 和 BERT 的舆情追踪与分析系统	山东师范大学	刘子豪，刘冠麟，李文慧	吴泓辰
34	2023024851	科研项目大数据智能洞察选题平台	武汉理工大学	程嘉豪，麦鲁奕，邱楠	江长斌
35	2023026152	基于实时流计算的新闻用户搜索行为分析系统的设计与实现	安徽财经大学	张蕾，钱宸，王清帅	武凌
36	2023026197	联邦警探——基于联邦学习的嫌疑车辆识别系统	东北林业大学	徐炯炀，马朝泰，赵晶	孙海龙，刘鹏
37	2023028208	中文人物形象自动提取与分析	北京语言大学	许雨欣，王佳玲，龚雨	刘鹏远
38	2023028863	“NEU 财富”——基于大数据的金融与历史事件辅助分析平台	东北大学	童佟，孟桐冰，王家宝	张引，郭军
39	2023029919	火眼金睛——基于深度学习的恶意社交机器人识别算法	北京工业大学	刘楚彤，刘欣桐，徐思雨	王秀娟
40	2023031344	生生万物 息息相关	北京信息科技大学	高昕怡，刘佳琦，赵川	邢春玉，李莉
41	2023031965	康享欣 - 大数据辅助非小细胞肺癌（NSCLC）预测及诊疗	湖南师范大学	兰佳杰，周海璐	王颖
42	2023036175	大数据解读环境、经济与碳排放的协同发展	沈阳师范大学	王欣玉，杨亚文，李慧娟	刘会燕，郑郁
43	2023036221	基于 Spark 和达梦原生大数据平台的上海市旅游业大数据分析与前景预测	重庆财经学院	彭浩宇，沈磊，李呼潇	张晓媛，叶芮君
44	2023039546	LifeMapperPro：基于心理大数据的 Z 世代生涯可持续发展交互平台	山东师范大学	张梦楠，聂帅怡，王依珂	王鹏，徐连诚
45	2023040674	“星空探秘”——基于深度学习的星系参数智能预测平台	德州学院	刘聪，杨传德，王田雨	王丽丽
46	2023045445	基于 LSTM 算法的海马云流量预测系统	北京邮电大学	胡杨，李加烨，谢昀松	林尚静
47	2023046471	数据分析视角下基于 K-means 与图谱协同过滤算法的学习行为分析和选课推荐	中南财经政法大学	黄文颂，陆鑫檑，李籽漫	丁晓颖
48	2023047711	“头盔视界”——基于计算机视觉和深度学习的非机动车监管平台	华北水利水电大学	荆鹏，贾康帅，李鑫	冯岭
49	2023048681	地眼——基于 AETA 大数据的地震预测与智能展示平台	武昌首义学院	吴小芳	张硕，梁洁
50	2023048785	基于大数据模型的装备维修时机预测方法	陆军装甲兵学院	蒋祯涛，陈佳华，赵健博	纪伯公，罗晓玲
51	2023049893	AI 赋能——大数据背景下的伪牌检测系统	天津大学	张博凯，姜天祺，陈铎	潘刚
52	2023050608	云曦智划——智能化大数据分析平台	太原理工大学	李逢龙，张晓斌，李烟锦	曹若琛，高程昕

续表

序号	作品编号	作品名称	参赛学校	作　者	指导教师
53	2023053158	早诊早治，拒绝 e 默——基于支持向量机的阿尔兹海默症基因辅助诊断平台	天津工业大学	刘玮瑾，唐静蕾，彭文珂	施江程
54	2023053948	Edge Computing: 基于边缘计算的全场景电费预测系统	江西师范大学	王睿，张文静	马勇，廖云燕
55	2023054103	EfficientSeg—— 基于 CNN 与 Transformer 协同的智能多目标医学影像分割系统	湘潭大学	张灿，黎嘉明，谢雅真	胡凯，张园
56	2023054277	同呼吸共命运——全球气候危机的影响及对于减排承诺的综合评估	南京邮电大学	石子凡，夏子欣，王文琪	郑晓奇
57	2023055888	气候变化下的数字化思考：从数据中解读人类生存的挑战	江西财经大学	姚佳煜，刘晨欣	陈爱国
58	2023056011	全球气候变暖与能源转型	南京大学	罗锦秀，廖格艺	张洁，张莉
59	2023056379	基于 SARIMA 模型的能源转型与气候变化预测分析	东南大学	李修兰，田远垌	董璐
60	2023056774	能源转型和气体排放对于全球气候的影响	苏州大学	张高睿，贾科航，何航	吴洪状，程诚
61	2023059438	基于机器学习的境外旅客入境人次分析预测	东华大学	刘家栋，施嘉扬，雷皓云	燕彩蓉
62	2023059440	基于大规模图神经网络和 GPT 模型的饮食推荐选餐社区	东华大学	徐政杰，陈沅溢，胡凯悦	冯珍妮，王志军
63	2023059817	ai4eye——基于多模态的青光眼影像评估与诊断管理系统	同济大学	汪欣瑞，朱昀玮，万唯循	刘钦源
64	2023059820	基于多源数据的城市街区功能与公共交通的关联性研究——以西安市部分城区为例	西安建筑科技大学	芦靖豫，蔡济远，雷阳	郑晓伟
65	2023059880	万家灯火故事长	上海海事大学	贾旭潼，张裕婷，贺健	刘昱昊，宋安军
66	2023060307	基于超图的基因本体嵌入在疾病基因预测中的应用	西北工业大学	徐珩博，张然也	汪涛，高逦
67	2023060346	基于高阶交互的双塔图神经网络推荐算法模型	成都理工大学	徐昕怡，李肖洋，黄馨苒	蔡彪
68	2023060397	基于典型数字孪生场景的无人车交通数据生成与行为策略学习方法	上海海事大学	骆明宇，涂凯南，许可可	章夏芬，毕坤
69	2023060557	数据解读气候变化与全球应对	西南交通大学	李久强	王恪铭，吕彪
70	2023060605	“心云”——开放域社会心态挖掘与引导系统	四川大学	李帅，周云弈，刘熠杨	王鹏
71	2023060630	移购——车载智能销售平台	电子科技大学	罗家逸，尹晨阳，白皓臣	戴瑞婷
72	2023060788	“随心配”——智能虚拟换衣系统	西南交通大学	谭鑫程，易福瑞，黄园园	吕彪，张新有
73	2023060829	城市轨道交通突发传染病事件信息平台	西南交通大学	曹思安，董敬寒，胡旭辉	帅斌，刘展汝

续表

序号	作品编号	作品名称	参赛学校	作　者	指导教师
74	2023061072	基于遗传算法的高速公路充电桩优化配置和车辆充电引导技术	长安大学	彭睿哲，田赛，康彧瑞	李博，王宝杰
75	2023061097	坚守绿水青山第一线	华东理工大学	吴林浩，竺泽宇，王铭成	胡庆春
76	2023061111	基于大数据和组合神经网络的语言克隆系统	西安电子科技大学	罗颖，盛溶清，姜牧含	李隐峰，田春娜

12.3.3 2023 年中国大学计算机设计大赛国际生“学汉语，写汉字”赛项一等奖

序号	作品编号	作品名称	参赛学校	作　者	指导教师
1	2023034409	寻青记	黄山学院	郑福蝶，张明月	赵明明，路善全

12.3.4 2023 年中国大学计算机设计大赛国际生“学汉语，写汉字”赛项二等奖

序号	作品编号	作品名称	参赛学校	作　者	指导教师
1	2023008589	遇见墨香	常州工学院	MUNYONGANI TATENDA SALOME,MOMBELE BOKIONGA MATHILDA MICHELL,YUDI WIRAWAN SAPUTRA	金政，徐霞
2	2023013121	Chinese Characters and Rabbit 兔年说兔	江苏大学	VALEEVA ANASTASIIA?,SUBER ABDI MOHAMED	李红艳，江永华
3	2023027715	北语生活	北京语言大学	王禹 ,RAHMAN MONIBA TUR,MENGHWAR NADIA KUMARI	闻亭
4	2023044936	翰墨流韵	江苏大学	ULIANA MONASTYRNAIA,BAIANA MOININA	戴文静，王华
5	2023049906	医学汉语天天学	南京医科大学	阿可莎，沙山克	尹榕，胡晓雯
6	2023053746	汉语改变生活	南京医科大学	阿琳，屠沙，刘亚菲	尹榕，胡晓雯
7	2023056597	古文 -UniLM: 基于预训练模型的古代 / 现代汉语机器翻译	南京邮电大学	AMINUL ISLAM,MD YAHIA SHAWON,ATIA FARZANA CHOWDURY	陈可佳，吴小海
8	2023056705	学中文、写汉字——中文•互联文明对话	南京艺术学院	JIA YUE LUI,QI JING LIM,HUI JING FOO	姚缘，王梓秋
9	2023058737	汉语接力棒	扬州大学	马甘，孔勇，杜成	刘萍，叶昕媛

12.3.5 2023 年中国大学计算机设计大赛计算机音乐创作一等奖

序号	作品编号	作品名称	参赛学校	作　者	指导教师
1	2023004808	樵苏	南京工业大学	赵誉	陈东
2	2023010068	医道	沈阳音乐学院	李嘉成	关惠予，佟尧

续表

序号	作品编号	作品名称	参赛学校	作　者	指导教师
3	2023026829	臻萃	江苏科技大学	田睿文，安杰，钱书楠	陆鑫，吴健康
4	2023049686	行·生克	中国传媒大学	赵云衡	王铉
5	2023049828	六诀邈思	中国传媒大学	耿楚萱	王铉
6	2023057265	沁韵遗风	浙江音乐学院	王虹权，毕宣哲，徐凡	万方，王新宇
7	2023060922	舞风·羌山采药	四川师范大学	李忠尧	黄梦蝶

12.3.6　2023 年中国大学计算机设计大赛计算机音乐创作二等奖

序号	作品编号	作品名称	参赛学校	作　者	指导教师
1	2023000270	东壁光	广东外语外贸大学	丘超颖，古津铭，张晟嘉	李志刚，杨汉群
2	2023001623	烛火	惠州学院	张雨泽	王振龙
3	2023001829	五禽觉醒	广东外语外贸大学	谭俊哲，欧蕊源，彭章蕴	董婷，宋鹏飞
4	2023008570	医道天下	沈阳城市学院	李明昊，闫嘉浀，徐健雄	张睿
5	2023008730	时珍	广东技术师范大学	符仲禹	李泳良
6	2023009345	儿方阙歌	南京艺术学院	孙安娜，张少威	章崇彬
7	2023010768	中医少年游	沈阳城市学院	庞满泽，刘轩，张雯悦	袁博，谭畅
8	2023017169	医韵安国	武汉理工大学	张烜，申东玉，罗钰然	王晓旻，唐星
9	2023019467	药光	燕山大学	郎铸荐	马凌云
10	2023021303	脉	新疆大学	秦真锴，王嘉麒，李晓萌	崔青
11	2023023816	草木生香	云南艺术学院	黄彰杰	李洲强，苗耀允
12	2023028175	时珍	浙江越秀外国语学院	于欣悦，王哲仑，何文韬	刘华金，刘义军
13	2023028266	虎撑	星海音乐学院	叶万里	谢泽慧
14	2023030116	伤寒慢	湖南师范大学	卢俊烨，李希	彭诚意
15	2023032648	神医	浙江越秀外国语学院	童松祺，钟项宇，陆欣云	张云
16	2023034411	望闻问切	中国人民解放军空军预警学院	宋泽鹏，詹洺海，李俊宏	肖蕾
17	2023035377	春回	沈阳师范大学	李欣逸，邹一鹤，赵芯萌	孙梦远，周美彤
18	2023040380	对话	安庆师范大学	荣波涛	徐冉，高艳
19	2023044322	仁·良方	湖州师范学院	姚楠，黄文科，吴博远	姚元鹏，李虹霄

续表

序号	作品编号	作品名称	参赛学校	作　者	指导教师
20	2023045814	伤寒颂	江苏大学	孙佳欣，李涛，许诺	徐卫东，王华
21	2023045877	D.M.L.	浙江传媒学院	徐明伟，唐乙丹	刘奇
22	2023046356	大唐药典	江苏第二师范学院	孙颖慧，李晨曦	王丞，王晗君
23	2023047384	引药归经	北京信息科技大学	冉昕哲，曾卓夫	田英爱
24	2023049673	灼艾	中国传媒大学	李兰若	王铉
25	2023049921	向医徐行	南京信息工程大学	叶毅川，崔祺晗，庄逸	张友燕
26	2023050290	萨堂良方	浙江传媒学院	刘昱江	王俊，徐卓
27	2023050563	中医名远扬	江苏大学	刘儒杰，姜风，卢馨怡	刘庆立
28	2023050733	疮	武汉音乐学院	向子恒	冯坚
29	2023053136	熬香	汉口学院	郭靖繁，张佳瑞，徐帆	胡小年，王昆
30	2023057020	圣医济世	中北大学	邵烁	李鹏，李楠
31	2023057229	药	淮阴师范学院	李梦达	赵红伟，徐言亭
32	2023057267	为医	浙江音乐学院	钟骏杰	姜超迁
33	2023057954	钟山晨曲	扬州大学	顾子涵，李嘉彤	胡亮
34	2023058623	食疗本草·梨	南京师范大学	孙瑞珏	吕振斌，梁啸岳
35	2023058797	火焱	湖南信息学院	孙心如，周勋	汤宁娜，石嵩
36	2023060054	烛火	广西艺术学院	卢鑫，潘虹尹，王辰熙	华伟，赵万
37	2023060156	悬壶济世	上海音乐学院	彭家兴	安栋
38	2023060260	征程	上海师范大学	张子竞	申林
39	2023060431	霱靛流苍	上海大学	程奕暄，羊绍轩	徐倩
40	2023060517	医圣·一生——为二胡与电子音乐而作	四川音乐学院	谭皓哲	张旭鲲
41	2023061099	寻药	空军工程大学	马海朝，马晓芸，王家臣	胡劼，张红梅

12.3.7　2023 年中国大学计算机设计大赛人工智能应用一等奖

序号	作品编号	作品名称	参赛学校	作　者	指导教师
1	2023000110	“悟空视界”：多领域通用的综合人机交互系统及应用	深圳大学	石珺予，吕劲，尹晗	王可，何志权
2	2023002182	基于计算机视觉的有机作物除草机器人	苏州大学应用技术学院	江志豪，韩玉菲，占璐璐	任艳，田宏伟

续表

序号	作品编号	作品名称	参赛学校	作　者	指导教师
3	2023002923	巡航卫士——多功能安驾监测系统	江苏科技大学	邓权耀，郑文文，周灵杰	左欣，周扬
4	2023003056	基于生成对抗网络的通用超表面设计系统	暨南大学	黄祖艺，欧阳雅捷	刘晓翔
5	2023004925	知手语	南京审计大学	赵仁裕，吴欣然，李家欣	郭红建，徐超
6	2023005046	基于边缘智能的工业安全监管系统	南京工业大学浦江学院	沈露，孙雨晨，高诚诚，吴文斌，吴昊	姜丽莉，徐平平
7	2023008584	急性缺血性脑卒中智能诊断系统	南京医科大学	熊诚博，旷欣汝，陈宇铭	张久楼，胡晓雯
8	2023009254	基于目标检测算法的自动化垃圾捡拾分类无人车	宿迁学院	郭宇轩，陈星月，汪圣武	张兵，袁进
9	2023013064	面向智慧物流的快递运载智能平台	东南大学	王昱然，王梓豪，杨承烨，诸欣扬	王激尧
10	2023014163	鹰视速决——无人机辅助的跨江大桥巡检系统	江苏科技大学	汤海彤，王钰嫣，梁灿盛	王琦，于化龙
11	2023015586	基于人工智能的演讲评分系统	北京信息科技大学	龚子俊，孔源博，丁咚咚	林强
12	2023015889	磐石安防——新一代油田安全生产预警平台	中国石油大学（华东）	蔡子健，李佳萍，吉英莲	张千
13	2023019225	聚焦概念的在线学习平台	扬州大学	陈天与，李坤，姜超	李斌，李云
14	2023023092	SkyEye：支持语音交互的无人机视角的目标检测和跟踪系统	中国地质大学（武汉）	战翔宇，何永鑫，章珊，许子豪	程卓，王勇
15	2023024824	智慧工厂——面向生产环境的工业视觉	南京工业大学	耿天羽，王正阳，沈辰	蔡源，吕俊
16	2023027694	双层仓储智能分拣系统	扬州大学	张宏远，严清兰，饶博森，王悦豪，吴浩茂	徐明，张福安
17	2023029522	基于 SLAM 地图规划与超宽带定位技术的智能陪伴式机器狗	华中师范大学	赵潇帆，吕行，张华锐	彭熙
18	2023035127	基于 TensorRT 加速的高性能车道线检测	石家庄铁道大学	张海发，李小龙，陈子祺，张恬恬，张雅婷	杨兴雨，刘玉红
19	2023042685	智慧医护机器狗——小平头	中北大学	韩泽斌，杨舒溶，李子康，杨雨欣，黎姝君	靳雁霞，秦品乐
20	2023049639	趣学——基于声纹驱动图像合成技术的智慧教育平台	重庆财经学院	李天都，谌囿名，夏峰	肖悦，田荣阳
21	2023059889	基于改进 Swin-Unet 的气胸病灶分割与辅助诊断系统	上海理工大学	张锦阳，樊洁，白楚霖	张艳
22	2023000110	“悟空视界”：多领域通用的综合人机交互系统及应用	深圳大学	石珺予，吕劲，尹晗	王可，何志权

续表

序号	作品编号	作品名称	参赛学校	作　者	指导教师
23	2023002182	基于计算机视觉的有机作物除草机器人	苏州大学应用技术学院	江志豪，韩玉菲，占璐璐	任艳，田宏伟
24	2023002923	巡航卫士——多功能安驾监测系统	江苏科技大学	邓权耀，郑文文，周灵杰	左欣，周扬
25	2023003056	基于生成对抗网络的通用超表面设计系统	暨南大学	黄祖艺，欧阳雅捷	刘晓翔
26	2023004925	知手语	南京审计大学	赵仁裕，吴欣然，李家欣	郭红建，徐超
27	2023005046	基于边缘智能的工业安全监管系统	南京工业大学浦江学院	沈露，孙雨晨，高诚诚，吴文斌，吴昊	姜丽莉，徐平平
28	2023008584	急性缺血性脑卒中智能诊断系统	南京医科大学	熊诚博，旷欣汝，陈宇铭	张久楼，胡晓雯
29	2023009254	基于目标检测算法的自动化垃圾捡拾分类无人车	宿迁学院	郭宇轩，陈星月，汪圣武	张兵，袁进
30	2023013064	面向智慧物流的快递运载智能平台	东南大学	王昱然，王梓豪，杨承烨，诸欣扬	王激尧
31	2023014163	鹰视速决——无人机辅助的跨江大桥巡检系统	江苏科技大学	汤海彤，王钰嫣，梁灿盛	王琦，于化龙
32	2023015586	基于人工智能的演讲评分系统	北京信息科技大学	龚子俊，孔源博，丁咚咚	林强
33	2023015889	磐石安防——新一代油田安全生产预警平台	中国石油大学（华东）	蔡子健，李佳萍，吉英莲	张千
34	2023019225	聚焦概念的在线学习平台	扬州大学	陈天与，李坤，姜超	李斌，李云
35	2023023092	SkyEye：支持语音交互的无人机视角的目标检测和跟踪系统	中国地质大学（武汉）	战翔宇，何永鑫，章珊，许子豪	程卓，王勇
36	2023024824	智慧工厂——面向生产环境的工业视觉	南京工业大学	耿天羽，王正阳，沈辰	蔡源，吕俊
37	2023027694	双层仓储智能分拣系统	扬州大学	张宏远，严清兰，饶博森，王悦豪，吴浩茂	徐明，张福安
38	2023029522	基于 SLAM 地图规划与超宽带定位技术的智能陪伴式机器狗	华中师范大学	赵潇帆，吕行，张华锐	彭熙
39	2023035127	基于 TensorRT 加速的高性能车道线检测	石家庄铁道大学	张海发，李小龙，陈子祺，张恬恬，张雅婷	杨兴雨，刘玉红
40	2023042685	智慧医护机器狗——小平头	中北大学	韩泽斌，杨舒溶，李子康，杨雨欣，黎姝君	靳雁霞，秦品乐
41	2023049639	趣学——基于声纹驱动图像合成技术的智慧教育平台	重庆财经学院	李天都，谌囿名，夏峰	肖悦，田荣阳
42	2023059889	基于改进 Swin-Unet 的气胸病灶分割与辅助诊断系统	上海理工大学	张锦阳，樊洁，白楚霖	张艳

12.3.8　2023 年中国大学计算机设计大赛人工智能应用二等奖

序号	作品编号	作品名称	参赛学校	作　　者	指导教师
1	2023000196	华视科技——基于光学相干断层扫描的阿尔兹海默症预测系统	华南师范大学	魏思琦，曾可钦，刘艺	朱定局，李双印
2	2023000916	“立判”AI 司法判案辅助系统	广东外语外贸大学	刘智恒，李艾栩，陈希雅	李霞
3	2023001101	让世界更加清晰和美丽——一种通用的 AI 图像增强框架	广州大学	杨汉伟	姚佳岷
4	2023002162	有情感的语音聊天机器人——Ruabit	南京审计大学金审学院	刘子铭，姜宇翔，白新荷	刘力军
5	2023002192	多车协同自动泊车系统	江苏大学京江学院	唐国鹏，李扬帆	朱威汉，张静
6	2023002544	物流机器人	常州工学院	许家豪，刘成龙，孟新智，周霄，罗丰瑞	李春光
7	2023002582	危险设备违规使用检测系统	南京大学	江易航，张少丹，邓嘉宏，李丹悦，汪宇驰	申富饶，张洁
8	2023002726	Flybot——智能轨道缺陷检测机器人	大连海事大学	黎俊杰，李松源，陈超	赵妍
9	2023003203	基于人工智能的药房自助抓药机器系统	广东外语外贸大学	钟钦炫，熊子谓，余城骞	巩文科，李宇耀
10	2023003437	SMiT——基于对称掩码策略改进的医疗诊断模型	新疆大学	章成胜，郑皓月，陈励凡	陈程
11	2023003507	AI-Title：程序员问答论坛标题智能助手	南通大学	杨少宇，汪星聚，程伟	陈翔
12	2023003744	基于 ROS 的自主识别、夹取、规划物流小车	深圳大学	林坤林，黄鸿杰，王则祺	白小山，张博
13	2023005027	铁路轨道智能巡检养护装置	石家庄铁道大学	张梓凡，刘海硕，李浩	沙金，曹学峰
14	2023005138	基于卷积神经网络的海水浴场安全预警系统	山东科技大学	苏天宇，蒋兰松，张毅，吴金涛，毛嘉聪	刘奎，罗汉江
15	2023005171	基于 Cartographer SLAM 的 ROS 智能物流分拣机器人	武汉理工大学	吴旭，饶明楚，苏煌坤	罗晶，唐必伟
16	2023005187	电路板缺陷智能检测系统	肇庆学院	洪秋鸿，蓝智明，侯妙	朱香元
17	2023005553	楚霸王智慧物流机器人	宿迁学院	孙静雯，高振峰，姚鹏，郁诚，苟英宏	郭新年，苏颖娜
18	2023006078	多机器人军事侦察系统	鲁东大学	邢艺坤，杨圣超，司昂	刘飞，唐莉
19	2023006099	基于 ROS 系统的无接触式智能医疗垃圾桶	广东石油化工学院	林佳锐，胡锦俊，李耿城	莫琦
20	2023006880	面向停车场应用场景的三维目标检测技术	苏州科技大学	杨易堃，钱佳俊，钱星铭	王蕴哲，陶重犇

续表

序号	作品编号	作品名称	参赛学校	作　者	指导教师
21	2023007144	基于 YOLOv5 与 PFLD 的数字人面部捕捉系统	东莞理工学院	刘洋，刘怡帆	李广明，陈传祥
22	2023007659	“智”同道合——基于深度学习算法的道路病害自动检测汇聚展示系统	首都师范大学	邱宇轩，翟相程，鲁嘉铖	姜那
23	2023007825	轻量“视”界——基于轻量级神经网络和双主控协同的轻舟机器人	南京师范大学	唐俊秋，林飞宇，高静，高知临，黄懿涵	谢非，张亮
24	2023007985	体态管家——基于轻量化模型的智能形态诊断系统	南京中医药大学	万中华，余博成，周晏羽	周作建，宋懿花
25	2023008210	基于 YOLOv5 的智能工地安全检测	宿迁学院	殷海杰，朱亚楠，刘梓欣，成立伟，吴柯霖	沈微微，梁凤兰
26	2023008381	基于 LSTM 的油田旋转设备智能健康管理系统	中国石油大学（北京）克拉玛依校区	院龙，贾锦成	贾志洋，高增伟
27	2023008431	基于深度学习及手眼一体的果蔬自主采摘机器人	南京师范大学	花玮婷，乔永佳，于丽婷	李宗安，朱莉娅
28	2023009180	中文轻读——基于文本简化的汉语学习平台	北京语言大学	刘一菲，覃璇颖，贾婧怡	杨天麟
29	2023009194	智慧物流挑战车	宁波工程学院	张家赫，胡云龙，杨志远	童春芽，袁红星
30	2023009273	基于深度学习的帕金森早期诊断模型研究与应用	江苏海洋大学	郑钰，史洪杰，袁嘉诚	赵雪峰，吴加莹
31	2023009517	智慧物流导航与分拣机器人	南京信息工程大学	黎乐齐，张储佳，丁韦奕，张一博，张辰茜	凌妙根，陈亚当
32	2023010124	基于边缘智能的计算机视觉感知应用	苏州大学应用技术学院	熊志伟，王欣悦，杨沐洺	杨艳红，田宏伟
33	2023010304	知其然，知其所以然——基于知识图谱与反事实推理的可解释推荐算法研究与应用	东北大学秦皇岛分校	田宇航，苏国瑞，武泽浩	吕艳霞
34	2023010380	sharp eye——基于深度学习的边缘智能应用	杭州电子科技大学信息工程学院	蔡聪杰，洪禹，吴俊，张新勇	岳伟挺，钱卓涛
35	2023010435	基于 YOLOv8 算法的工业安全装备佩戴情况高精度智能监测系统	珠海科技学院	林载炘，黄梓晖，何慧妍，袁稼铀，陈继昀	陈立云，林艺旻
36	2023011183	妙得：基于 CLIP 和扩散模型的智能古诗词作画系统	南京大学	俞睿，曹明隽	章宗长，张洁
37	2023011596	基于多智能体及多源时空数据的城市空间交互动态演化的仿真与预测	中国地质大学（北京）	王凯颀，贾梓钊，董祥瑞	公书慧
38	2023012398	智慧胃癌影像识别与诊断生成系统	江苏大学	海苏阳，李孟洋，盛翔宇	成科扬
39	2023012489	基于深度学习的工业缺陷检测集成软件	长春理工大学	何彭，周纬轩，荣飞鹏	王玲

续表

序号	作品编号	作品名称	参赛学校	作　者	指导教师
40	2023012708	工业安全之眼——结合人脸核验与 YOLOv5s 的违规手机使用识别系统	湖北工业大学	王文静，张一航，王佳宝，李俊	靳华中
41	2023012821	基于 YOLOv5 实现全向交通流的边缘检测	泰州学院	陈希汉，徐勤顺，王孜怡	张彬，钱进
42	2023012872	视 V 知助——面向听障人士的虚拟手语主播生成系统	合肥工业大学	夏健勇，金海，乔芊禾	薛峰
43	2023013023	智慧安全检测系统	苏州城市学院	朱铭韬，包超扬，陈泽	郑君媛，昌亚胜
44	2023013190	面向工业场景的目标检测与智能交通场景边缘设备应用	东南大学	肖力行，史瑞潇，陈琳昊	周毅
45	2023013223	基于深度学习的 DDR 动态图像的肺功能诊断	中国矿业大学	倪苏婷，甄妍，李雅静	孙统风，许新征
46	2023013247	基于改进 YOLOv7 与无人机辅助的城市交通道路质量监测系统	中南林业科技大学	高兴，唐智文，曾小雨	吴光伟
47	2023013361	TalkUp——面向优师计划的英语口语在线练习平台	北京师范大学珠海校区	王昱超，张钦彤，王俊鑫	陈海
48	2023013605	基于点云技术的农业三维地形建模及无人机智能路径优化	江南大学	王景岩，杨坤，谢小曼	杨金龙，王映辉
49	2023015275	基于中医特征的代谢综合征（MetS）预测关键技术及自测平台	仲恺农业工程学院	陈海慧，詹诺希，陈晓涵	郑建华，刘双印
50	2023015688	边缘智能应用目标识别与定位	泰山学院	刘永强，陆浩帅，廉开煜	桑胜举，房桦
51	2023015698	基于 RoBERTa-RCNN 和注意力池化的 GPT 智慧文本检测系统	海南大学	张丽莉，王要珅，张阳莹	李德顺，李悦
52	2023016033	天空之眼——航拍场景下小物体目标检测技术领跑者	南京邮电大学	张昊，吉星澍，宋仁轩	郝川艳，宋婉茹
53	2023016437	基于级联注意力特征遗传优化的指纹伪造检测算法	南京信息工程大学	陈家韩，梁浩鹏，刘龙	袁程胜
54	2023017099	瑕疵匠——布匹瑕疵全自动检测与智能分析系统	广东海洋大学	蔡佳莹，朱一帆，何沛杰	陈亮，姚阳
55	2023017110	驾驶守护者	潍坊学院	陈新宇，乔晓慧，班竣尧，张元昊	邢法玉，高阳
56	2023017509	基于唇语识别技术的唇读辅助训练系统	华中科技大学	田佳钦，龙湘玉，陈奥威	王然
57	2023017515	易携式害虫识别系统与装置的设计与实现	湖北工程学院	卢慧琪，马雪琴，师佳希	张天凡，朱颂
58	2023018051	基于集成学习的智能家居远近场说话人识别应用	哈尔滨工程大学	刘晓伟，张银翔，徐玉峰	关键，刘海波
59	2023018119	基于 AI 图像识别与运动引导的智能拐杖车	嘉应学院	叶佐立，李天浩，张羽仪	黄志芳，刘宴涛
60	2023019475	基于毫米波雷达与视觉检测技术的跌倒检测设备	郑州大学	张涵博，贾卓亚，张帅	宋家友，张星瑞
61	2023019837	基于环境感知和自主决策的智慧物流分拣机器人	南京理工大学泰州科技学院	吴长达，高昕苇，吴斌	孙松丽，温远远

续表

序号	作品编号	作品名称	参赛学校	作　者	指导教师
62	2023020184	智慧文物——基于卷积神经网络的文物信息数字化系统	苏州大学	王子俊，林涛	谷飞，武婧
63	2023020435	三维人脸重建	北京师范大学、香港浸会大学联合国际学院	陈明晋，李宇健	张慧，马慧
64	2023020654	基于 MediaPipe 的智能皮影机器人	五邑大学	黄国林，骆伟斌，谢梓源，赵嘉禧，朱良哲	秦传波，曾军英
65	2023023840	离歌	内蒙古大学	陈硕，周世辰，张智浩	杜治娟
66	2023026529	基于无人机的海洋小目标检测及应用	合肥师范学院	林永欣，马克，罗文博	朱强，汪中
67	2023026871	基于 AI 分析眼底医学影像的疾病预测系统	大连医科大学	应倩楠，董若晗，郭子甲	李晓东，李剑
68	2023026968	视障群体的“安图声”童话——基于 AI 技术的图像语音描述系统	西南大学	贾玺枭，王思玉，丁雨楠	刘运
69	2023027968	XCDP——基于轻量化无参数注意力机制的 YOLOv7X 光违禁品检测平台	铜陵学院	孟金葆，孙慧萍，罗沛	房娟艳，部文灿
70	2023027996	基于机器视觉的果蝇表型性状分析系统	中国农业大学	郭凡漪，赵江楠	马钦
71	2023028065	专心致“治”——基于半监督学习策略的心脏医学影像辅助分析系统	河北工业大学	郑婷予，付学桐，申洪建	王元全，张茜茜
72	2023028442	康复珈——基于姿势识别的康复指导系统	武汉大学	黄烨，颜芝怡，周文峰	王毅
73	2023029526	基于深度学习与投票机制的主动脉夹层预诊系统	北京科技大学	刘子阅，朱政，兰俊希	范茜莹，李莎
74	2023029622	世豪决心队：轻舟无人驾驶	昆明理工大学	赵飞宇，梁世豪，王正旭，柴钰坤，谢振兴	李大焱，王妮娅
75	2023030221	基于 ROS 的智能物流机器人	黑龙江科技大学	李芊诺，杨森，付维培	吕平，黄耀群
76	2023030650	基于 ResNET 网络的牙齿健康诊断与风险评估系统	湖南师范大学	刘芳园，张佳，叶芝娜	綦朝晖，龙静
77	2023032854	智能社团存取柜	岭南师范学院	潘纬奇，林子烨，谢茂庭	曾绍庚
78	2023033286	微虫巧计——基于 YOLOv8 的昆虫诱捕计数系统	长江大学	魏敏，郭宇衡，刘思雨	詹炜
79	2023035236	探索深蓝——基于深度学习算法的 ROV 自主目标识别与作业系统	东北大学	郭芷含，薛润东，康宇鑫	徐红丽
80	2023035655	基于 YOLOv5 的篮球陪伴训练机器人	南华大学	李明珠，江艳，李娟	李月华
81	2023035784	基于大语言模型的智能辅助创作平台 HIGene	山西大学	杨尚，李钰栋，杨西忠	张虎

续表

序号	作品编号	作品名称	参赛学校	作　者	指导教师
82	2023036445	云水之盾——新型溺水预警系统	沈阳工业大学	钟雨森，潘佳庚，李可馨	马广焜
83	2023037062	别树一“智”	福州大学	俞静怡，张力涛，李陈诺，陈泽堂，李建坤	徐哲壮，江灏
84	2023037077	希波克拉底之眼：基于人体姿态估计和生物力学的运动突发伤情分析监控	北京邮电大学	程子铭，孙艺萌，颜宇航	赵志诚
85	2023038204	Roboshopping——采购服务一体化的超市智能机器人	大连理工大学	杜思雨，孟祥驰，杨镒丞	姚翠莉，孔雨秋
86	2023040521	溯声	重庆大学	雷祥，张雍弦，李先优	文俊浩
87	2023041185	智能违规使用手机识别	保定学院	杨曙光，田宇陈，于心如，王鑫飞，张梦昕	李燕玲，史金玉
88	2023041510	糖网患者的守护者——糖尿病性视网膜病变智能诊断系统	东北林业大学	侯晓文，钟赛君，邵诗淇	陈宇
89	2023042365	基于神经网络的智能化打印文档溯源系统	武汉科技大学	舒洪，董羽，兰玥	朱子奇
90	2023042630	深度睡眠	浙江工业大学之江学院	许诺，许俊辉，施航琦，徐从正	张现荣，凌金晶
91	2023043753	基于扩散模型的表情包图像生成	闽江学院	吕文奏，熊骏	张福泉
92	2023044570	千铸“心”生，百淬焕“心”——后疫情时代基于深度学习技术的心电监测系统	滨州学院	于湘菲，宋祥骏，韩硕	陈巩
93	2023044705	食养坊——基于多模态知识图谱的食疗养生系统	北京林业大学	林峰，陈前中，林奕颖	李冬梅
94	2023045178	基于计算机视觉和语音处理的智能手语翻译机	天津科技大学	王晓薇，王成建，何晓冉	于洋
95	2023045271	基于PP-YOLOE的多场景下烟雾-火灾检测系统	江西财经大学	罗承宇，沈心怡，易宇星	万伟国
96	2023046037	无话不说——语音驱动的轻量化口形同步应用	中南大学	郭鸿鑫，邓宇海，吴苏程	任胜兵
97	2023046806	AIoT室内火灾巡检机器人	厦门大学	张梓敬，杨夏婕	
98	2023048892	“智肺之声”——基于深度学习的肺部超声影像病症检测系统	北京工商大学	彭淳毅，杨佳滢，王艺霖	赵霞，于重重
99	2023049389	美军装备目标自动侦察辅助系统	陆军装甲兵学院	卢成名，黄孜晟，梁雪璐	屈强，王丽辉
100	2023049597	基于商汤开放硬件实验箱商用视觉SDK的工业视觉应用程序开发	中国矿业大学	刘枭，顾栋铖，张昊阳	杜文亮，周勇
101	2023050035	基于绝影Lite2的医护机器狗挑战赛方案	中国地质大学（武汉）	邰景康，纪佳骏，张峰，高宝康，石亦可	程卓，赵娟

续表

序号	作品编号	作品名称	参赛学校	作者	指导教师
102	2023052308	智能医护机器狗：融合 SOTA 技术的全方位援助服务	太原学院	徐志远，闫飞，靳昱凯，王毅，张腾霄	任晶晶，陈志贤
103	2023052770	大模型驱动的法学案例智能处理助手	浙江师范大学	张铭姿，江润雪，王艾	张明焱
104	2023053783	智能学伴——学习辅助系统的引领者	江西理工大学	罗坤，杨熙民，汪成江	易见兵
105	2023054056	智慧“稻田人”——乡村振兴下的智慧农业先行者	天津理工大学	孔偌萱，陈佳博，邓光阳	董晨
106	2023054304	遥相呼应——基于遥感影像的灾害分析系统	天津大学	姜天祺，陈铎，韩德	王旗龙
107	2023054738	基于 ROS 的智慧物流分拣车	河南工业大学	王昽茁，李雨霏，张鑫超	吴瑞琪，侯惠芳
108	2023054977	WakeUp	山东大学	李路阳，张乾仁，王增乐	王春鹏
109	2023055016	HANDLER——基于改进 YOLOv8 及 SLAM 的智能家庭服务机器人	西南林业大学	刘博文，王淇，翟宇轩	李俊萩，戴杨
110	2023055111	基于商汤 SDK 库的员工违规使用手机识别系统	郑州航空工业管理学院	刘永康，杨宗耀，王远辉，尚一卓，许晨鑫	刘超慧，李晓瑜
111	2023055992	九乡河宅急送	南京大学	徐文江，许文涛，周哲昊	辛博，陶烨
112	2023056855	基于 AI 交互智能家居	南宁学院	郭鹏飞，申楠楠，覃倩琳	梁国际，邱素贞
113	2023057344	妙手臂护——多形态人工智能医护机器人	云南大学	李星蓉，李明康，彭剑宇	何鸣皋
114	2023057527	手机使用行为检测系统	扬州大学	周宸尉，曹俊，胡亚欣	张新峰
115	2023058186	路感智行：lanenet+yolo 车道识别	南京财经大学	刘森，彭晓宇，沈玥，何梓萱，陆云骋	章磊，李丽丽
116	2023058523	RoadRunners	南京工业大学	何建辉，黄宁远，刘向阳，徐卉垚，肖叶巍	赵璐，李鑫
117	2023058606	基于智能视觉的智慧考场建设	安阳工学院	杜朝科，周亚明，郝庆旭，侯玉鹏，闵昌溥	闫怀平，孙高飞
118	2023059463	空中之眼——无人机目标跟踪系统	华东师范大学	孙翊铭，王俊萍，李奇霏	李洋
119	2023059491	基于文本挖掘的镍基单晶高温合金领域知识提取平台	上海大学	徐陆骏，袁佳怡，赵润蓁	刘悦
120	2023059687	基于 Arduino 实现的人脸识别智能化机械臂食堂三设备互联生态	上海杉达学院	刘致远，张紫东，刘文韬，汤雨阳，韦奕	于晓东，张圣筛

续表

序号	作品编号	作品名称	参赛学校	作　者	指导教师
121	2023059891	基于双目视觉的避障辅助无人驾驶小船	上海海事大学	赵海亮，程一鸣，孔泳懿	李吉彬，章夏芬
122	2023060044	济食云——智能食堂就餐规划系统	同济大学	杨智皓，华洲琦，周子猜	郭玉臣
123	2023060174	多信息融合机械臂控制系统	西北工业大学	吴朋铖	孙蓬，张鹏
124	2023060221	基于深度学习自主无人潜航器故障监测与诊断	西安工程大学	王婧，王宇航，冯靖	陈亮
125	2023060268	边缘智能应用挑战赛作品	四川大学	谭杰，李子俊，马扬	黄武
126	2023060505	星画廊——基于 VACGAN 的自闭症画作 NFT 铸造平台	西南财经大学	黄依琳，欧阳文青，邓丽敏	陈桓亘，杨城
127	2023060627	“智在臂得”——智能辣椒采摘机器人	西南民族大学	裴亚辉，雷楚缘，叶梓	郭建丁
128	2023060741	基于 TD-Nerf 与多分辨率哈希编码的快速动态三维重建	四川农业大学	明扬，李林成，彭佳媛	伍茜茜
129	2023060830	探火者——基于机器视觉与嵌入式设备的森林火灾监测系统	成都锦城学院	李欣瑞，范宇霄，肖熙	李征骥，陶岚菊
130	2023060873	智慧“天眼”——基于 FastReID 的多任务跨域跟踪系统	西华大学	罗仟行，唐杨，陈荣	唐明伟，夏梅宸
131	2023060944	眼底疾病智能辅助诊断系统	商洛学院	黄秋华，张新伟，张瑾	王换民
132	2023060952	Beatmaker——基于深度学习的智能谱曲创作平台	西安电子科技大学	王怡轩，秦国程，左羽峰	李卫斌

12.3.9　2023 年中国大学计算机设计大赛软件应用与开发一等奖

序号	作品编号	作品名称	参赛学校	作　者	指导教师
1	2023001329	人人音乐家	重庆师范大学	胡凯，赵一蔚，高梓竣	罗凌，王慧
2	2023003405	基于计算机视觉的身心健康辅助调节 App	华北理工大学	王大为，刘耀轩，王海天	于复兴，吴亚峰
3	2023003891	TeamNote——一款支持多人协作的 Markdown 文本编辑器	重庆师范大学	唐琴凤，胡露，杨东	冯骥
4	2023006321	PrePay 预付卡——基于区块链架构的安全预付平台	深圳大学	刘志涛，叶紫桐，梁可凡	祁涵，NINA
5	2023007195	无人机载生命体征检测与伤情评估系统	合肥工业大学	季宏鑫，路文志，李钰钦	杨学志，戴燕
6	2023007439	盟书智藏：基于优化卷积神经网络的侯马盟书古文字识别与传承平台	南京工程学院	袁筱钰，张植博，孙亚博	黄晓华
7	2023007880	文曲心——心脑血管疾病专题文献智能分析平台	南京中医药大学	傅康，周思，刘浩	杨涛，顾铮
8	2023009297	基于优化协同过滤算法的高考志愿填报个性化推荐系统	广西科技大学	罗道杰，黄艺森，莫兴鹏	邓钧忆

续表

序号	作品编号	作品名称	参赛学校	作　　者	指导教师
9	2023011630	基于知识图谱的软件漏洞实践与实训系统	江苏大学	沈祥臣，张嘉炜，王姝慧	陈锦富
10	2023012629	基于 WebGIS 的丝绸之路经济带分析展示平台	中南林业科技大学	薛枫，刘宇威，刘莎莎	吴鑫，杨志高
11	2023012958	Envelope 低代码整合平台	江南大学	范竞元，周夕，刘陆豪	马萍，范超
12	2023013703	天基“全球通”——低轨卫星星座可视化平台	东南大学	马千里，曹文菁，潘宇航	王征，王闻今
13	2023014950	基于多端融合的化工安全生产监管可视化系统	江苏海洋大学	邢立豹，顾勇，李纪元	李慧，姜琴
14	2023015009	多端联动型化工智慧应急管理系统	江苏海洋大学	侯鹏飞，左宇航，杨凯杰	柏桂枝，李慧
15	2023016777	基于深度学习的多感知模态情绪检测系统	广州大学	杨藉森，黄昱勋，李芷瑶	刘葵，伍冯洁
16	2023017525	3D 隐写系统	南京航空航天大学	季馨婷，赵锦萱，冯天晨	张玉书，张焱
17	2023018173	云上社家	燕山大学	石志峰	石中盘
18	2023018521	易图 SHOW——基于微信小程序的图像处理系统	淮阴师范学院	黄勇斌，陈芯蕊，陈金凤	杨海东，文静
19	2023022563	智慧水务系统	吉林大学	沈士超，刘家祥，吴林阳	车浩源，王秋爽
20	2023029826	工业哨兵——IIoT 智能护航	武昌首义学院	黄金钰，庞玮辛，李星	刘智珺
21	2023030197	易签存一站式合同服务系统	中国政法大学	姚玢玥，韩林睿，宋士骥	周蔚，郑宝昆
22	2023030632	基于兴趣特征知识图谱的智慧高校迎新服务平台与管理系统	中南财经政法大学	金艳，程荣鑫，钟昳琪	沈计，陈子鹏
23	2023030765	深蓝 3D 医疗数据智能解析平台	浙江科技学院	许嘉程，蔡国栋，龚佳怡	程志刚
24	2023034720	MediAI——基于深度学习的骨科影像分析辅助系统	北京邮电大学	张宏伟，史率琦	尉志青
25	2023035274	面向救灾减灾的卫星协同规划平台	武汉大学	王帆，王家樑，赵慧仪	孟庆祥，汪润
26	2023035307	万众聚量——下沉式广告信息智能投放系统	北京邮电大学	刘巴特，单国栋，徐佳薇	尉志青，韩康榕
27	2023035344	MicroARC——基于图神经网络的微服务系统智能运维平台	武汉大学	罗阳，唐子剑，唐明妮	王健，方颖
28	2023037071	基于深度学习和滑动窗口算法的可疑船只预警软件	海军大连舰艇学院	刘天一，陈文锦，乔玺桢	王婧文，祁薇
29	2023041477	骨影智能——基于增量学习的股骨颈骨折手术辅助系统	海南大学	赵鑫隆，祁嘉琪，成涵吟	谢夏，王政霞
30	2023041854	基于 Optaplanner 的智能排产平台	厦门大学嘉庚学院	冯泽祥，徐梦真，王继民	陈俊仁，郭一晶
31	2023043440	聆析郁测：基于多模态情感分析的青少年抑郁症智能干预平台	华中师范大学	吴宇贤，吕云志，熊锦玟	蒋兴鹏

续表

序号	作品编号	作品名称	参赛学校	作　　者	指导教师
32	2023045105	TransMaxx——智能客运调度系统	武昌理工学院	马晓天，李修天一，朱超	高翠芬，丁津
33	2023049475	河湖采砂全过程智能化监管平台	南昌工程学院	李艳，吴玉菲，何海清	包学才，谭酉群
34	2023050489	弹无虚发——智能领弹管理及数据分析系统	陆军军事交通学院	窦梦杰，张宇康，张玉宁	刘旭，阚媛
35	2023055318	智慧文物	中北大学	师念，李光栋，宋凯则	于一，段雪倩
36	2023056003	启智链学历认证平台	南京大学	杨海波	聂长海，黄达明
37	2023059387	见契如晤——甲骨文多功能智能检测与学习平台	上海大学	刘沛根，朱心仪，唐铭锋	高洪皓，方昱春
38	2023059518	“前车之鉴”——基于知识图谱的行车运维知识管理系统	东华大学	邵伟，陈泳铭，宋美羲	刘晓强，李心雨
39	2023059528	碎片凝墨，青花拼影	西北大学	郭鹏，杨波涛	张海波
40	2023059641	人工智能辅助蛋白质和酶的定向进化	华东理工大学	徐壮壮，高心雨，秦阳	范贵生，虞慧群
41	2023060131	基于改进自适应遗传算法的多无人机协同搜索航路规划系统	空军工程大学	周康康，邓灏，王浩宇	蔡忠义，唐希浪
42	2023060783	云游长安——利用 VR 和 AI 为文旅赋能	西安电子科技大学	曹骏恺，蓝睿柠，王子璇	黄丽娟

12.3.10　2023 年中国大学计算机设计大赛软件应用与开发二等奖

序号	作品编号	作品名称	参赛学校	作　　者	指导教师
1	2023000107	e 守护	广州应用科技学院	林良涛，黄志豪，李梓桦	任萌
2	2023000326	“码”上学习——基于 Vue 和 SpringBoot 的编程学习交流平台	中南林业科技大学	罗添煦，刘浩邈，杨开泰	赵红敏
3	2023000438	图迷——基于统信 DTK 通用开发框架的图像彩色化工具	广东外语外贸大学	许卓玲，叶颖勤	李宇耀，李键红
4	2023000511	基于 Yolov5 和 VOVNet 技术的行人属性检索系统	广东外语外贸大学南国商学院	李永杰，林莹菲，徐瑞增	甘艳芬
5	2023001354	基于 WebGIS 的城市生鲜冷链服务系统	长江大学	向硕秋，裴子聪，张恩瑞	刘少华，纪海芹
6	2023001367	翰墨书法	石家庄铁道大学	高槐玉，贾梓钊，杨爽	武永亮，王建民
7	2023001776	UOS 系统下新型脚本语言设计与实现	东北大学秦皇岛分校	陈朝臣，郭奕辰，马铭	方淼，曹亚丽
8	2023002476	携手童行——儿童身心健康守护平台	南京师范大学中北学院	刘泉，曹延	周敏，吕晶
9	2023002507	丰年稔岁——基于物联网感知数据与多模态深度学习的作物病虫害预警系统	昆明理工大学	林治江，吴昊，邓智超	冯勇，普运伟

续表

序号	作品编号	作品名称	参赛学校	作　　者	指导教师
10	2023002894	管理如此简单！睿选人力资源管理系统	南通大学	陈雪娇，曹智翔，万陈烨	陈翔
11	2023002937	农情遥感监测信息服务平台	滁州学院	石业，张洪洋，孟洋	刘玉锋，王玉亮
12	2023003394	志愿服务系统	中山大学	饶昌裕，刘家骏	毛明志，阮文江
13	2023003606	智水一体化管理系统	桂林理工大学	覃天贤，黄凯，盖世诚	邓昀，陈守学
14	2023003639	野生动物保护 App	沈阳城市学院	赵聆羽，王卓	李佳佳，张美欣
15	2023003787	基于数据大屏的水利管网智能监测系统	湖南大学	凌志豪，郭家乐，梅傲寒	周军海，周四望
16	2023004105	RobustMed——医学影像深度学习模型稳定性测试平台	深圳大学	周永松，杨荣豪，姚杰智	杨鑫，倪东
17	2023004159	基于 OpenCV 和 Yolov5+Deepsort 的智能校园监管系统	南京工业大学浦江学院	沈露，孙存，高业鹏	黄承宁，王海峰
18	2023004471	广西林业土壤信息监测平台	桂林理工大学	向竣丞，何宗熹，莫良宝	邓昀，王宇
19	2023004512	疆心助农	新疆大学	崔苡维，周泽豪，刘佳妮	邵媛，邸淑珍
20	2023004536	高校综合服务产学研用赛一站式平台	大连海事大学	徐坪，刘涵，王晟权	张政
21	2023004558	小熊渲染器——基于 CPU 的光线追踪离线渲染器	南京师范大学中北学院	陈千里，张悦冉，龚华裕	薛亚非，祁祺
22	2023004931	基于 FAF 情绪识别算法的多模态情绪在线识别与分析平台	南通大学	李治贤，贺奥运，吴佳骏	马磊
23	2023004946	基于 AI 算法的智慧肉鸽物流管理系统	仲恺农业工程学院	吴景德，谢耀威，何金城	张万桢，刘双印
24	2023004989	明鉴科技——图像篡改检测平台	广西大学	亓泽正，熊子怡，王琳	华蓓，黄汝维
25	2023005198	追原——智能保健品查询助手	深圳大学	周欣悦，朱伟晔，王一熹	彭小刚
26	2023005405	基于云原生的数字一体化人事薪资管理系统	广东白云学院	钟彧，陈艺元，彭俊炎	刘莉，刘海房
27	2023005457	拟险签——基于三维可交互的火情模拟系统	新疆大学	吴一涵，张学晓，朱军	冷洪勇
28	2023005486	碳钢云	浙江财经大学东方学院	严任杰，干杭成，傅鹏	赵培培
29	2023005826	助巢环境辅助生活系统	中国石油大学（华东）	张雨，白隽恺，冯业鑫	钟敏
30	2023006105	初心印迹	北方工业大学	刘玥濛，王佳，夏云飞	付瑞平
31	2023006201	基于区块链的电子商务平台	苏州科技大学	蒋欣哲，张冠璟，张潼	傅启明，陆悠

续表

序号	作品编号	作品名称	参赛学校	作　者	指导教师
32	2023006282	思图	华南师范大学	曾熙茵，张恒威，周倩怡	刘寿强，沈映珊
33	2023006524	唯你黄科小程序	黄河科技学院	曹珂俭，黄梦瑶	王学春，程斐斐
34	2023006546	N-Market —— AI 赋能校园二手书信息交易平台	南京大学	姜纪文，吴嘉起	余萍，金莹
35	2023006781	健康助手——一个基于深度强化学习的营养追踪监测平台	西南大学	凌子雨，黄佳贝，王丹	沈忠明
36	2023006834	叶祠社区——共建和谐社区，互联共享智慧生活	浙江农林大学	陈锦伟，沈林锴，黄斌彬	胡军国，邓飞
37	2023007428	基于改进 Yolov5 和图色识别的模拟器中控程序	烟台大学	王海宁，胡海阔，赵清赞	齐永波，谭征
38	2023007788	基于数据分析的台风风险评估与预警系统	福建江夏学院	魏雅琴，潘宇鹏，林文堤	陈莉婷，郑晶
39	2023008006	数字协同办公系统	沈阳农业大学	杨净丰，尤广雨	许童羽，于丰华
40	2023008274	A*-Plus 算法——无人仓多 AGV 的无冲突路径规划	南京中医药大学	徐剑侨，覃炜璨，章晋	杨文国，陆志平
41	2023008309	面向智慧医疗的基于区块链的密文可搜索加密系统	南京师范大学	信金豆，单心源，肖舒宁	陆阳
42	2023008476	术译帮——汉语文本多语种辅助阅读系统	广东外语外贸大学	彭敏娜，王海，陈金桥	任函，李霞
43	2023008974	AAAKB：追踪和预测腹主动脉瘤（AAA）基因的数据库	南京医科大学	梅舒远，陆芯楠，项迎时	吕丘仑，吕杉
44	2023009124	志老愿	北京信息科技大学	王雯靖，全梓青，崔晓燕	王晓敏，武磊
45	2023009233	湖泊环境监测与智能分析系统	中国石油大学（北京）克拉玛依校区	张迅，武子涵，李政奇	李国和
46	2023009631	“丝路畅行”特色文化旅游信息服务平台	江苏海洋大学	朱澔然，池声楼，曹睿轩	施珺
47	2023010015	智途在握——文旅云管理系统	长春理工大学	李奇烋，马宇航，芦耀琦	李松江
48	2023010296	归家行动——智能救援指挥系统	合肥工业大学	李文骏，陈智慧，胡浩	吴共庆
49	2023010720	基于深度学习的胎儿心脏超声质控系统	中国矿业大学	雷静宜，洪剑乐，陈传栋	徐晓，杨旭
50	2023011279	医小助——基于知识图谱和深度学习的智慧医疗健康问答平台	南京信息工程大学	安泓运，何婉婷，宫昌昊	孙菁，陈曦
51	2023011628	SmartQL：智云双创基地管理系统	吉林大学	费文林，龙腾，邱钢	玄玉波
52	2023011766	基于区块链技术的仓储物资全过程溯源系统	华北水利水电大学	蔡汶峻，郑常乐，王雅智	杨绍禹，陈欢欢
53	2023011880	PyTyper	广州工商学院	林源迪，陈子劲	万梅，王兆龙

续表

序号	作品编号	作品名称	参赛学校	作　者	指导教师
54	2023011888	EAppraise——基于自研发标签页组件的数字产品考核平台	合肥工业大学	乔芊禾，胡张驰，周培铖	艾加秋，史骏
55	2023011893	派大厨	河北师范大学	刘紫旭，康晔琳，于子晴	刘冠军
56	2023012026	云易学——基于 K8S 的云端虚拟实训平台	韶关学院	杨坤嘉，马圳颖，杨鹏	吴秀，陈正铭
57	2023012122	易择——设备选择顾问	北京信息科技大学	高宇，何润昂，纪凯超	宋燕林，类骁
58	2023012358	“麦朴志愿”——基于 GIS 与大数据的新高考志愿填报可视化推荐系统	长江大学	刘志豪，刘超，邹硕星	朱正平
59	2023012415	从“纸端”到“指端”：基于 NLP 的 XR 贺卡动画自动构建	南京师范大学	王俊翔，严思雨，鲍姝宇	刘日晨
60	2023012780	低碳星球 30·60	中国地质大学（北京）	王於洁，陈骏宇，穆锦荣	陈春丽
61	2023012976	模拟集成电路自动优化平台	广州大学	陈晓菲，唐超英，杨琳钧	曾衍瀚
62	2023013378	检云——一站式检测服务云平台	江苏科技大学	王淇，朱格格，王文涛	邵长斌，刘嘎琼
63	2023013566	智慧校园综合服务系统	齐鲁理工学院	苗杰，孔明哲，李哲	房丽
64	2023013964	基于混合策略的考研调剂院校可视化推荐系统	山东工商学院	王昕，崔元帅，赵若彤	刘源
65	2023014523	护城河——物联网智慧检测云平台	江苏科技大学	邢天舜，金春彪，滕棱宇	张静，刘从军
66	2023014646	基于深度学习和计算机视觉的叶片面积及夹角测量系统	浙江农林大学	胡凯明，朱凌杰，王婷婷	邓飞，何勇
67	2023014884	基于双域联合编码和秘密共享的密文域可逆信息隐藏	辽宁师范大学	翁科，秦健豪，宋天然	石慧，黄丹
68	2023014945	清雅唯安	闽南理工学院	吴海天，庄雯，黄艺婷	王嘉进，张佳妮
69	2023015587	鹰御——新一代安全评估与信息监测平台	辽宁石油化工大学	孔维立，孟德成，耿芳灵	孙海
70	2023015987	学益 GO	杭州电子科技大学	陈泉烨，周想，童子欣	徐海涛，马虹
71	2023016419	基于区块链的车联网恶意节点检测系统	南京邮电大学	房潇，叶田鑫，符仁睿	韩普，李洋
72	2023016463	机械传动设计齿轮计算云服务系统	湖南科技大学	彭伟凯，罗亚兰，曹家骏	张琼冰
73	2023017022	风电机组关键设备全寿命周期管理系统	河北工业大学	秦德运，戴建如，车佳瑞	于洋
74	2023017081	国际象棋对战平台	山东工商学院	刘骋羽，廖银，孟孜文	肖进杰，毛艳艳
75	2023017443	Web 学习助手	华中科技大学	黄俊源，王路阳，洪毅	范晔斌

续表

序号	作品编号	作品名称	参赛学校	作　者	指导教师
76	2023018256	基于改进加权实用拜占庭容错算法和 fabric 的双碳交易系统	南京航空航天大学	邵震哲，陶川南，王鑫	张玉书
77	2023018353	基于 YOLOV5 的校园电动车服务与管理系统	广东石油化工学院	高兴源，李建玉，吴志腾	张坤涛，梁松
78	2023018491	云租——线上房屋租赁系统	江西科技师范大学	徐正泽	段薇
79	2023018596	askLaw 劳仲分析——基于人工智能大语言模型的劳动仲裁辅助系统	广东药科大学	李文智，谢亮辉，张铁锋	周苏娟，涂泳秋
80	2023018612	可视化聚合网络设备规划与管理平台	燕山大学	王丽敏，叶家惠，赵蕊	王宇
81	2023018838	基于 SpringSecurity 和 SpringCloudAlibaba 实现用户权限管理与云服务动态监控的教务管理系统	河北环境工程学院	许泽	卢仕伟
82	2023019333	百草视——基于 Web3D+AR 的中药材数字化平台	广东药科大学	李振鹏，黄裔绍，区锦锋	张琦，周华英
83	2023019409	基于 Mediapipe 的吉他入门交互系统	五邑大学	余鑫泉，吴嘉杰，王思琪	秦传波，李继容
84	2023019682	多路边缘视觉计算的公交智能化监控管理系统	苏州大学	郭帅，李奇峰，刘嘉伟	陶砚蕴
85	2023019747	琅环——基于深度学习的 AI 古诗词生成推荐系统	贵州大学	王超，宋新颜，王腾	马丹
86	2023019958	AI 智能健身 App 设计	淮阴师范学院	郭运蕊，刘祥宇，樊馨月	郭立强，李刚
87	2023020277	基于 UOS 的桌面任务栏	山东工商学院	王志恒，杨传光，江承真	王彬
88	2023020594	基于目标检测的生物识别及数据管理平台	西华师范大学	邓鑫淼，陆果，李淑琪	郑伯川，滕云
89	2023020644	校园说	赣南医学院	张锦隆，李颖，李俊杰	李晓鹏，郑旋
90	2023020662	分布式群体智能协作框架下的无障碍理念传播与障碍清除小程序	暨南大学	郑沭贤，郑启航，侯颖	支庭荣，赵甜芳
91	2023021230	UOS 光线追踪在 GPU 中的实现	哈尔滨工程大学	岳观澜，辛海东，张先煜	卢丹，王也
92	2023021577	拾柒爱阅读	南昌职业大学	佐佳豪，谢胜尧，雷万强	王瑶生，吴家荣
93	2023022402	SmartCapsule: 基于深度学习的胶囊内镜筛查系统	重庆大学	李润东，唐葆程，唐晨	葛永新
94	2023022481	花季护航 App	皖西学院	胡雪飞，梁建帅，李冰钰	杨洋，金萍
95	2023022487	九州传统文化大赏	南华大学	席小婷，宋灵美，唐晓龙	李萌
96	2023022600	面向警用 UAV 执法存证的区块链系统设计	江苏警官学院	朱洛凌，徐金林，章博文	梁广俊，王群
97	2023022666	视界无界	运城学院	刘奇，刘昊晨，宋宏进	卢照

序号	作品编号	作品名称	参赛学校	作　者	指导教师
98	2023022717	协同智能：基于相似度算法的大学生竞赛团队组建优化平台	黑龙江大学	刘鑫，沙雨晴，张采芹	金虎，王楠
99	2023022885	线粒体 DNA 疾病胚胎植入前遗传学检测预测算法	安徽医科大学	张宁，高御洲，何浩宇	纪冬梅，杜忆南
100	2023023045	“微校 Smile”微型校园社区小程序	北京工业大学	张然，陆思陶，庞悦妍	王伟东
101	2023023297	渊遂苗韵	怀化学院	邓建杰，张景莹，郭子葳	刘毅文，向颖晰
102	2023023505	AI FOR TEACH	华中师范大学	王娅彤，李叶，韩子坚	罗昌银
103	2023024643	基于智能手机 / 手环的融合 iBeacon/PDR 的室内定位方法研究	山东科技大学	项赉，戴政，聂尚清	徐莹，刘彤
104	2023024771	青泽精灵	贵州师范大学	陈文熙，伍茂林，杨灿	王安志
105	2023025096	基于多模态融合的智能虚假新闻检测算法	东北林业大学	林鑫杰，李锐，郑存艺	孙海龙，李洋
106	2023025417	萤火虫——基于区块链的旧衣回收系统	广州华商学院	钟秋婷，陈思霓，马紫秀	王宏杰
107	2023025624	“智感”——智能遥感应用平台	中国农业大学	罗晨，郭凡漪，夏巾翔	王耀君，张杰
108	2023025856	基于深度学习和知识图谱技术的汽车产销存综合信息平台	武汉理工大学	顾思莹，杨可凝，范财胜	韩一
109	2023026991	基于云原生的新能源分时汽车租赁系统套件	重庆邮电大学	袁鑫浩，赵家婕，周青	郑申海，许可
110	2023027116	新视界——基于华为云和 MindSpore 框架的智能盲杖	武汉工程大学	张梦帆，任荣鑫，蒋海洋	周耀胜，刘玮
111	2023027187	手舞星际——基于深度学习的手语交流翻译系统	广州软件学院	郑俊鸿，尹旻洁，潘婷婷	王晓品，纪聪慧
112	2023027315	基于 Web+Service 的船舶远程驾驶应用平台	武汉理工大学	仝金明，陈浩，汪瑞	刘佳仑，熊英姿
113	2023027576	高校教师画像可视化分析系统	广州软件学院	钱凯晴，江陈发，陈坚锋	叶小艳，尹秋阳
114	2023027992	康养计——基于知识图谱的老年营养管理系统	杭州师范大学	陈嘉伟，江俊豪，章天宇	袁贞明，张佳
115	2023028159	灵犀——授课语言风格测评网站	北京语言大学	王思琪，董子睿，廖元榕	项若曦
116	2023028318	寻匿——面向隐私保护的出租车寻物平台	沈阳航空航天大学	赵范佑，杨子江，陈善美	滕一平
117	2023028330	汽车冲压件开裂实时检测系统的设计与实现	东北大学	刘函睿，李意扬，郭祺	张长胜，张斌
118	2023028527	图权卫士——基于区块链的数字图像版权保护系统	郑州大学	刘峰，潘心语，朱培文	姬莉霞
119	2023028745	黄海集市	青岛黄海学院	王兴雯，韩化冉，刘波涛	林德丽，尹成波

续表

序号	作品编号	作品名称	参赛学校	作　　者	指导教师
120	2023028786	小白鼠运动定位甄别助手	中国农业大学	聂钰洪，旷欣然，李子青	杨颖
121	2023028876	易宿——智能宿舍分配系统	安徽大学	周裕佳，许绍磊	孙辉
122	2023028963	基于区块链技术的民主测评平台	黑龙江科技大学	魏可心，李智鑫，杨芸玮	于海英，刘兴丽
123	2023029064	FakeSpy：面向多种模态的深度合成内容鉴伪系统	海南大学	赵怡帆，张佳宁，黄子琳	马建强，欧嵬
124	2023029482	子归视译 App——虚拟子女陪伴独居老人	北京科技大学	于彦哲，罗童旭，苏锦波	李莉，伍春洪
125	2023029845	火电厂数字孪生智慧控制系统	辽宁工业大学	胡宗祺，李星澎，顾芳宇	褚治广
126	2023030019	“机房管家”：基于 SpringBoot2+Vue3 的高效解决方案	宁德师范学院	陈通，王嘉丽，林镱	冯玮，章立亮
127	2023030750	“元”中生智，“慧”享其果——基于农业元宇宙架构下智慧果园管理平台	青岛农业大学	凌一茗，杨雅麟，张洋	王轩慧
128	2023030895	出谋划策——基于计算机学科知识图谱的智能问答系统	河北工业大学	宿辰彬，汪子茵，王家钰	王利琴，王振
129	2023031141	基于 JeecgBoot 的智慧路灯管理云平台	电子科技大学中山学院	周伟帆，曾颖，钱思慧	梁瑞仕
130	2023031199	“Fire Watcher-By Satellite”——基于遥感卫星的火点识别	武汉大学	佘骁睿，刘麓琰，陈鑫鑫	李彦胜
131	2023031772	基于深度学习与 WebGL 的可视化智能安防保障系统	中国石油大学（华东）	王浩，魏礼梅，刘芮洁	郭磊
132	2023031832	基于 springboot 的智慧党建平台	湖北师范大学	熊千瑶，吴怡，张慧婷	李全
133	2023031986	惊堂木	河南工程学院	李仁豪，邢淏喆，金晨光	王禹
134	2023032126	精准国际大数据舆情分析系统	湖南师范大学	王鸿裕，刘勇宏，谭东	马华
135	2023032129	融合 ETC 和多源高速公路数据的智能运营管理系统	山东建筑大学	邵明宇，张梓良，徐艺洲	孟广婷
136	2023032214	慢病院后追踪小助手	岭南师范学院	冼林清，陈俊希，卢荣康	曾绍庚
137	2023032777	无忧招聘：做精细化职位推荐领航者	哈尔滨理工大学	石安逸，李宇恒，丁明悦	蒋少禹
138	2023032993	一触即享——基于近场通信技术的座位预约	贵阳学院	严进川，彭建龙	刘敏，张正东
139	2023032995	“双减”背景下的中小学生个性化智能辅学系统	湖南师范大学	贺雨，黄玉兰，杨怡琳	马华
140	2023033113	e 路成长——基于 SpringBoot+Vue 的学生成长动态追踪系统	山东师范大学	董方龙，聂帅怡，尹义豪	徐连诚，张宝译
141	2023034153	ADCP 实验室校准仿真软件设计	武昌工学院	吴宇哲，杨璐，陈日	游波，展慧

续表

序号	作品编号	作品名称	参赛学校	作　　者	指导教师
142	2023034230	智能课堂考勤与教学风格、师生互动行为分析系统	首都师范大学	董志毅，黄腾辉，钱维民	潘巍
143	2023034655	高效可扩展的负载均衡与高可用Web服务解决方案	河北经贸大学	仇云松，孟晨宇，卢心欲	李卫东，郝静
144	2023034934	账小秘——基于OCR技术智能化财务管理应用	福州大学	向至尚，吴恩民，陈子彦	傅仰耿
145	2023034970	近水楼台——校园直饮矿化水物联网运维平台	湖南大学	邹佳骏，王安吉，阿卜杜艾则孜·阿卜杜艾尼	肖雄仁，钱彭飞
146	2023035241	即刻	南昌大学	欧阳瑛子，孙博，张宇森	徐健锋
147	2023035392	路拍——基于微服务架构的生活平台	南华大学船山学院	杨浩兰，梁成祥，曾正	楚燕婷
148	2023035714	里程	山西农业大学	王欣，严晨，刘如娜	武海文
149	2023035722	助农驿栈	哈尔滨学院	柳宇轩，欧阳佳琦，严琳	马立和
150	2023035781	基于区块链的材料基因大数据安全共享平台	北京科技大学	石志坤，刘浩男，廖辉	武航星，徐诚
151	2023036046	增产小能手——基于yolov5的植物病害检测系统	黑龙江工业学院	程雅，陈明杰，张菁	胡丽娜
152	2023036145	职试皆捷	山西晋中理工学院	陈文涛，成起，张源	张艳丽
153	2023036256	小灵——基于聊天机器人的微服务助手	福州大学至诚学院	倪齐坚，杨泽坤，田家辉	阴爱英，涂娟
154	2023036458	问寻——高校智慧提议与问答平台	沈阳工业大学	李可馨	王贺
155	2023036922	“远眺号”遥感图像解译系统	长春工业大学	胡晨曦，陆天一，毕世尊	党源源
156	2023037043	智信查——基于SMOTE-SLS-SVM模型的中小微企业信用风险评估系统	山西财经大学	郝夏冉，贺文婧，郝雨姗	杨健，李杰
157	2023037778	图效迁移——基于BeautyGAN的仿妆平台	重庆大学	陈仕广，梁铭艺，鲁茹芸	刘慧君，王欣如
158	2023038602	基于传统算法的图片伪造检测系统	云南警官学院	阮一茗，何雁，雷溶娇	何丽波，王美姣
159	2023039045	鹰眼态势感知系统	曲阜师范大学	盛亚堃，王子宁，毕志远	刘智斌
160	2023039095	基于Docker引擎的程序类课程考核管理系统	辽东学院	高新，陈思然，范旭生	陈志勇
161	2023039204	基于深度学习的高精度钢管内表面缺陷检测系统开发	沈阳工业大学	于震淏，丛鑫龙，李思超	温馨，邵中
162	2023040035	“G-Sort”——基于深度学习的智能垃圾分类平台	湖北工程学院	刘嘉成	王维虎，黄兰英

续表

序号	作品编号	作品名称	参赛学校	作　者	指导教师
163	2023040137	基于教育大数据的学习情况分析系统	杭州电子科技大学	高健，满子琦，程昊阳	李平
164	2023040179	EduFace——基于视觉神经网络的智能考勤签到管家	湖南城市学院	韩思彬，曹聪，贺威	陈浩
165	2023041052	医路有你——基于 BIoT 的医疗资源管理系统	青岛农业大学	程天宇，魏嘉宁，周宏宝	王轩慧
166	2023041569	GeneNavigator——基因工程与生命科学科研辅助平台	内蒙古农业大学	潘雨森，方宇杰，王蕊	左东石，田军
167	2023041785	基于 Lucene 的智能政策检索系统——政查	江西财经大学	吕健，邱全通，姜睿临	陈积富
168	2023042128	心源溯——智慧农业之可信溯源系统	江西农业大学	林锦，谭芊，张子乐	胡美富，胡琼
169	2023042267	语纪——英文语境学习网站	重庆理工大学	喻明亮，汪泽喆，胡耀淇	曹琼
170	2023042530	边云协同全景感知配电房智能监测系统	湖北工程学院	刘浩，魏晃，方莹昆	李哲，王维虎
171	2023042568	白鹭云课	南华大学	陈莉，唐均奇，汤午艳	欧阳纯萍
172	2023042698	基于全局即时与分布式的区域化精准招聘需求平台	防灾科技学院	晏明宇，尹思迪，薛栋	刘庆杰，潘志安
173	2023043177	基于深度学习的军用飞机机型识别算法研究与实现	海军航空大学	毛浩，李霖杰，朱骋深	王凤芹，吕海燕
174	2023043971	诗韵——基于知识图谱和深度学习的中华诗词文化空间	中南民族大学	柳鑫政，江玲，张晓婷	杨单，毕达宇
175	2023044094	听听视界——基于鸿蒙的智能助盲应用	山西大学	赵国栋，李昊，邹佳乐	高嘉伟
176	2023045321	基于深度学习的中医辅助诊断系统	湖南中医药大学	唐华，胡星港，黄远辉	胡为，刘伟
177	2023045364	基于目标检测的水利风景区监测平台	南昌工程学院	张浩，陈韦铭，甘昊同	包学才，谭酉群
178	2023045490	锦鲤记账	湖南中医药大学	郭星鑫，陈洋，孙林玲	刘伟，胡为
179	2023045696	Meta Trade——基于区块链的 NFT 综合服务平台	中南大学	彭广，赵成功，郝为高	高琰
180	2023046792	TomaTodo 任务管理系统	北京科技大学	徐梓洋，余爽，张欣昱	张敏，朱红
181	2023046830	基于知识图谱的制造产业链全景信息系统	中南财经政法大学	董依楠，李佳茵，张玉杰	李毅鹏
182	2023047170	基于知识图谱与推荐算法的 OJ 系统研究与优化	山东石油化工学院	冉晓君，贾文琪，凌超	崔浩
183	2023047727	基于红色文化的苏区红资源智慧学习云平台	赣南师范大学	刘宁，胡诗雨，徐会荣	徐志锋，钟琦
184	2023047820	舞影——高效扒舞，解锁舞蹈教学新姿势	厦门大学	张梓敬，杨夏婕	
185	2023048412	跑跑乐校园	福州外语外贸学院	陈永胜，沈佳妮	郑隐馨

续表

序号	作品编号	作品名称	参赛学校	作　者	指导教师
186	2023048636	复杂场景下密集人群感知系统	长沙理工大学	周嘉芮，邓一凡，胡跃瀚	李平
187	2023048861	赣鄱非遗绽光彩——非物质文化遗产展示与学习系统	井冈山大学	杜俊，何新武，李志鸿	李金忠，曾寰
188	2023049268	陆空联合运输模拟仿真系统	陆军军事交通学院	李昂骏，刘昱哲，刘嵘轩	陈顺，王剑宇
189	2023049672	中国铁塔站点资产管理系统	杭州师范大学	梁思方，刘宸鸣，李国玮	徐舒畅
190	2023050405	共享云盘	六盘水师范学院	谢宇盛，卢灿，张润东	李惠，姜交勇
191	2023050483	学术大脑——基于知识图谱的文献问答平台	湖南农业大学	刘俊琪，邓广芬，朱彦齐	肖毅，聂笑一
192	2023050937	PETHOUSE——萌宠寻家伴家智能平台	陆军军医大学	王雨婷，赵美云，何畅	乔梁，李俊杰
193	2023051381	编程对战平台	九江学院	周子清	程霄，魏启明
194	2023051649	Chat Medical——基于知识图谱的医疗知识问答系统	江西师范大学	戴嘉琪，曾堃桂，熊涛	柯胜男
195	2023051698	碳寻气迹——三位一体碳排放监测系统	重庆工程学院	袁钊，彭庆楠，熊媛媛	陈彬，陈俟伶
196	2023052090	基于迁移学习和 MobileViT 的智能球鞋辅助检测系统	郑州大学	李欢益，王文龙，何月	张星瑞，郜蕾
197	2023052499	汉庭服——中国古代服饰展览馆	山西财经大学	关斯元，郭紫梦	梁敏
198	2023053495	智慧景区——景区实时游览调度与个性化推荐平台	江西财经大学	王晓东，陈耀坤，宋嘉荟	陈爱国，聂鹏
199	2023053645	“萃方”——基于关联规则的中药配伍及处方管理系统	湘潭大学	余牧远，谢萌，陈本差	刘元，王求真
200	2023053727	教师教育实践类课程性评价平台	赣南师范大学	吴宇晨，林予诺，俞乐天	尹华，周香英
201	2023053891	AI-See——盲人多功能辅助软件	天津师范大学	金贤玲，王丽媛，陈金凤	梁妍，郑逢勃
202	2023053967	瓷遇醴陵——基于 TensorFlow 和 ARCore 技术的醴陵釉下五彩瓷器文化传播 App	湖南工业大学	袁丹阳，曾卫，熊亦恺	邓晓军，袁义
203	2023054130	基于 SpringCloud 与分布式微服务架构的系统学习平台——Endless	南昌航空大学	罗上文，史露婷，李奉阳	蔡虹
204	2023054255	“赋能智药”——基于几何深度学习的大体量小分子药物虚拟筛选算法	南开大学	李博阳，李祉晴，高靖淇	李敏，崔巍
205	2023054473	护苗——留守儿童的港湾	天津理工大学	李泽颖，梅书豪，焦炫铭	董晨
206	2023055038	木材标本 3D 全息展示小程序	西南林业大学	沐俊豪，张铭宇，詹海林	孙永科
207	2023055322	桶世界——面向多场景的分布式对象存储平台	南昌航空大学	邓威远，韩健，冯珞钊	舒坚

续表

序号	作品编号	作品名称	参赛学校	作　者	指导教师
208	2023055628	智慧设备巡检管理系统	河南大学濮阳工学院	杨振华，陈艳鹏，张瑞霖	吕定辉
209	2023055729	云边协同交通运输“互联网＋监管”系统	山东交通学院	刘冠聪，徐敏，李天佑	司冠南
210	2023055951	火星风场可视化和漩涡识别分析系统	山东大学	周愈曦，温埔正，王镫宇星	李勃
211	2023056070	基于区块链的护工招募信息系统	南京大学	周海，孔晓旭，吴可霖	黄达明，陶烨
212	2023056383	基于注意力卷积网络的肺炎 CT 图像识别系统	河南工业大学	李雨霏，方先行，黄冠方	侯惠芳
213	2023056436	Tulip——一款基于经期数据化分析的女性关怀 App	太原理工大学	白小禾，燕超超，张晓斌	高程昕
214	2023056610	墨词新语	内蒙古科技大学	丁世达，彭程，李文龙	余金玲
215	2023057086	“内师云餐厅”高校食堂线上点餐平台	内蒙古师范大学	杜新跃	翟晔
216	2023057393	基于 Diffusion 模型的多模态 AIGC 图像生成应用	南宁学院	张爽，李远祺，甘敏成	彭博，唐诗
217	2023058281	土默特右旗“456”工作法智慧管理平台	内蒙古农业大学	彭鑫然，陈思雨	杨中杰
218	2023059339	智慧司法协同应用平台	华东政法大学	张耀辉，王华扬，白丹	曹永胜，刘洋
219	2023059349	华实结伴行——创赛项目组队管理平台	华东师范大学	唐子涵，苏文宪，郑腾雄	彭超，姚如佳
220	2023059376	韶音——基于语音风格迁移的移动应用	同济大学	周紫蕾，郭永红，傅煜	肖杨
221	2023059388	睿课知选——基于知识图谱与多特征排序模型的课程推荐系统	上海大学	代朝禹，李正宇，章涵	李颖
222	2023059459	“U 易通”校内闲置物品交易平台	西安邮电大学	王越，李白，万梦萍	余信，方静
223	2023059498	D2h-KG：食疗养生知识图谱的构建与应用	上海对外经贸大学	沈亦婷，江容杰，沈兆峰	刘亮亮
224	2023059508	基于机器学习的海关稽查虚拟仿真教学系统	上海海关学院	于轩浩，李杰，刘海越	曹晓洁
225	2023059550	数码琢舟——船体分段建造质量管理信息系统	同济大学	郑瀛，张郑涵，岳泓志	王睿智，刘畅辉
226	2023059583	区块链技术在青海唐卡版权保护中的运用	青海师范大学	陈垂灿，李兰爽，程栋	彭春燕
227	2023059599	中小微设备制造企业产品跟踪维护系统的设计与实现	上海杉达学院	谷德自，秦梦瑶，李欣雨	韩朝阳
228	2023059620	幸孕宝妈——育婴博客平台	甘肃农业大学	姚建宏，吴鑫煜，潘志庆	李青青
229	2023059645	“金大团”乡村振兴服务平台	上海第二工业大学	杨洲，陈欣怡，范宇	白鹏，潘海兰

续表

序号	作品编号	作品名称	参赛学校	作　者	指导教师
230	2023059652	基于Flask的创新创业管理系统设计与实现	上海杉达学院	吴晓奋，吴逸鑫，徐其璇	张丽晓
231	2023059653	有田生活——构建认养模式下的数字农业助农平台	长安大学	唐维泽，赵文翠，万青龄	杨加玉，朱依水
232	2023059682	基于大数据分析的数智化酒店管理系统	长安大学	蔡纪星，张子昂，程昆	吕进，刘志广
233	2023059686	汉中市中心医院医疗不良事件管理系统	陕西理工大学	王涵，杜明轩，李聪	潘继强
234	2023059763	陇南特色禽畜溯源管理系统	兰州大学	罗格，周忠泉，吴思敏	赵志立
235	2023059779	针对阿尔茨海默病的思维训练与健康管理系统	华东理工大学	蒲景勇，张国辉，潘亚宁	王占全
236	2023059807	融合弹幕数据的视频管理与可视化分析平台	上海第二工业大学	何秀敏，张博宇，张炜东	王家辉，陈方疏
237	2023059818	慧识基因——医疗送检的微信小程序	华东理工大学	周妍，宋思宇，范亚蔚	冷春霞
238	2023059877	AI对抗平台	延安大学	闫鹏博，张敏哲，袁莎	李竹林
239	2023059879	信息游击战——“全民情报官”App	武警工程大学	郑雅芝，王妍楚，王婷郁	岂峰利，曲毅
240	2023059882	“辅译无远迩，Wetrans尚可安”——计算机辅助翻译信息管理系统	上海海事大学	高瑞文，张翀昊，颜澍	李吉彬
241	2023059910	基于弹幕的无人自动化游戏直播控制系统	上海理工大学	马立	王山山
242	2023059932	题刷刷——基于数据分析的算法练习系统	上海电力大学	郭宇佳，胡星宇，柏建江	张伟娜，李博
243	2023059985	一站式高校心理健康云平台——以渭师云心理为例	渭南师范学院	喻志豪，王肖斐，徐子懿	何小虎
244	2023059993	红旗纪念馆——党史可视化学习网站	上海财经大学	朱昊，汪忱言，王子航	刘桦，李美奇
245	2023060015	基于WebGIS的数字农业农村一张图	上海电机学院	邹仪雯，虎凡，单柳婷	林良钊，肖薇
246	2023060056	禾禾账目——智能文字悦动生活	西安工程大学	张浩男，寇喆，陈琳	王蒙
247	2023060107	Native with“游”——新时代旅游定制多功能平台	西安工程大学	张辰宇，许梦芳，芦奕然	李怡
248	2023060149	智慧城市Smart Power	上海海洋大学	岳萌媛，鄂宁，李莹莹	王静，杨树瑚
249	2023060218	智充伴侣——基于人脸识别的新能源汽车充电桩小程序	西安文理学院	金雷，张国伟，孙宇航	谢巧玲
250	2023060250	基于精准定位的智慧牛场管理系统	西北农林科技大学	邵博涵，黄鑫钰，乔治	张宏鸣
251	2023060255	Primate Grin（灵猴之笑）	西北大学	方斌，姜启琛，杨东鑫	郭竞，许鹏飞

续表

序号	作品编号	作品名称	参赛学校	作　者	指导教师
252	2023060357	实验室仪器 & 设备管理系统	西北大学	李嘉琪，孙新妍，李晨旭	王安文
253	2023060437	唯权——面向农产合约的区块链交易系统	西南财经大学	肖靖祺，许燚，李萌萌	谢志龙，陈星延
254	2023060440	数字挂图可视化展示系统	西北农林科技大学	张成杰，周敏，鲁方博	王美丽
255	2023060448	将公益进行到底管理信息系统	电子科技大学成都学院	黄诗瑞，苟康凌，何春霖	孔琦，李月
256	2023060461	掌上农服——农业作业服务的专属平台	四川师范大学	苟亚君，李乐，颜红	张红杰，卢宇
257	2023060471	Prof.AI——基于视觉语言模型和文献解构的科研支持系统	电子科技大学	杨雨潇，刘鑫，罗毅	王瑞锦
258	2023060495	OutZone 云存储服务	西南石油大学	谯星宇，蒲俊彦，王可月	张兴鹏，余洋
259	2023060521	Simple Medicare System（简医）	川北医学院	罗子甯，陈鸿杰	刘正龙
260	2023060526	本草园——大数据下基于深度学习的中药病虫害识别 App	电子科技大学	杨文静，陈津旭，高豪	黄俊
261	2023060549	基于多重匹配算法的阿坝乡村旅游智能服务平台	四川文理学院	梁新锐，李进兴，刘鑫	刘笃晋，梁弼
262	2023060575	电管智汇——电力企业设备智管系统	西华师范大学	王煊哲，高铃，罗聖鋆	潘大志，陈友军
263	2023060595	从“看”“听”到读“心”：多模态交互“深度”理解自闭症儿童情感的识别和互助平台	西南财经大学	武颖，黄奕杰，俞靓文	尹诗白
264	2023060597	“慧行校园”——高校智慧微公交全场景信息化服务系统	吉利学院	卢一帆，黄江莲	胡荣，羊雪玲
265	2023060601	码上行	西南交通大学希望学院	龚永兴，王柯，李俊	任小强
266	2023060644	一麦知秋——基于神经辐射场和多模态的小麦三维表型重建和监测系统	四川农业大学	辛铖，曾开荣，刘洋	李军
267	2023060646	“椒盐”含噪模糊图像盲复原及超分辨率重建技术研究	宜宾学院	胡宇杰，袁亮，王德扬	覃凤清
268	2023060675	云端智慧博物馆	四川旅游学院	黄曰标，窦钟灵，万文彩	温佐承
269	2023060735	光影助手——基于深度学习的尘肺 CT 影像切割与分析系统	成都锦城学院	徐轩涵，考铭堃，纪宏博	周正松，周红
270	2023060738	蜀地非物质文化遗产网 • 数字博物馆	四川文理学院	余林，陈金龙，杨国宾	邓小亚，苗芳
271	2023060749	E 启成长——幼儿智能体测与生长发育监测系统	电子科技大学	徐千，程乐骏，张宇臣	朱国斌
272	2023060751	智慧养老宝——个性化 AI 养老服务信息管理平台	四川农业大学	陈骏扬，秦瑶，张子豪	陈晓燕

续表

序号	作品编号	作品名称	参赛学校	作　　者	指导教师
273	2023060780	百叶箱里说丰年——多平台互联的农业物联网数据管理与可视化系统	四川大学	孙士博，周洋，张至钺	辛卫
274	2023060790	CRIS——工程勘探信息系统	西安电子科技大学	李家升，张家和，郭智远	古晶
275	2023060791	神盾——智能高铁管理系统	西南交通大学	张中源，尹伽乐，刘昕棋	李华，吕彪
276	2023060882	智域云图——对象存储平台	西华大学	陈亮江，梁真齐，陈荣	王秀华，熊玲
277	2023060885	药物不良反应信息查询与反馈平台	四川大学	廖李为，杜文杰，王磊	吴斌
278	2023060926	SignHear——基于 Transformer 的失语者辅助交流系统	同济大学	黎可杰，吴芳昊，赵帅涛	卫志华
279	2023060935	基于 go_zero 微服务的云知识竞赛平台	四川轻化工大学	刘庄杰，赵芯宁，梅刚	石睿
280	2023061038	观言	四川大学	浦博威，陈博文，张紫萱	王鹏
281	2023060738	蜀地非物质文化遗产网·数字博物馆	四川文理学院	余林，陈金龙，杨国宾	邓小亚，苗芳

12.3.11　2023 年中国大学计算机设计大赛数媒动漫与短片一等奖

序号	作品编号	作品名称	参赛学校	作　　者	指导教师
1	2023008797	灸世济人的针功夫	南京中医药大学	祖玥，谢中尧	陈晓征，陶飞
2	2023011002	食疗本草——吃出来的养生	南京信息工程大学	王乐乐，王亦灏，唐子浩，施小冉	邸平，郑友奇
3	2023017970	书旅	华中师范大学	涂振兴，李林杰，杨珈，马嘉慧，王西祺	王逊
4	2023019876	基于《难经》中医 IP 科普漫画设计	南京工业大学	陈嘉钰，刘怡杉	吴捷
5	2023020016	话说华医	江西科技师范大学	刘芷依，李婧莹，车恒威，万语辰，程锦林	吴巧仂，汪安
6	2023020430	本草寻踪	安徽师范大学	温思佳，张洁，王嘉	袁晓斌，高宇
7	2023027924	药圣医学巨典	内蒙古民族大学	苏友鹏，郭润泽，徐昊德，卜雪，周泽百	崔燕
8	2023028329	归汉·麻沸散绘卷	安徽大学	赵代超，孙玮雪，顾苗绚	沈玲，周杨
9	2023035875	一杯屠苏名千秋，精妙中医传万世——药王孙思邈与屠苏酒的故事	湖州师范学院	周雨婷，王奕凡，应秦涵，陈思宇	俞睿玮，王继东

续表

序号	作品编号	作品名称	参赛学校	作　者	指导教师
10	2023037312	本草药圣 苍生大医	黑龙江大学	左洪图，陈慧桐，张芮嘉，都书博，鹿学京	韩净
11	2023037812	明代医圣万密斋	哈尔滨体育学院	赵一楠，曹诗悦	王艾莎，解沃特
12	2023039022	童心	黄山学院	任晓悦，张汪远，李骏，陈梦洁，张富豪	陈庆泓
13	2023039781	药圣	吉林动画学院	王仡舟	孙齐震太，王雪
14	2023042768	三味人间	中央民族大学	王泽，沈喆新，蔡湘儿，杨桢艺	吴占勇
15	2023051779	看我望闻问切	宁波大学	许晨露，赵诣，梁欣城，张彬	邢方
16	2023053232	仁医 张仲景	景德镇陶瓷大学	汤正章，孔倩	余熠薇，于超
17	2023054199	前时珍宝	井冈山大学	万思远，曹姣姣，孟宇晴，孙盼娣，杨小童	张莹
18	2023055048	华佗五禽戏	昭通学院	杨彬，安娜，郑朝忠，张建辉，张孟雄	万璞，单嵛琼
19	2023060198	针灸鼻祖皇甫谧	西安建筑科技大学	尹国通，介朋博，张迪，张慧锋，王乔乔	毛力
20	2023060354	春生：望闻问切的传承	成都理工大学	刘芮，夏菁，殷浩杰，李梓杰，胡渝徽	周祥
21	2023060567	根深“本”固	电子科技大学	曾可语，胡进龙，舒钰晴，王姿豫，莫凡	姚远哲
22	2023060818	碗筷之间	西南交通大学	尹烨馨，胡齐松，胡育粼，邢国文，张啸	邱忠才，唐敏

12.3.12　2023 年中国大学计算机设计大赛数媒动漫与短片二等奖

序号	作品编号	作品名称	参赛学校	作　者	指导教师
1	2023000447	神医华佗	滁州学院	李乐骁	李振洋
2	2023000449	时珍修“本草”	滁州学院	李哲宇，李思琪，崔鹿儿，高毓晗，李子和	李振洋，左铁峰
3	2023000635	希望	大连海事大学	马吉美，刘彦良，吴明泽，许仲凯	高剑桥

续表

序号	作品编号	作品名称	参赛学校	作　者	指导教师
4	2023000762	李时珍	大连海事大学	方艺智，林诗淇，熊雨晴，谢鸣远，王雅宁	张连丰
5	2023001118	药王的诞生	辽宁科技学院	刘冰棋，毛思桐，孟芷同，温棋，张宁海	孙露露，胡楠
6	2023001402	传者不悔	新疆大学	田茂坪，阿合依达·阿合买提江，海迪且·艾买提，宝塔库孜·马木尔别克，苏比旦·热依木	秦继伟，郑炅
7	2023002298	寻真	大连海事大学	李昶青，范柏键，方月皓，傅钟宇，徐宇轩	王伟
8	2023003701	张仲景与伤寒杂病论	中国医科大学	石沁泽，胡晗钰	许丹
9	2023006678	山回路转不见君，雪上空留马行处	北京语言大学	綦昊，胡湘菲	韩林涛
10	2023007220	寻药·水沉香蔼	海南师范大学	杨曼玥，龚婧，任一涵，高雅超，张琳	胡凯
11	2023007834	悬壶济世	南京中医药大学	邱华鹏，张严，李成森，马亚飞，赵嘉仪	董海艳
12	2023008298	孙思邈妙转红白事	桂林理工大学	毛宇萱，韩祥源，逯欣恬	夏雪，张鸿泽
13	2023008519	逆时针——医学巨匠李时珍的逆行人生	武汉理工大学	吕一鼎，栗姗姗，李姿霞，李悦僮	彭强，张弛
14	2023008549	穿心莲	南京师范大学	张佳倩，吴天艺，陈含韵，杜海贝	郑爱彬，杨俊
15	2023009944	杏林春暖花千树，大爱讴歌济八方	沈阳城市学院	高梦琳，吴烨，贾瑞博，叶浩浩	李佳佳，鞠现银
16	2023010101	时珍先生：见信如晤	常州工学院	刘榛岩，孙靖玮，苏真珍，李昕婷	周彤，张婧
17	2023010519	东方璧玉，医世传芳	中南民族大学	邓玉堂，黄奕英姿，舒艺娉，黄可钰	
18	2023011137	思·邈	海南师范大学	鲍陈陈，郑雯月，陈舒园，龙晓雨，刘知为	邱春辉，罗志刚
19	2023011462	千金要方——不凋零的生命之花	江苏大学	王卫华，宋允允，王一帆	李红艳，朱其林
20	2023012057	悠悠艾草香	南京航空航天大学	沈佳睿，陈韬，杨佳文，刘毅科，冯俊绮	李倩岚
21	2023013527	承古拓今	武汉城市学院	陈瑞康，方丽君，廖正午	周凤丽，杨华勇

续表

序号	作品编号	作品名称	参赛学校	作　者	指导教师
22	2023013838	中医李东垣	沈阳工学院	贺夫，赵千锋，张志浩，孟雨欣	姜丽丽
23	2023014436	瑶与药	韶关学院	陈宣哲，杨婷，曾清烟，黎晓琳，罗杨	滕厚雷，肖粤
24	2023015827	源自本草	海南热带海洋学院	李慧，林雯欣，张欣羽，文祖冰	曹娜，陈琼
25	2023016023	杏林纪	泰州学院	孙绍峰，陈子彧，林智诚，顾俊言	张文清，钱明芳
26	2023016292	步履不停	江西科技师范大学	吴嘉玮，陈雨，朱铭心，杨鑫鹏，王振坤	林晓辉，李凤珍
27	2023017209	健于民，信于心，扬于世——传千年绝技，承大国精粹	青岛科技大学	丁力，王睿，颜景琛，侯岳东，侯方彬	刘志国，金莹莹
28	2023017798	行一生，知医难	渤海大学	王晨，李丹丹，兰永斌，李子璇	叶晖，高昕
29	2023017932	杏林春满	华中师范大学	文佳音，吴宛卿，王欣竹，付灿	谭政
30	2023018062	书传医道	南京邮电大学	任鸿雁	谭维
31	2023018172	大医李东垣	中国医科大学	徐鑫迪，王澜，王申	徐东雨，张志常
32	2023018206	芽	江苏第二师范学院	冒炎，段紫瑄，时晓莉	吴巍莹，单翠萍
33	2023019375	“炭”秘	南京林业大学	顾祎越，李冰冰，葛思雯，邱嘉怡，黄星艺	林若野，黄霁风
34	2023019637	医圣	厦门大学	张婷婷，张馨木，石子莹	贾君
35	2023019650	回生	淮阴师范学院	崔欣琪，褚云涛，钱威锟，崔静玥，裴斐	赵新，王帅
36	2023019883	黄土记	合肥师范学院	陈浩然，黄奕，孙梦香，汪秀娟	杨赤婧，张冉
37	2023020945	灸梦乍回，惟一惟精	南京晓庄学院	韩悦，黄潆，王颖，朱加琪，孙媛婕	柴阳丽
38	2023021098	杏林春暖	广东科技学院	黄杰铭，汪毅，赖莹颖，张琪其，林晨	罗永彬，肖波
39	2023021182	医家方祖·张仲景	三江学院	张冶堃，陈玉洁，沈屹松，王佳怡，姚栋翰	韩栋，巢小莉
40	2023021371	探典·寻目	燕山大学	刘郁婷，刘奇，展子洋	余扬

续表

序号	作品编号	作品名称	参赛学校	作　者	指导教师
41	2023021372	寻粹记	广东技术师范大学	吴淞，蓝华州，张天玮，王泽颖，马可幸	陈军，赵志勇
42	2023021459	千年医道，浸润人间	郑州轻工业大学	杨明欣，张志远，程飞扬	张俊杰，马瑞静
43	2023021591	食以姜	北京语言大学	林浠杭，许傲然，周可莹，崔嘉益，周由	玄铮
44	2023022146	本草经纶	池州学院	冯虹鑫，李亚豪，陶云东，桂世杰	陈宝华
45	2023022509	刀圭壶悬	安徽医科大学	于竞翔，吕婷，王子良，李晨阳，张红胜	吴泽志，宫鹏
46	2023022722	尝百草	南京传媒学院	权卓文，解可心	董丽花，宋燕燕
47	2023023062	千金医者心	南京林业大学	王嘉怡，蔡鑫琪，付轩，部丽莎，陈夏	黄瑞璐，黄霁风
48	2023023953	大医精诚	运城学院	郭晋田，王怡倩，景家怡，朱振锋，段锦磊	贾耀程，李莉
49	2023024375	中医药传承之后浪	大连民族大学	闫蕊，陈芷仪，申明慧，徐景煜，姚涛	彭永鹏
50	2023025953	大医精诚：传承与创新	武汉理工大学	岳柏含，胡慧莹，陈芸，杨湄，章禛	彭强，方迎丰
51	2023026531	华夏针圣，济时以行——针灸圣人杨继洲纪录片	浙江传媒学院	蔡嘉丽，郑博文，杨欣雨，周雅欣，刘利琦	王翎子
52	2023026855	万李医药志	安徽大学	何慧仪，李民仪，沈瑶，孙宇彤，叶予昕	岳山
53	2023027239	草阡	华中科技大学	陈子阳	王朝霞
54	2023028258	中医瑰宝——针灸	重庆师范大学	胡如萍，徐德艺，邓海棋，汪心瑀	罗灿，史立成
55	2023028875	漫路勤为舟，签纸盈双袖	云南警官学院	阮一茗，张景璐，陈依璐，刘文辉，张博瑞	郭红怡，周宇
56	2023030109	大医精诚——孙思邈传	东北大学	马誉畅，刘琳，李佳倪，赵蕊，赵广硕	霍楷，樊丁宜
57	2023030609	生活中的中医药——药膳食疗的颜色	陆军勤务学院	郭卓然，刘金武，杨珺茹，梁雪欣	王铮，宋延屏

续表

序号	作品编号	作品名称	参赛学校	作　者	指导教师
58	2023030899	上医治未病	东北大学	杨文涛，谢理凡，王璐琳，贾鹏程，郭金正	邹琳琳，霍楷
59	2023031610	紫苏：平凡亦不凡	湖北文理学院	刘莉，符盼，吴一帆，覃红程	郝峰
60	2023032004	济苦“莲”平	云南师范大学	方妍，李锦华，周炫	杨文正
61	2023033121	医圣张仲景	聊城大学	徐国梁，叶春龙，史文朔，李童	刘燕
62	2023033621	舰载中医	海军航空大学	李松泽，肖博文，张思齐	吕海燕，张杰
63	2023033638	中医速成指南	蚌埠医学院	刘泽超，马俊杰，赵羽萌，徐畅，孙璟煜	耿旭，张钰
64	2023033842	药道：草木相承	武汉大学	许舒涵，康思扬，张书畅	洪杰文
65	2023033902	灵丹妙药救刺史——医仙董奉传	大连艺术学院	肖皓月，李函，张翘楚，许可，杜欣宇	张倩，王婕
66	2023034091	食疗本草	沈阳师范大学	朱静，焦振，王宏誉	杨亮
67	2023034504	我是你书上的草本与花	辽宁传媒学院	荀明浩，陈慧琳，李晓婷，于秋月，霍佳豪	张鼎一
68	2023035671	杏林春暖	黄山学院	黄倩倩，汪泽锦，姚儒杰，许昊昕冉，王欣成	朱凯波，刘罗玉
69	2023036225	医者仁针，针落仁心	中国政法大学	刘宇平，蔡忠美	李丹丹，韩司
70	2023036261	一部伤寒医天下	沈阳农业大学	韩瑞来，谷天润，吕宗洋，闫美君，王志超	毛丽珍
71	2023036476	大医精诚	黑龙江大学	张琛，冯昊，李甜	吴韩
72	2023036693	救民医世破伤寒	沈阳建筑大学	周菁宇，陈惠敏，李若文，张栩菁	许崇，郭绍义
73	2023037108	一直走到天晴雨停	江西师范大学	钟铜瑶，刘嘉琪，周海欣，梁醒	廖云燕，汪佳豪
74	2023037118	杏“灵”春暖	山东工艺美术学院	连芮，董湘华，赵嘉玮，张小璐，白芸	田金良，张牧
75	2023037631	纸墨中医药	黑龙江大学	解淼森，孙米纳	张宝龙
76	2023038693	行于天地间	汉口学院	李锦，汤佳骏，周忠原，王天宸，邓家谋	龚桂沅

续表

序号	作品编号	作品名称	参赛学校	作　者	指导教师
77	2023039010	生生不息	山西工商学院	屈文博，岳志伟，孙悦，孙苏琳，焦晨雨	杨艳芳，朱小靓
78	2023039457	浮生草药图	厦门理工学院	欧建晖，顾予慈，邓志鸿，杨雅淇，刘依婷	杨东，姬喆
79	2023039813	医书游记	河南牧业经济学院	李宁，赵欣慧	李泽静，张先哲
80	2023040231	针灸鼻祖——皇甫谧	杭州师范大学	严语，涂文杰，李木子	冯志鹏
81	2023040603	大医精诚	厦门理工学院	陈嘉文	姬喆
82	2023041348	杏林春暖	吉林工程技术师范学院	唐泽武，谭思哲，刘杨，赵梓宏，孔德然	韩明阳
83	2023041399	坐堂医生——张仲景	保定学院	侯秀佳	王新
84	2023041591	长白皇封参	吉林动画学院	李浪，郭文卿，支书迪，孟白羽嘉，潘竑宇	刘旭，姜雪妍
85	2023042113	针圣杨继洲	杭州师范大学	陈乐乐，牟希翔，王语诗，蔡瑞晨	关伟
86	2023042535	探寻中华之瑰宝——方书之祖	滇西科技师范学院	潘加宸，李井琼，谢千莹	张金波
87	2023042540	本草中华	湖北经济学院法商学院	李卓，郑水琴，秦青青	石黎，王俊
88	2023050468	梦寻药圣逆旅，赓续药圣精神	陆军军事交通学院	翟世旋，冯炳垚，林颂凯，伍星宇，李潇	任芳
89	2023051155	杏林董奉	北京服装学院	王兆熙，廖晋	孙晓东
90	2023051499	中草本源——李时珍	湖南师范大学	罗孟彬，刘媛	蔡美玲
91	2023052042	寻	宁波大学	何舒涵，曹欣然，周乐尔，潘琪玮，徐佳沁	邢方
92	2023052363	见远，行更远	台州学院	丁玲佳，卢泠洁，吴威震，陶馨雨，莫雅淇	朱卫平
93	2023053179	生生不息	福建农林大学	郭锦莹	吴文娟
94	2023053846	起死回生	昭通学院	赵斌，刁世林，毛永斌，马丽，李章朝	万璞，刘音序
95	2023056080	李时珍	普洱学院	周冬冬，王梦梦，王芳云，尹悦，角春霖	豆子，兰晓俐
96	2023056569	经方之祖	梧州学院	卢慧敏，黄梅珍，蔡雨彤	邸臻炜，贺杰

续表

序号	作品编号	作品名称	参赛学校	作　　者	指导教师
97	2023056666	本・源	山西大同大学	王振涛，李文杰，刘刚，贾圣昱，李宇波	殷旭彪，张成功
98	2023056797	四诊法	玉溪师范学院	李晓银，杨雨华，叶奕雯，刘锦诺	马静，杨凤梅
99	2023056888	脾胃说创始人——李东垣	玉溪师范学院	胡爱琴，李慧琳，彭梦雪，汤梦稀	龚萍，郑华
100	2023057570	千金奇妙游	信阳师范学院	窦晓涵，王俊，张媛梦，刘田青	宋晔，刘琦
101	2023058001	大医精诚	南阳师范学院	徐恒松，郭寒影，陆延博	冷枫，魏琪
102	2023059024	孙思邈与《千金要方》	呼伦贝尔学院	崔德鑫，季麟妮，迟瑞雪	徐天培，王晓莉
103	2023059507	同病不同医	东华大学	袁怡琳，付安琪，伍婧	刘月蕊
104	2023059593	本草传奇——秦药猪苓	陕西理工大学	梁家葕，胡雨馨，段家宝，王兴红，钱正阳	兰阿峰
105	2023059695	本草寻梦	同济大学	韩天意，李林欣，刘博，王贝贝	李湘梅
106	2023059839	赛博中医	空军军医大学	刘士霖，张德龙，王皓，杨腾彧，吴培睿	李改霞，常小红
107	2023060302	艾行天下 灸脉传承	西北农林科技大学	徐巧妮，张雅茜，刘祉妤，古卓，颜萍	刘翌
108	2023060385	AR 眼镜中的《本草纲目》	西北民族大学	龙真梅，李麟轩，韦春孟，嬴海庭，许婧懿	陈心蕊
109	2023060423	时令	西安科技大学	李嘉怡	齐爱玲
110	2023060474	知灸刺，见苍生	电子科技大学	谭宇乔，林玉茹，王莹，杨径骁	戴瑞婷
111	2023060483	岐黄薪火，蜀地相传	西南石油大学	黎畅灵	谢娟
112	2023060594	“画”说四诊	宜宾学院	杨佳丽，任杨阳，李佳颖，张露珧，杨迎	李小美，胡巧月
113	2023060711	悬壶济黄口，圣手愈童心	西南财经大学	白川艳，李旭洋，蒋雨宸，夏意，张苧冉	王涛，陈星延
114	2023060739	决明	四川音乐学院	刘晔曈，尹力，刘俊卿，刘宇诗	王利剑
115	2023060744	循针	西南财经大学	方雯萱，王羽潇，王雨晨，柴百儀	崔雪茹
116	2023060787	循药王足迹，传千年中医	四川师范大学	陈春连，邢栋，曾霏阳，周阳洋，林俊丰	何武

续表

序号	作品编号	作品名称	参赛学校	作　者	指导教师
117	2023060806	医承	西南医科大学	蒋元元，张莎莎，谢媛媛，贾敏	孙洪艳，任意
118	2023060857	青囊行	西南交通大学	王飞杨，韩俊杰，韩璐瑶，张育恺，王晶晶	吕彪，季敬皓
119	2023060888	智者见微 良医得治	西南医科大学	巫登茹，郑小露，陈彦伶，安祥荣	孙洪艳，任意

12.3.13　2023 年中国大学计算机设计大赛数媒静态设计一等奖

序号	作品编号	作品名称	参赛学校	作　者	指导教师
1	2023000727	折瓦·回曲——亳州中医药文化馆设计	滁州学院	张自由，马秋月，崔玉荣	董国娟，荆琦
2	2023006041	中国“四大名医”之传奇故事绘	河南财经政法大学	远彩霞，刘梦晨	杨纯
3	2023008755	四时本草	南京医科大学	韦子乔，宋家旭，李亚轩	俞婷婷
4	2023010337	栉风沐雨——基于李时珍形象的组合场景白噪音计时器	南京农业大学	杨艺泉，蒋倩，陈天旭	于安记，钱筱琳
5	2023012466	律音断疾	南京医科大学	梁大珩，夏千惠，王杜葳	胡晓雯，管园园
6	2023018985	中药炮制技艺系列插画设计	南京工业大学	许靓，张耀	吴捷
7	2023019494	本草源——濒危中草药的公益养成 App 及衍生产品	南京邮电大学	王静云，黄舒淇，谭美琪	余洋，白琼
8	2023022938	杏林济世	江西师范大学	李芝瑶，马宇峥，袁之雨	段亚鹏，贺海芳
9	2023023472	本草相生	青岛大学	王子璇，宋佳璐	任雪玲
10	2023024178	医脉箱传	闽南师范大学	戴依婷，邓怡卿，杨宗权	蔡雯雯
11	2023030897	器韵药语 坤载域物	东北大学	齐思远，孙艺菲，王以琳	霍楷，樊丁宜
12	2023033333	寻本草，觅清源	东北大学	官钇霖，刘书豪，刘畅	樊丁宜，霍楷
13	2023035556	跨越数千年时空的“中医大咖”——中医药代表人物系列插画	湖南师范大学	龙珊，杨涛，陈逸杨	鲁雯
14	2023036912	五行本草	黑龙江大学	付佩雯，黄雪玲，王校育	荀瑶
15	2023042146	溯源铜川·大医精诚·人贵千金——“药王孙思邈”传奇故事汇	中央民族大学	陈晨，周煜坤，孙艺菲	赵洪帅，王斌
16	2023043964	本草舞动之五禽戏	湖北工程学院新技术学院	邹先缘，李昱臻，李帆	张蕊，周巍
17	2023048866	习见本草	北京林业大学	魏思淼，唐雪瑞，张佳敏	韩静华
18	2023050229	寻根问药	浙江师范大学	陈羽露，胡逸阳	邵利炳
19	2023050273	续·长青——中草药高架种植社区环境设计	福州外语外贸学院	陈雅萱，阮珍珠	高云

续表

序号	作品编号	作品名称	参赛学校	作　者	指导教师
20	2023051968	化“腐朽”为神“棋”	台州学院	王婷，徐则婷，黄奕雯	马金金
21	2023055698	本草赐福——本草纲目十六部插画设计	太原理工大学	肖宇峰，张可欣，刘钰萱	赵娟
22	2023060130	“邈”思百眼柜——智能圆形中药柜	西北农林科技大学	韦聪，陈川粤，黄日成	段海燕
23	2023060194	明医博济——医者的一天	西北大学	王甜，张瑶，罗钟艺	张思望
24	2023060979	药圣李时珍，药王孙思邈——中国传统中医医药集大成者	西南交通大学	黄炯涛，谢子谦，刘佳	邱忠才，吕彪

12.3.14　2023 年中国大学计算机设计大赛数媒静态设计二等奖

序号	作品编号	作品名称	参赛学校	作　者	指导教师
1	2023000178	森循根序，药石掇山——基于“AI 向导”的中医药展览交互体验综合馆	武汉大学	郑宇聪，曾佳颖	黄敏
2	2023000642	飞剪走纸·演绎圣人故事——弘扬中医药文化精神	大连海事大学	裴宇凡，毕庚辰，刘怡涵	张连丰
3	2023000772	药行馨香	广东外语外贸大学	梅家豪，张芷菁，伍锦欣	黄伟波，刘江辉
4	2023000779	哑科葫芦娃	河北大学	林一瑾，孙美琪，马若楠	彭勃，赵汉青
5	2023001633	杏林春满·济世名医系列 IP 形象设计	深圳大学	谭亮怡，马少丽，邓敏蔚	黄文森，曾温娜
6	2023001712	东汉建安三神医	大连海事大学	林胤峥，王明卓，田梦孜	张瑾
7	2023001880	建安三神医	河北大学	吕苏含，崔冠瑛，尹泽天	程从军，王亚莘
8	2023002447	药草有灵——中草药盲盒手办设计	深圳大学	邓泓基，杨丽洋，关子冲	曹晓明
9	2023003882	为五行之秀，实草木之华	辽宁大学	王修玥，陈思兰，文灵	王志宇，白雪
10	2023004134	五禽之戏	中国医科大学	陈翀，苏雨润	徐东雨，宋晓宇
11	2023005118	五禽五行	广东医科大学	周清清，朱熹雯，李煜翔	周珂，陈婷
12	2023005542	惠夷瓷晷	南昌航空大学	李言蹊	鲁宇明，王饶伟
13	2023005611	“医”食无忧	新疆大学	张艺昊，叶子	郑灵，秦继伟
14	2023006163	天地气生，四时法成——中药礼盒包装设计	南京航空航天大学	刘思佳，童薪颖，冯俊绮	汪浩文，李伟
15	2023007152	琼楼双花	海南师范大学	张喆，刘笑菲，郭艺迪	张清心，刘阳

续表

序号	作品编号	作品名称	参赛学校	作　　者	指导教师
16	2023008000	寸关尺	南京中医药大学	黄颖妮，杨晓霏，王心语	苏传琦，李芸烨
17	2023008032	毉醫	新疆科技学院	毛永钰，李笑笑，陈道林	王丽楠，刘付勇
18	2023008300	寻影本草之韵·传承典籍之志	新疆科技学院	吴嘉怡，陈泊霖，李金武	邹晨，申雨弘
19	2023008388	通四法撷百草	安徽科技学院	李帅琦，张意茹，李慧	方明旺，康佳蓉
20	2023008857	百草图中的浙江味道——传统药材视觉活化与推广	浙江树人学院	王坤，斯程涛，张以哲	戴国勇，陈麓屹
21	2023008957	脉行四象，生生而循	南京航空航天大学金城学院	金佳丽，郭一诺，孙驰程	邹易，华培
22	2023009250	遵生	江南大学	尹若兮，缪松辰，华鑫缘	陆菁，赵昆伦
23	2023009541	名医生活大发现	南京师范大学	孙雅涵，曹春萌，曹墨然	
24	2023010460	中药草本与二十四节气——套色木刻视觉设计	江苏海洋大学	杨萌雅，冒慧，何智丞	曾英，王栋
25	2023010789	与音愈	扬州大学广陵学院	孙仪璇，张宇，蒋璐琰	赵欣一，刘慧
26	2023010908	名医济世	广州商学院	刘远珍，黄业英	黄继红，李嘉欣
27	2023011231	药圣李时珍	广州商学院	张可，龙玉娇	黄继红，李嘉欣
28	2023011350	物象新姿·慧识传通——茅山中草药文化体验区整生设计	江苏大学	徐盛梅，张志丹，马菁茵	韩荣，徐英
29	2023011450	承本草薪火，传中医经典	安徽农业大学	邵羽嘉	李洋
30	2023011734	中医重器	安徽建筑大学	王亚卓，张琦越，李广悦	鲁榕，徐慧
31	2023011765	京墨堂——中医药文化数字博物馆 App 设计	江西科技师范大学	曾舒心	熊丽，吴巧伪
32	2023012296	长卷记事：跨越千年的杏林春宴	南京师范大学	徐瑶，覃书舒，宋雨航	范文道
33	2023013225	以剪纸为媒·共话中医药	中南林业科技大学	张漓煌，何哲	陈楠
34	2023013617	发扬·医杰之典	重庆大学	陈碧玉，冉小蝶，张乔茜	王琦
35	2023013634	悬壶济世——药圣李时珍	长沙理工大学	常慧晰，姚珂阳，李唯锋	邹丰阳
36	2023014516	承千年文化，扬中医德馨	安徽农业大学	宋凯歌，罗婧，黄勖桐	唐洪亚
37	2023014525	泰舒堂——社区中医馆空间设计	泰州学院	卢冰，施悦，王闯	周莉
38	2023015027	“五禽戏”康伴益智积木盒——基于国家非物质文化遗产文创产品	江苏大学	高嘉敏，陈子骁	王丽文

续表

序号	作品编号	作品名称	参赛学校	作　　者	指导教师
39	2023015353	本草忆事录	泰州学院	农笛英，陈佳仪	季恒，霍兴宇
40	2023015771	《溯本草，济天下》系列科普海报	东南大学	盛陶然，栾玉婷	蔡顺兴，崔天剑
41	2023016230	古医少承	重庆大学	范曾圣铟，肖钰川，汪雨彤	耿鹏飞
42	2023016270	寻鹊生——扁鹊中医药文化公园景观设计	常熟理工学院	倪嘉蔚，汤欣怡，任珂	王天赋，马建梅
43	2023016784	中华名医	滁州学院	韦雅娜，涂宁静，张丹丹	陈一笑，朱金鑫
44	2023017951	百草历	吉林大学	毛析	李锐
45	2023018011	本草中华	渤海大学	张嘉瑶，贺芷媚，杨诗雨	高丽娜，王娜
46	2023018236	《本草纲目（新编）》——给孩子的神奇中药之旅	南京邮电大学	刘昊莹，韩卓璇，廖雯	徐雯雪，吴斯
47	2023018288	赤华·渊遂——中华天麻系列产品包装设计	怀化学院	杨雅慧，段滨林，何欢	向颖晰，刘毅文
48	2023018973	仙草拾翠系列文创——探寻中草药里的东方色彩美学	山东财经大学	谷雨桐，王书怀	
49	2023019199	杏林斋新中式中药汤剂包装设计	新疆理工学院	张淏扬，巴音松宝尔	张浩，伍妍姿
50	2023019605	风府——中药头部按摩仪	昆明理工大学	黄冠华，张欣，谢馥	王坤茜
51	2023019652	医药之道 道在有灵	青岛大学	王宣懿，宋如滇，王颖杰	张岩
52	2023020202	合·阖——闽南传统中医药文化展示空间设计	闽南师范大学	黄志鑫，王晓强，黄馨	许晔
53	2023020300	中药方剂文化美学	大连海洋大学	李京哲，华展鹤，李晓龙	高旗
54	2023020493	本草药材精灵系列盲盒	南京工业大学	车妥，徐文清，张佳吟	吴捷
55	2023021003	“只在此山中”——宋文化中医药主题度假酒店设计	河南大学	孙玮，王子诺，胡耀飞	孟玉，张泽
56	2023021315	中医药的四时交替	郑州轻工业大学	李柯莹，李姝颖，乔东方	孟牒，景志勇
57	2023021353	杏林·苍生	燕山大学	董彭君，陈卓婷，甄晨蕊	王桂莉
58	2023021708	本草物语——系列盲盒及文创设计	新疆大学	刘烨，李晓凤，阿依宝塔·其格斯	闫文奇
59	2023023089	炁蕴——基于难经的健康型公共空间设计	武汉理工大学	卢丙坤，鲍胤宏，罗皓	常健，彭强
60	2023023504	千“方”百计，百炼成“纲”	运城学院	闫一鸣，杜宇婷，邓欣乐	郝斐斐

续表

序号	作品编号	作品名称	参赛学校	作　者	指导教师
61	2023023511	食之有道——食疗养生智能炖盅设计	昆明理工大学	杨书婷，龚彦艳	王坤茜
62	2023023685	岐黄薪火	福州外语外贸学院	张珊珊，李诗勍，郑燕玲	林丽芝
63	2023023788	中医药之美——药食同源	安徽师范大学	戴雨田，叶彤，乔红	祝玉军
64	2023024214	砭针灸药	安徽师范大学	吴頔，徐艺盈，陈艳芳	孙亮
65	2023024467	承医药文化，传国粹经典	青岛黄海学院	刘文硕	曲苑
66	2023024535	艾灸小精灵	沈阳工学院	曹煊赫，邓运来，高海尧	那雪姣，崔永刚
67	2023024541	“妙手”中医推拿机械臂	武汉理工大学	李晓华，袁帅，王思月	彭强，张永权
68	2023024804	中医药大师系列海报	河南大学	张若言	苗深远
69	2023024907	光蕴“五禽”——中医药文化宣传系列走马灯文创产品	青岛大学	刘硕，宋文杰，金列卿	李倩倩
70	2023027148	建安三神医	合肥经济学院	高方俊，张锦程，徐楠娣	程五生
71	2023027417	良药阁	广州软件学院	贺启源，廖颖彤	龚博维，许纯漫
72	2023027773	妙手归医	内蒙古民族大学	王馨瑶，贺子豪，李响	崔燕
73	2023028135	i joy 艾灸机器人	沈阳工学院	王弘毅，崔馨元，赵美玉	蔡学静，陈沫言
74	2023029073	东方本草	淮北师范大学	赵超越，周小曼，闵子怡	田春雨，郑颖
75	2023029404	《食疗本草》书籍装帧设计	广州城市理工学院	张慧敏	陈雪松，郑馥洵
76	2023029733	大医精诚	阜阳师范大学	赵月，李冉，张方玉	谢建，褚丹
77	2023031597	那些小药草	黄山学院	王静雅，陆多幸蓉	梁军
78	2023031608	春华秋实	东北大学	孟校竹，姚金池，徐子逸	李晓迪
79	2023031687	德艺双馨，医路向前	辽宁工业大学	贾景芹，朱叶，皮梦鹤	杨帆
80	2023032555	药圣李时珍之岐黄文化数字展厅设计	烟台科技学院	陈茂文	杨羿枫，王丽丽
81	2023032581	历史韵香——系列故事海报	聊城大学	许文静	孙秀霞，崔若健
82	2023034050	中医药文化——钱乙主题公园	中国政法大学	罗苏蕊，马昕怡，于泽永	郑颜，周果
83	2023034397	中医经络养生仪设计	沈阳理工大学	陈天彪，康英俊，闫星辰	刘娜，关涛

续表

序号	作品编号	作品名称	参赛学校	作　　者	指导教师
84	2023034681	艾・冰台	沈阳理工大学	田梓宇，李蕴葳，郝润达	王成玥
85	2023034734	中医药，东方魂	蚌埠学院	徐荣蕊	黄珂
86	2023034851	无忧煎药炉	安徽信息工程学院	王鑫浩，丁婕	张文昕
87	2023035838	草药佳人“白玉连”	湖州师范学院	温寒琦，王绍兰，周静	王继东
88	2023036258	汉唐良膏——家用智能膏方机	沈阳大学	张轩语，石箫溢，王莹萱	金长明
89	2023036380	《本草纲目》植物分类图鉴再生设计	黑龙江大学	徐伊雯，张馨元，何诗卉	郑伟
90	2023036441	本草风韵——林中的草本博物馆	沈阳工业大学	张博文，张伟	杜新
91	2023036563	中医杏林	东北师范大学	崔语桐	刘冰
92	2023036769	典籍・本草	山东师范大学	刘钇君，段星晨	范萍萍
93	2023037065	弘扬中医药文化，走进古代名医——扁鹊、张仲景、李时珍	吉首大学	张双武，易晋铭，赵任坤	宿绍敏
94	2023037102	中医药六学家——基于中国古代中医药名医形象的 IP 设计	浙江师范大学	陆盈帆，陈首旗，周天华	张依婷
95	2023037476	百草娃娃	沈阳农业大学	姜麒薪，逄舒畅，姚子楠	苏畅
96	2023037519	脏腑之疵，以药药之	江西中医药大学	杨璟，徐玉凤，蔡翔琳	熊玲珠，彭琳
97	2023037556	养生之道	陆军勤务学院	肖宇辰，唐尹，刘洋	林明玉，敬晓愚
98	2023038056	潜心著述・遍寻山河	大连工业大学	祁思瑶，许洛瑕，里艾林	郭雅冬
99	2023038083	中医兔	山东工艺美术学院	夏明梏，国文迈，赵伟豪	张牧
100	2023038595	易药——中医药自动煎煮产品设计及其服务系统设计	大连工业大学	谢乐言，李一佳，王楠	刘正阳，杨明辉
101	2023038618	寻觅药语，追忆百草	重庆文理学院	成钊毅，周雪莲，蒲丽娟	代琴
102	2023039039	高校人群心理疗愈——以中医五行理论为内核的公共空间设计	山西大学	郭洋，侯邝涛，郑朝宇	梁勇
103	2023039549	中药熏鼻器	大连理工大学	曾伟浩，綦菲，吴志诚	李禹臻
104	2023039747	医者，意也	曲阜师范大学	张淳诚，高跃，刘孟熙	孔勇
105	2023039898	《珍先生》IP 形象设计	湖北经济学院法商学院	丁超	汪鸿，张东
106	2023040004	东方本草	沈阳建筑大学	曹嘉宁，宁英松，王少奇	陈宗胜，赵升彬
107	2023040826	中医体系	吉林外国语大学	刘欣妮，彭悦	孙开岩，韩智颖

续表

序号	作品编号	作品名称	参赛学校	作　者	指导教师
108	2023041077	大国中医，永续传承	青岛农业大学	王媛妍，冯靖童，李欣薇	杜建伟
109	2023041165	中医三绝	长沙学院	李佳思，张龙政，张政东	沈卓，汪强
110	2023041302	五道药阁——中国传统中药品牌设计	青岛农业大学	李依林，高迪，王俊伊	杜建伟
111	2023042918	蜡染名医，千古流芳——再绘药王奇事，弘扬大医精诚	北京体育大学	白若兰	吴迪
112	2023043808	当唐僧师徒遇上中医——四时五行养生之旅	北京体育大学	周远婷，梁烨俏，李玥萌	曹宇
113	2023043911	寻医追根 梦渡华佗——华佗镇中医药文旅规划	中南民族大学	邱婵，周婷，廖晓天	许臣思
114	2023044122	百草有灵	池州学院	汤陈，郑鑫婕，米佳蓉	徐玉婷，藏紫薇
115	2023044213	藏在草药里的气节	池州学院	张萌，周紫婷，何方	徐玉婷，余丹
116	2023044436	神医华佗中医品牌形象设计	中南民族大学	梁祎冉，韦江艳	王志勇
117	2023044975	草木有灵，人间有情——中医药文化展览馆	郑州航空工业管理学院	李萌艺，贾苗苗，王彩林	田鹏，任君
118	2023046469	中医五行养生指南	长春大学旅游学院	王雨恒	王梦莎，郝瑶
119	2023048213	国医精粹	江西师范大学	刘燕娇，许新丽，李晨晨	王萍
120	2023048539	李氏珍品	福建师范大学	林佳丽	李旭东
121	2023048651	品草居——疗愈馆设计	湖北工业大学	赵雨涵	陈林星，张葳
122	2023048959	医脉相承	泉州职业技术大学	王赓垚，陈晓靓，林周鼎	赵小源
123	2023048973	望・闻・问・切	东北电力大学	崔靖禹，郭佳琪，王禄壮	路鹏
124	2023049311	中医人工智能综合诊断仪	长春大学旅游学院	梁宸瑜	端文新
125	2023049603	药养千年，运动未来	浙江农林大学	曾梦露，徐静蕾	黄慧君
126	2023049729	本草安康	杭州师范大学	赵雨晴	周筱馨
127	2023050145	百草含灵——中医药文创 ip 设计	浙江师范大学	张超意，康春燕，潘鸣铮	张克华，张依婷
128	2023051555	良医济世 本草生情	山西财经大学	王亦菲，王一玉	杨健，吕亚丽
129	2023051599	中草药香——本草纲目 IP 形象设计	湖南师范大学	罗孟彬，刘媛	蔡美玲
130	2023051808	医话——基于中医名家历史典故的文创产品设计	长沙学院	邱玺燕，肖亚琪，王佳树	刘燕宁，童炼
131	2023052535	艾芳	台州学院	郭美倩，张希文，夏忆寒	林霜，黄若涵

续表

序号	作品编号	作品名称	参赛学校	作　　者	指导教师
132	2023052630	大医精诚——览中华名医风采	吉林化工学院	张飞龙，于莉，王迪	李双远
133	2023052890	千年药韵	云南财经大学	高佳，唐艺丹	黄敏
134	2023052912	六合八荒——《难经》书籍装帧再设计	山东大学	万骞，郭沛函	赵鹏
135	2023053543	汤简	中国地质大学（武汉）	刘思颖，董丹妍，廖柯言	许洁
136	2023054218	“天精地华，济世益民”——《本草纲目》拟人IP创作及文创衍生设计	武汉大学	姚栋宇，唐敏，张烁	陈伟清，周虹
137	2023054936	“参参”不息	浙江广厦建设职业技术大学	鲁艺	高峰
138	2023054973	四季本草·包装设计	湖州师范学院	任世禄	张杰
139	2023055079	术绍岐黄	山西工商学院	樊家榕，胥雅亭，张紫莹	赵敏
140	2023055268	《时珍巧对》绘本设计	湖北美术学院	卢文静，彭雅超，别玉婷	戴萌，王诚
141	2023055339	劫劫长存，生生不息——基于中医药文化发展下德胜街改造设计	长江大学文理学院	秦志伟，李文清，刘凯文	高倩，田从祥
142	2023055602	东方本草·疗愈生命的中国智慧——药仙系列文创产品设计	太原理工大学	程淑萍，孙煜澎	杨岚，刘佩芳
143	2023057157	华夏岐黄 药食同堂	曲靖师范学院	江雨璐	包娜
144	2023057216	悬壶济世心，妙手回春艺	云南大学	肖静雯	庞杰
145	2023057248	中医小世界	中北大学	严赫，康毅，王俊鑫	田维飞，杨婷
146	2023057369	融元堂	晋中信息学院	梁楷敬，马绍文，张文浩	裴炳，周杨
147	2023057755	天下医书，利益天下	河南科技学院	段婷慧，严丹堃	李纲，张培
148	2023059372	悬壶济世，德“医”双馨	上海外国语大学	姬鹏羽，李含梅	冯桂尔
149	2023059423	画手成春——基于中医文化的孤独症儿童户外康复景观	上海商学院	杨沐涵，谢乐，徐胡静怡	宋婷
150	2023059587	承岐黄薪火，传中医六术	东华大学	郭海琴，孟美祺	刘月蕊
151	2023059642	承臻愈华中医药文化展览馆	陕西理工大学	刘杰，于聪敏，李政	蒲波
152	2023059755	药香千古 三牛惠民	上海对外经贸大学	肖炘悦	顾振宇
153	2023060155	药圃无凡“草”	陕西科技大学镐京学院	雷芝，韩平洋，乔腾伟	胡娜，刘威
154	2023060196	本草纲目中药驱蚊灯	陕西理工大学	张海钰，宋毅飞	刘飞
155	2023060353	一念本草	安康学院	常莉园，徐玉鑫，刘蕊	付苗
156	2023060466	药香传世	成都锦城学院	张嘉豪，张希文	张铷钫，魏周思宇

续表

序号	作品编号	作品名称	参赛学校	作　者	指导教师
157	2023060487	寒衣·青囊·杏林暖——建安三神医	火箭军工程大学	高成林，秦榛，曾凡健	张越
158	2023060581	儿童立体绘本——李时珍与本草纲目	西安建筑科技大学	贾亦菲，何诗琪，欧阳宇琦	张鹏，陈巍
159	2023060584	中草药系列丝巾设计	四川师范大学	余辛蕊，杨可，黄蔚函	张军，何志明
160	2023060667	百草光华	西南财经大学	齐昌晖，陆俊哲，罗婧	马江水
161	2023060685	东壁经方承千载，蕲阳艾香跨古今——药圣故里，本草画卷	成都理工大学	吕鑫悦，邢政，张程琦	周元
162	2023060717	问药——本草纲目纸雕灯	成都医学院	孙玮竟，文方轶，舒倩茹	王立，张婷
163	2023060808	医药春秋——园林式中医药文化馆	四川大学	何雨声，曾恒，龚南旭	王鹏
164	2023060810	国宝戏五禽——基于华佗五禽戏的创意交互 IP 产品设计	西南交通大学	王琳，徐佳慧，曹灵语	吕彪，唐敏
165	2023060881	医圣今古在，杏林春暖盈	四川大学	张过，李钊洋	王鹏
166	2023060896	杏林春暖，四季悬壶	西北大学	廖芯，李博雯	董卫军
167	2023060897	奇囊趣药——基于 AR 交互的儿童中医药卡牌游记	西南交通大学	董子恩，田洋，卢奕	杜军
168	2023060914	惟志惟勤，尚德尚医	火箭军工程大学	刘泽旭，梁萧衍，李译玮	王忠
169	2023061083	承岐黄薪火，扬中医文化	空军工程大学	邹宇晟，张万里，李昊成	张耀元，赵永梅

12.3.15　2023年中国大学计算机设计大赛数媒游戏与交互设计一等奖

序号	作品编号	作品名称	参赛学校	作　者	指导教师
1	2023004478	本草药铺	深圳大学	冯滨麟，邹誉德，方瑞杰，谭佳宇，李佶朋	储颖
2	2023013296	杏林春暖	江苏科技大学	张阿伦，顾今杰，毛曼灵，赵艺萌，杨永泰	左欣，张苏婷
3	2023014862	有师焉	武汉理工大学	严春月，国新月，张競月	周艳
4	2023021750	百草仙缘	广东药科大学	侯骏，谭振权，胡泽锐	黄展鹏
5	2023022054	顺安旧梦	华中师范大学	李梓鸥，杨已慧，徐佳怡，周芷伊，王茜	周莉，胡珀
6	2023025567	四时·五行——草木生克之道	哈尔滨工业大学	左伊芮，朱若岩，龚胤，贾玎，陆俊杰	盖龙涛，王妍

续表

序号	作品编号	作品名称	参赛学校	作　　者	指导教师
7	2023028617	诊和堂	东北大学	张隽华，潘安宇，阙宁锋，李明哲，蒋星宇	代茵
8	2023029829	建安神医录	武汉大学	张文昊，王小骞，杨宗	黄敏，彭红梅
9	2023039940	本草·辑书志	浙江传媒学院	李婷，汤玥，王子权，褚康，范嘉欣	荆丽茜，高福星
10	2023040074	万全之策	杭州师范大学	江晨雨，王迪，马亦琛，付俊	袁庆曙
11	2023046592	药房小谭	浙江传媒学院	钟雪儿，葛赢泽，王紫茹，黎娜，吴昊	荆丽茜，李铉鑫
12	2023050088	一针见“穴”——基于 AR/MR 的针灸穴位自动标定及教学软件	西南大学	刘佳城，宋伟超，李婷婷	黄兵姚
13	2023050198	我的师父是华佗	杭州师范大学	支心雨，戴雨滋，周颖	姚争为
14	2023059346	济世录	华东师范大学	丁嘉悦，陈露瑶，章子惠，张一鸣，王艺蓓	王肃
15	2023060043	草木蕴真	西北民族大学	石桠丽，姚多艺，陈丹，王晓雪，李淳	陈心蕊
16	2023060559	寻迹·本草——多感官交互中医药知识普及应用	电子科技大学	黄展屹，王森，杨径骁，杨镇豪	朱相印

12.3.16　2023 年中国大学计算机设计大赛数媒游戏与交互设计二等奖

序号	作品编号	作品名称	参赛学校	作　　者	指导教师
1	2023000858	《爷爷的中药铺》——解谜游戏	广州工商学院	莫夏杰，傅泽，洪杰锋	杨恒泓
2	2023002056	医游记	南华大学	李宇翔，赵敏伶，宋灵美，席小婷，余湘	李萌
3	2023003955	本草·本源	大连海事大学	赵旭云，肖洪源，段文菲，莫昕蓉，史昀灵	李莉莉
4	2023004812	医览众生——基于虚拟现实的文化传承体验游戏	福建技术师范学院	李语萱，魏政，章颢栊	马碧芳，郭永宁
5	2023005234	本草行	河南财经政法大学	赵含露，范佳月，张小闯	董岩
6	2023005766	医史漫游	广东东软学院	钟汶达，黎国桓，何键骅，丘雄涛	唐瑛，李梁奇
7	2023006042	春霖堂·遇见中医药文化	北方工业大学	钱俞霖，王莹，陈思伊，曹旭，封茗骅	蔡兴泉

续表

序号	作品编号	作品名称	参赛学校	作　者	指导教师
8	2023006187	名医与游录	南京农业大学	谢佳宏，黄雅玲，马文驰，朱海妞，宋含章	朱淑鑫，史红专
9	2023007625	本草归元传	怀化学院	林典，董仁涛，佘浩	刘毅文，陈生海
10	2023008165	玉水集	南京师范大学	杜玥凝，徐可昕，朱星儒，丁璇	
11	2023008603	医圣绘卷	南京中医药大学	周文启，姚星，贺新锋，孟雨桐，杨晓霏	苏传琦，戴彩艳
12	2023009433	药之书	海南热带海洋学院	郑欣怡，杨诗颖	田兴彦
13	2023010116	基于 VR 的中医博物馆	南京师范大学	丁玉清，陈锶奇，端庄	刘日晨
14	2023010165	寻药环游记	广东培正学院	郑浩槟，吴昊，邵汝薇，郭文静，郑孜佳	郗彩莲，肖敏
15	2023010301	天衍堂——中医药 VR 体验博物馆	北京工业大学	白如雪，高幸，杨礼鎏，迪拉热•地里木拉提，肖紫昀	李蔚然，齐娜
16	2023010894	百草物语	南京理工大学紫金学院	姜晨阳，季朱玉，郑芝琪	朱惠娟
17	2023012217	中医小药铺	郑州轻工业大学	耿志毅，张旭超，尚付民，程航	韩怿冰，赵晓君
18	2023012790	AR 互动立体书《看！中草药》	盐城师范学院	董芮齐，李锦诚，李蒙蒙，张梓杰，殷鸿洋	贾铮，张祖芹
19	2023013656	中医药元宇宙展馆	金陵科技学院	罗楚江，薛观宇，胡书国，周楠，张乐乐	桂文明，周安涛
20	2023014279	药海拾奇	江南大学	叶紫雯，黄佳莉	章立
21	2023014594	草木堂——双生灵医	长沙理工大学	顾永彤，胡锦铭，金天宇，李明鑫，王梓芙	熊兵，冯鹏
22	2023014678	“四海游，寻百草”中医药采收炮制智能体验系统	东南大学	吴雨璋，沈上智，刘子成	丁玎
23	2023014958	“悬壶”——创意融合型中医药文化 IP 的开拓者	华中师范大学	郝锦杰，王亚楠，卜令欣，张志羽	张连发，崔建群
24	2023016118	昔“药”今拾	南京邮电大学	王尔雅，周颀林，邓安琪，叶洛铭，张钊瑜	姜玻，吴美萱
25	2023016574	杏林之道	四川大学	郭旭，朱建明，王佳洋，易南宇	李茂
26	2023017037	青衿杏林行	武汉理工大学	林思静，满瑶，滕紫藤，刘俊宏，和嘉欣	彭强，周艳

续表

序号	作品编号	作品名称	参赛学校	作　者	指导教师
27	2023018486	馨鹊长青	辽宁师范大学	周彤宇，张琼尹，刘嘉怡，孙羽萱，梁芷嘉	杨燕
28	2023019351	分寸必针	江西科技师范大学	朱昌盛，曾建鑫，李晓娇，李蓁，钟寻	何玲，何玉霞
29	2023020012	悬壶堂	南京艺术学院	倪逸凡，卢源，马钶，覃鸿浩	曲志华
30	2023020773	百草溯源	燕山大学	张浩宇	余扬，尤殿龙
31	2023020973	五禽之韵——基于体感交互的五禽戏教育科普互动系统	华中科技大学	侯君阳，吴潮彬，李琳，丁晖原，杜志楠	朱志娟
32	2023021647	珍康馆——虚拟交互	安徽师范大学	武宇晨，秦庆宇	孙亮
33	2023023871	采药行	广东药科大学	郑家滢，邱志彤，林颖茵	黄展鹏
34	2023024636	百草堂	安徽理工大学	郭玉玲，宋永圣，史文承，刘利航，庄嘉棋	张玉
35	2023024844	悬壶厅	陆军勤务学院	许琪，姜华林，马钰凯，刘基钰，汪俊辰	林明玉，徐晓利
36	2023024968	药峪行	五邑大学	张煜霖，谢晓江，吴起帆，颜子棱，林奕帆	王柱，李继容
37	2023025808	百药说	山东女子学院	徐晓倩，张鑫泽，张亦凡，王可钦	王怡
38	2023027029	杏林春暖阁	广州软件学院	邓炫烨，许晨毅，阳著，植浚珅，廖权龙	罗林，马骏
39	2023027390	灯影鹊行	广州软件学院	杨昱晨，黄慧君，林越，文钧，欧雯佩	刘有君，韦静
40	2023027703	移步“医”“景”	青岛大学	郭凤琳，于怡，胡金龙，祝一鹤，王逢源	邵磊
41	2023027740	唯一的针灸铜人	安徽大学	赵非非，陈璐，叶必锦，袁小雅	岳山，王轶冰
42	2023028589	我就是药神	山东女子学院	杜欢欢，秦晓	齐德法
43	2023028637	本草山海博物馆	安徽信息工程学院	高航，穆维畅，朱梓萌，周蕊，余萍	段俐敏，张超
44	2023028706	寻神医之旅	重庆移通学院	张洪苗，吴未，陈明霞，杨兰俊，李昱洋	耿强，刘根良

续表

序号	作品编号	作品名称	参赛学校	作　者	指导教师
45	2023028949	本草引	浙江师范大学	厉轶斐，刘陈欢，范温洋，张苗莹，应佳怡	王小明
46	2023029620	乱世医圣：张仲景	吉林大学	朴东赫，刘炳辰，吴笑笑，赵政赫，李想	邹密
47	2023030580	百草灵撰	安徽新华学院	刘庆节，黄嘉豪，李开封	刘汗青，方圆
48	2023030649	青辰	沈阳航空航天大学	张家悦，陈真，李健，王英尧，孟祥科	张宁宁
49	2023030926	中医传承	石家庄铁道大学	禚少岑，郭悦，张彤彤，宋国佳，商敬慧	陆凯
50	2023031646	建安小神医	安徽建筑大学	张梦婷，张可	刘宁，钟新
51	2023032150	药灵	潍坊学院	杨文俊，杨玉明，宿文飘，邓玥，王慧武	董辉
52	2023033792	梦回千年——探寻中医药的魅力	沈阳师范大学	李浩然，李乾，张东，邓心禹，郭芷萌	司雨昌
53	2023034069	以草代珍——基于孙思邈中医动物保护精神的可持续交互设计	武汉大学	郑淑玉，井义正	黄敏，姜敏
54	2023034637	本草纲目	哈尔滨工业大学	吴迪，葛正阳	李莹
55	2023035175	展青囊	洛阳师范学院	宋江宇，丁紫伊，汪冰珂，郭蓉蓉	伍临莉，张永新
56	2023035524	仙草纪	福州大学	陈贝贝，葛泠玙，周璇，鄢贝怡	何俊，陈树超
57	2023035534	古道热肠	浙江越秀外国语学院	高晨梁，陈霖	朱金华
58	2023036586	医道行者	山东大学	武敬信，林正阳，戚璇，张恕诚，王海涛	王春鹏
59	2023037481	寻药	武汉大学	宋维恒，马凯山，宁云峰	彭红梅
60	2023042949	杏林医塾——寓教于乐	湖北理工学院	陈波，梁文博，丁玮岩	张玥
61	2023043314	药遇——基于古代中医文化下的元宇宙游戏设计	中央民族大学	顾虹洋，格千书，张颖超	卢勇
62	2023043655	草药奇旅——面向儿童的中草药知识科普 AR 交互绘本	北京邮电大学	胡嵋彧，梁颖诗，李欣萌	王楠
63	2023045144	汉医阁——基于 Unity 设计的 VR 沉浸式中医药博物馆	西南大学	巴希杰，黄梧哲，吕竞则，董鑫	肖国强，陈武

续表

序号	作品编号	作品名称	参赛学校	作　者	指导教师
64	2023046311	中药合唱团	武汉传媒学院	席修远，董子昕，胡庆慧，易劭祺	胡卓君，钱怡
65	2023047898	待到杏树成林时	武警特种警察学院	徐海堃，谭茂东，刘睿扬，马铎峰	汤雪芹
66	2023049380	《六气天行录》AR 交互科普绘本	北京林业大学	谭乔心，林影珊，谭元惠	韩静华，李健
67	2023050416	四性五味的日子里	广西师范大学	张义达	林铭
68	2023051480	草药之道	云南财经大学	尚瑞娟，戎沛兰，霍安其	王元亮，李莹
69	2023051937	草木医经：李时珍传	福州大学	王昊楠，黄柄华，王威卓	付堃，陈树超
70	2023052013	八千里路“云”和“药”	西南林业大学	张皓程，王佳琦，王迦羽，张浩，朱朝亚	强振平
71	2023054113	虎撑响处	北京林业大学	杨峻右，许世烨，王梓晴，安琪，杨博迪	李健，韩静华
72	2023056076	《观今见古》中医交互装置	太原理工大学	李晨曦，温子良	张贵明，李江
73	2023056147	尘药	西南林业大学	郑阔，保雨若，崔梦茜，陈芮，蒋宏佳	李颖，强振平
74	2023056840	青囊颂	山西大同大学	张海杰，张晓琪，谷畅，任晋司，延世豪	赵慧勤
75	2023056846	肘后奇方	山西大同大学	游韬，刘铭苑，杨良慧，崔乐乐，齐文静	赵慧勤
76	2023057317	药到——我与药房的 30 天	安阳师范学院	王照翔，卢磊	于亚芳，苏静
77	2023059535	问道梦游记——中医篇	东华大学	马雪梅，宋悦，宋思佳	张红军，顾铁军
78	2023059589	东璧博物馆	上海财经大学	徐少杰，裘逸骏，马雨婧	刘桦
79	2023059693	岐黄之道	东华大学	尹一冰，李世茏，包蕾	刘月蕊
80	2023059703	风月前湖夜，轩窗半夏凉	同济大学	马嘉，陈灿，邓雅文	周晓蕊
81	2023059838	悬壶济世小郎中	上海财经大学	刘学昕，梁剑，娄咏妍，田唱，刘琳	刘桦
82	2023059853	望药记	北京邮电大学	尹靖媛，李可昕，陈姿璇，李之源，沈汝一	王楠

续表

序号	作品编号	作品名称	参赛学校	作　者	指导教师
83	2023060011	神农驾到	上海财经大学	颜家骏，芮靖哲，王士铨，梁子涵	刘桦
84	2023060518	中医四诊——儿童多模态感官交互设计	四川师范大学	黄钰玺，鹿明雨，张冬雨	张婉玉，周维曦
85	2023060532	小医师成长记	西安明德理工学院	鲁益豪，黄俊婉，李蓁	舒粉利，董健
86	2023060710	药圃无凡草	西南医科大学	刘欣羽，巩北宁，赵一川，曾泳维，张宇琦	刘帮涛
87	2023061217	杏林桃源	电子科技大学	李亚超，郑志鹏，廖晓巍，鲍普照，张天辰	何中海
88	2023061219	濒湖丹心	电子科技大学	王钱成，李瑞，李昊羽，潘国璨，王佳锋	何中海

12.3.17　2023 年中国大学计算机设计大赛微课与教学辅助一等奖

序号	作品编号	作品名称	参赛学校	作　者	指导教师
1	2023000624	“典”论英雄泪——《永遇乐·京口北固亭怀古》赏析	江西师范大学	陈楠，张天伊，曹博	龚岚
2	2023001243	叶绿微踪	深圳大学	马乃珍，许葆莹，孙文婷	廖红
3	2023001255	山水诗——赏山水之美，品山水之情	武汉理工大学	滕紫藤，罗水明，陈铭雨	刘艳，彭强
4	2023007692	李白的长江之旅——河流地貌的发育	南京师范大学	虞雯婧，周无忧，陈子颖	赵丽，陆丽云
5	2023008801	乡愁——九月九日忆山东兄弟	南京中医药大学	黄彦宁，肖雨欣，付瑞琴	王天舒，张幸华
6	2023008888	呼吸的奥秘	南京医科大学	卜宇翔，周雯妍，肖哲铭	胡晓雯，陈欢欢
7	2023015956	唐诗宋词中的大运河	江苏大学	赵雯馨，朱琪敏，占圆梦	戴文静，王华
8	2023017114	趣味游戏中的尼姆博弈	扬州大学	嵇昕晨，张然，孙周洲	赵耀
9	2023017944	认识倍的含义	南京特殊教育师范学院	于娜，李雨阳，刘烨	李明扬
10	2023018722	中药炮制虚拟仿真实验平台	广东药科大学	宋梓熙，胡钰嫣	张琦
11	2023023782	在狱咏蝉——幽幽蝉鸣，切切悲情	浙江师范大学	张铭姿，孟柯颖，骆开燕	王小明
12	2023025832	《行路难·其一》——悲愤不失豪迈 失意仍怀希望	中央民族大学	李郁娟，赵丽敏，刘芷杉	邹慧兰
13	2023030869	卷来卷去——学会 CNN	河北工业大学	汪子茵，宿辰彬，安康宁	薛桂香，袁玉倩
14	2023031850	元日	运城学院	冀俊鑫，陈一铭，于思宇	廉侃超，王宝丽

续表

序号	作品编号	作品名称	参赛学校	作　者	指导教师
15	2023032697	春水向东泽古今	吉林大学	冯一茹，孙奕帆，赵天源	张晓龙
16	2023036465	量子叠加态	沈阳工业大学	潘佳庚，钟雨森，李可馨	薛瑾，国安邦
17	2023036502	铁的冶炼	牡丹江师范学院	王艺铭，张鑫	王慧
18	2023036830	《韵》古诗互动教辅课件	大连东软信息学院	赵佳琦，邓兴美，顾家茗	仲于姗，刘歆宁
19	2023038905	从物种进化到路径优化——探索遗传算法原理	大连工业大学	路一桐，黄栩伦，汤斯越	姚春龙，吕桓林
20	2023041444	解密DFS——与深度优先搜索算法的“不解之缘”	中央民族大学	刘佳宁，成义凡，刘梦园	郃新凯，胥桂仙
21	2023044956	“勾股”为界，天地自成	重庆大学	向永鑫，贾若曼，唐文茜	张程
22	2023045834	听见地球的心跳，探索地震的奥秘	中南大学	董博，罗滨，苏彦慈	刘泽星，曹岳辉
23	2023049814	虚实融合情境式地理实验教学平台	杭州师范大学	何健，胡思媛，杨琦浩	袁庆曙，丁丹丹
24	2023051813	“看见”声音	台州学院	陈逸轩，陈施君，黄欣宇	卢尚建，金旭球
25	2023059358	赏山水之美，品渔歌之乐——走进《渔歌子》	华东师范大学	许思嘉，王文婷，高溢丛	钱冬明，陈志云
26	2023059361	生物微课堂——腐乳知多少？	华东师范大学	赵文婕，高原绮霏，李蕊萍	陈志云
27	2023059452	火熄上方谷之探秘热力环流	东华大学	徐雪，付安琪，汪睿西	吴志刚
28	2023059540	《永遇乐——辛弃疾的伏枥之志》微课	东华大学	张熠帆	张红军
29	2023059549	探索虚数：从抽象到实际的转变	上海大学	钟浩文，黄浩，刘亦凡	沈文枫
30	2023060686	“反重力”之水	西南交通大学	王琳庭，任培阳，钟雯雯	吕彪，王恪铭

12.3.18　2023年中国大学计算机设计大赛微课与教学辅助二等奖

序号	作品编号	作品名称	参赛学校	作　者	指导教师
1	2023000293	《琵琶行》之夜听琵琶曲	广州大学	冯诗怡	宋诗海
2	2023000566	基于最小生成树，巧学Prim算法助力乡村振兴	中南林业科技大学	杨高鸣，陈浩然，方航	陈楠，黄洪旭
3	2023000923	图形王国遇难题	重庆对外经贸学院	刘木兰，郑媛媛，孔德嘉	冷震北，林安
4	2023001134	神奇大气压	湖北师范大学	田若含，张玉丽，李鹏远	杨三江
5	2023001485	《元日》——带你唤起记忆中的年味	湖北经济学院法商学院	夏婷，刘振，舒倩	石黎，孙志梅

续表

序号	作品编号	作品名称	参赛学校	作　者	指导教师
6	2023001856	“逆流而上”的液体	塔里木大学	满全德，王佳音，郭智文	吕喜风，李旭
7	2023002299	锦瑟	南京特殊教育师范学院	黄文钦，郭建丽	昂娟
8	2023002410	岩石知识知多少	湖北师范大学	梁薇	田文汇，柯文燕
9	2023002736	熊熊微课——图形的运动（一）	河北大学	王艺婷，蔡浩洋，徐佳鑫	孙洪溥，杨玉泽
10	2023002856	二分查找之拯救小火人	海南师范大学	罗陈语，叶立轩，毛彦芸	李富芸，邓正杰
11	2023003132	人海寻踪——人脸图像特征提取方法	深圳大学	黄慧瑶，陈婉纯，赵晨晨	廖红
12	2023003546	蝶恋花——思归燕月	河北大学	崔家伟，张雅淇，张晗	张晓伟
13	2023003692	六分钟带你了解发烧	中国医科大学	程欣雨，曹起歌，杨文言	吴旭
14	2023003789	定风波	南京工业大学浦江学院	林佳燕，周澜，石玉珍	张会影，圣文顺
15	2023004062	认识时与分	大连海事大学	杨奂荣	白梅
16	2023004312	出塞	海南师范大学	杨斯淇，孙兆婕，刘锋	王觅，罗志刚
17	2023004514	最短路径（Dijkstra 算法）	广东理工学院	邓巧韵，刘英锐，李翠焕	梁玉英，林显宁
18	2023004990	近海海洋调查虚拟实验平台	华北理工大学	王谷一，黄嘉辉，吕可依	吴亚峰，于复兴
19	2023005030	相约山水间 品读诗画情	常州工学院	秦简，袁苗苗，钱凌	徐霞，袁洪春
20	2023005200	望忧民国士，望灼灼圣心——《春望》微课设计	湖北大学	张睿宸，王子平，邓子依	杨红云，李新平
21	2023005533	神级 PPT 操作之布尔运算	河南财经政法大学	李炜，李嘉琪，褚桂冯	任剑锋，李怀强
22	2023005600	地球的小秘密——地球的运动	沈阳城市学院	杨依迪，周晴，徐悦	李佳佳，霍明
23	2023006111	山水情脉脉 田园意款款	安徽农业大学	夏晨晨，张能翔，卞金戈	吴国栋
24	2023006135	细胞生物虚拟仿真实验平台	华北理工大学	杨家豪，王千麟，陈坤萌	吴亚峰，于复兴
25	2023006375	穿越时空的数学之旅——轴对称图形	苏州科技大学	王一入，李悦琳，徐妍妍	黄志刚，李玮玲
26	2023006550	“靠脸吃饭”的人脸识别	广东第二师范学院	李梓涵，黄铃凯，赖志彬	王俊欢
27	2023006579	人生最美的邂逅——《青玉案·元夕》品读	常熟理工学院	蒋漪琳	胡晓源，任鹏

续表

序号	作品编号	作品名称	参赛学校	作　　者	指导教师
28	2023006601	孤芳自赏，琼梅暗香——陆游《卜算子·咏梅》解读	常熟理工学院	顾翊琪	胡晓源，刘欢
29	2023007059	望岳	安徽农业大学	谢宇晴	丁春荣
30	2023007414	LoongArch 基础运算指令 VR 演示系统	东南大学成贤学院	张莹瑕，徐昊，贾照龙	孙丽，朱林
31	2023007644	二值图像的形态学处理	南京师范大学	黄雨濛，王安琦，周笑羽	谢非，丁树业
32	2023008072	“振振有磁”——电磁感应现象	南京理工大学	顾宇涵，伏陈立，郑武凌	马勇，杨龙飞
33	2023008146	失意人生的诗意注脚——《登高》赏析	南京师范大学	秦璐瑶，沙雨苏，张琬若	马峻，彭茵
34	2023008244	酬乐天扬州初逢席上见赠	桂林理工大学	卢广华，刘英杰，魏淼	夏雪，张鸿泽
35	2023008897	今天你点赞了吗？——Ajax 异步通信	江苏警官学院	袁梦，张沁彤，李婧怡	洪磊，陈宇琪
36	2023009461	少年疏狂，矢志报国——品读《江城子·密州出猎》	聊城大学	徐国梁，荣奕，牛恒鑫	孟祥栋，安然
37	2023009836	RAIN 课堂——海南常见的降水类型	海南师范大学	付晴雯，李佳欣，王凯越	罗志刚，黄成
38	2023009868	沉浸式探秘——叶绿细胞内的光合宇宙	江南大学	陈佳妮，王昶开，王冰冰	姚佳佳，李萍
39	2023009893	千里江山，黄鹤归来	江苏师范大学	向梓瑶，张栩铭，潘徐颖	李静，王靖懿
40	2023010051	寻先辈足迹 展青年担当——《示儿》讲解	渤海大学	田恬，赵桐	杨军，刘振生
41	2023011740	批量制作带照片的准考证	新疆师范大学	伊布拉音·卡地尔，阿娜热古丽·麦麦提	马致明，陈淑平
42	2023011791	三视图——揭开中国唐构营造奥秘	苏州科技大学	李心怡，林一木，嵇琳芝	李玮玲，吴健荣
43	2023011855	春望	湖南师范大学	蒋舞孟，唐嘉鑫，杜佳琪	张磊，李艳
44	2023012215	清平乐村居	泰州学院	周馨，王孟格，陈雨驰	赵广志
45	2023012331	“步步惊心”小讲堂之银的氧化还原	中南民族大学	黄可钰，张仕卓，罗演雯	辜媛，张淼
46	2023012410	《清明》之生逝感怀	北京语言大学	王晓阳，粟梓莹	王治敏
47	2023012432	地球的公转	郑州经贸学院	张祎博，刘士露	范钊，赵晓亮
48	2023012746	地球的魔术师——墨卡托的视觉奇迹	江苏科技大学	刘灵芝，徐思佳，安睿婧	景国良，张静
49	2023012863	一诗一画一节气	新疆师范大学	彭骏辉，刘梦梦，张惠雯	斯雯，刘春燕

续表

序号	作品编号	作品名称	参赛学校	作　　者	指导教师
50	2023013242	重力的奥秘	合肥工业大学	易思哲，唐钰希，倪霜	刘建
51	2023013379	神经调节的基本方式	新疆师范大学	苏文博，马文浩，宁艳萍	李广鑫，王炜
52	2023013614	秒懂快速排序	浙江农林大学	曾煌毅，贾卓然，刘严之	尹建新
53	2023014288	琵琶催征笛吹怨——鉴赏边塞诗词中的乐器意象	石河子大学	翟玉洁，于孟凡，许文欣	王福，蔡和连
54	2023014354	唐风宋韵咏家国	盐城工学院	茅芝铭，程苏，韩旭妍	李勇，李静文
55	2023014892	轴对称图形	河南大学	王奥博，平原源，汤沁润	谢苑
56	2023014919	一身狂人气，满腔报国志——《江城子·密州出猎》	盐城师范学院	刘瑾，刘超，孙雨欣	姚永明，冯青青
57	2023015180	水到哪里去了？	江南大学	闫嘉欣，史慧玲，于昕卉	田娜，张红英
58	2023015314	鸟鸣涧	吉林大学	康赫纯，田佳鑫，陈思羽	李锐
59	2023015574	《春望》微课与教学辅助课件	南通大学	乔文剑，刘烨，沈佳怡	杨晓新
60	2023015775	扇形的面积	泰州学院	徐方圆，许心怡，邹德洋	华程，庞静
61	2023016005	何以成杜甫——解读《望岳》	华侨大学	邱如敏，吴轶群，刘德智	朱媞媞，朱志军
62	2023016151	走进几何世界——《角的初步认识》微课	无锡学院	徐灵韵，宋习堃，王海宁	李壹竹
63	2023016243	神奇的地形倒置	南京信息工程大学	江航，张琪琦，季彦	王京，邸平
64	2023016288	神奇的鲁洛克斯三角形	江苏大学	吴佳欣，王云涵，贾向宸	康翠，王斌
65	2023016638	秋词 微课教学	青岛大学	王宣懿，刘鑫	张岩，隋坤杰
66	2023016811	黑体辐射与能量子——超越牛顿的发现	南通大学	袁铭艳，赵烨	周玲，钱宗霞
67	2023016856	满江红——不仅仅是满江红	陆军炮兵防空兵学院	李杰，解文轩，杨琦	黄欢欢，吕永强
68	2023017715	舌尖上的诗意	石河子大学	罗望远，田文轩，宋昊橦	刘萍，肖婧
69	2023018008	以“AI”之眼窥卷积之道	南京邮电大学	施铮，尚玟汐，赵云凯	刘永贵，孙田琳子
70	2023018187	请“菌”入瓮，酵存佳酿	燕山大学	李正，杜安欣，石琳	余扬
71	2023018286	数据结构的虚拟仿真实验室	怀化学院	杨雅慧，李丞，林枫	高艳霞，叶青

续表

序号	作品编号	作品名称	参赛学校	作　　者	指导教师
72	2023018389	基于分光计的阶梯式实验虚拟仿真平台	扬州大学	辛易霖，王嘉怡，吴翰	葛桂萍，杜微
73	2023018528	“小芯片”有“大用处”	石河子大学	刘秀楠	张永才，郝者闻
74	2023018595	穿越条件岛——小学 Python 沉浸式交互课件	苏州大学	徐佳，朱佳怡	付亦宁
75	2023018660	杠杆原理	淮阴师范学院	丁露文，陈亦茜，黄霞	杨绪辉，李连祥
76	2023019145	边塞诗里悟家国	青岛大学	柳莉，赵蕴涵，薛茗竹	邵磊，张宁
77	2023019629	“动与静”视野下的椭圆定义	北京师范大学珠海校区	王逸冰，张福林，詹晔瑄	李思琦
78	2023019931	无尽兔——斐波那契数列的秘密	南京晓庄学院	姜明璐，朱夏叶，陈妍霖	王勇，王谢萍
79	2023020133	千古壮观诗中画——使至塞上	合肥师范学院	王新鑫，刘英杰	江慧
80	2023020174	神奇的摩擦力	杭州师范大学	张佩，罗瑶瑶，李亦心	施英姿，王兴宇
81	2023020302	Attention Please!	燕山大学	魏千越	冯建周，裴欢
82	2023020707	陋室可铭，德者居之——《陋室铭》	重庆邮电大学	李泽芸，袁江琳，蒋熙	周琴
83	2023020743	中国诗词专题——走进羁旅诗	中国石油大学（北京）克拉玛依校区	刘承欣，李高	张孟凡
84	2023020803	基于 VR 全景技术的油气生产实习仿真平台	中国石油大学（华东）	李嘉俊，李本贤，李颖	朱传同，黄向东
85	2023020877	自然科学之谜——光的彩衣	合肥师范学院	田彤，夏子璇，王依帆	陈静，谢超
86	2023020982	旷达豪迈的烟雨人生——《定风波·莫听穿林打叶声》	华中科技大学	陈心愉，李秋彤，崔浩东	王朝霞
87	2023021827	鱼菜共生实验室：生态系统中的能量流动和物质循环	山东师范大学	付馨月，高东腾，曹丽文	陆宏
88	2023022178	生成对抗网络（GAN）——小生的进阶之旅	南京森林警察学院	赵少维，包培彦，陈洪宇	钱珺，吴育宝
89	2023022579	从 0 到 1——透视卷积神经网络的原理和应用	燕山大学	王文睿，兰晨曦，孙明奇	余扬
90	2023022712	诗词鉴赏微课——《行路难》	肇庆学院	洪毓彤，麦昭妍，何泽汾	杨玉孟
91	2023023318	教学辅助之望庐山瀑布	河南大学	伽庚阳，彭静珂，栗圣杰	程前帅，范艳花
92	2023023330	“智”领未来——汽车智能网联底盘“理实一虚实”四维度交互实践平台	昆明理工大学	杨陈焯，李卓，舒春元	刘果，田春瑾
93	2023023616	认识图形	运城学院	张文静，曹语家，柯嘉豪	赵满旭

续表

序号	作品编号	作品名称	参赛学校	作　　者	指导教师
94	2023023689	感诗词之美，与自然共生——《渔歌子》赏析	湖州师范学院	沈钰丰，陈静怡，方靖蕾	邱相彬，钱乾
95	2023023774	线性与树型数据结构虚拟实验教学平台	北京工业大学	刘珺瑶，罗楚元，张莅凝	戴璐
96	2023024188	无雨无晴的超然与旷达——《定风波》赏读	北京师范大学珠海校区	陈宜萍，曾莉霞，姚宁	陈星火
97	2023025419	洋流知多少	广州软件学院	罗婉桦，李沂敏，冯德翔	吴晓波
98	2023025675	基于 PLC 的电梯控制系统虚拟仿真实验	武汉理工大学	王言，代成文，王若涵	夏慧雯，张清勇
99	2023025744	递归和迭代的王者之争	西南大学	韩菁，高议娜，赵佳祺	钟晓燕
100	2023025888	旅夜书怀——孤独者的漂泊之旅	江西师范大学	刘冬锐，周金格，曾月妍	邓格琳
101	2023025955	二叉树的遍历	铜陵学院	王雅静，谢文靖	李岩，齐平
102	2023026734	速通希尔排序算法	河南大学	秦一鸣，赵一臣，刘鸿歌	谢苑
103	2023026758	明意象，构意境，悟诗情——品析《黄鹤楼送孟浩然之广陵》	北部湾大学	蒋婷钰，李梦璐，徐茗至	裴慧华，廖倩
104	2023027003	细胞的物质输入和输出	沈阳化工大学	刘宇轩	高巍，姜楠
105	2023028077	消防员教你如何“消”与“防”	中央民族大学	宋雪纯，张奕莹，赵艳	王帅
106	2023028313	探秘液体压强	沈阳化工大学	孙浩文，张金鹏，张鸿鹏	高巍，姜楠
107	2023028376	清明	东北大学	亢梦谣，牛利艳，向靓	李宇峰，霍楷
108	2023028619	循环应用——百钱买百鸡	海军大连舰艇学院	卢迅，卢泽钦，张天宇	姜丹，祁薇
109	2023028696	将进酒	河南师范大学	瓮鑫英，郝帅栋，丁已航	敦洁，王士斌
110	2023028761	“认识平行四边形”微课	青岛黄海学院	娄焕毅，朱雪贝，牛睿泽	邹翠
111	2023028768	吟诵传古今 渔歌咏中华	浙江师范大学	施懿，罗羽欣，陈姿伊	王小明
112	2023029136	AI 轻歌起——遗传算法解难题	东北大学	郑艳，童佟，王慧	王英博
113	2023029325	AI 微课堂：图像特征提取及在人脸识别中的应用	昆明理工大学	徐英桢，李欣睿，吴丽勤	普运伟
114	2023029381	基于 Unity3D 的光伏虚拟仿真实验平台	辽宁工程技术大学	黄旭，徐霈航，寇皓文	巫庆辉，刘志德
115	2023029406	位置与方向（一）	辽宁科技学院	梁嘉莉，肖颖	袁利军

续表

序号	作品编号	作品名称	参赛学校	作　　者	指导教师
116	2023029488	数学王国：乘法运算定律	中南财经政法大学	王梓睿，罗晨馨，徐佳荟	马志远
117	2023029785	念奴娇・赤壁怀古	重庆交通大学	张熊玲，王诗阳，王萌	陈凤
118	2023029856	奇怪的计算机启动故障	重庆三峡学院	刘琳琳，宋鑫瑀，唐靖沛	高子林，罗卫敏
119	2023030449	品《钱塘湖春行》，览西湖之盛景	浙江越秀外国语学院	章妍，陆寒菲，沈少鑫	胡秋芬，丁太腮
120	2023030548	《约客》——转句之美	贵州师范大学	杨柳亭，周叶，姜春娥	黄河
121	2023031554	《永遇乐・京口北固亭怀古》微课设计	东北大学	李佳然，张晓涵，朱慕峥	霍楷
122	2023032242	满江红——酣畅淋漓的爱国风骨	重庆师范大学	王佳，董兰可，陈丽媛	梁玉音，赵金海
123	2023032260	马路上的离心杀手	杭州师范大学	黄丽斌，王珊，陈琳薇	黄璐
124	2023032341	遨游宇寰，逐梦九天	哈尔滨商业大学	郭泳辰，汤淑芸，付娆	张敬信，王琨
125	2023032649	渔家傲・秋思	黑龙江财经学院	闫舒桐，李金霞，冯墨林	徐秀丽，曹宇龙
126	2023033137	唐诗的分类	湖南大学	寿妍璇，王晶，门桐宇	陈娟，龚文胜
127	2023033246	RSA 加密算法小课堂	河北农业大学	王艺萌，谷晓，史佳蕊	张昱婷，李聪聪
128	2023033502	Scratch 入门教学之捉星星	安徽工程大学	陈洁，韩兴，周迅	马晓琼，汪婧
129	2023033503	邂逅算法之 KMP 算法	蚌埠医学院	毕晓桐，仇晶晶，任影影	翟菊叶，张钰
130	2023034162	游山西村听障中小学生手语微课	蚌埠医学院	何玮廷，佘震钦，许翔	耿旭，翟菊叶
131	2023034743	勾股定理	安庆师范大学	陈梦瑶，赵玲玲，杜卓雅	韦伟
132	2023035128	沸腾	聊城大学	钟骏毅，刘晓蕊，杜梦迪	王丽萍
133	2023035453	“数”说“腰缠万贯”	湖州师范学院	黄晶，林梦瑶，叶子逸	刘刚，邱相彬
134	2023035472	《满江红》——基于 XR 拓展现实技术与数字虚拟技术互动式微课堂	湖南师范大学	刘雨薇，陈杨樱子，傅桥玉	刘相滨，李艳
135	2023035607	初识古今异义	沈阳师范大学	闫煦晗，姜蕊	丁茜
136	2023036975	“地心漫游”计划之地球的圈层结构	东北师范大学	王月阳，田思	王伟
137	2023037175	水的净化	牡丹江师范学院	付玛，邹宇萌，鹿尧博	王慧

续表

序号	作品编号	作品名称	参赛学校	作　者	指导教师
138	2023037345	二氧化碳旅行记	黑龙江大学	陈胤圻，刘丹	宋丽丽，吴韩
139	2023037399	百钱买百鸡	曲阜师范大学	刘慧君，刘祥瑞，刘洁	孔德刚，张洪孟
140	2023037525	水分子的绿色之旅	黑龙江大学	杨凌珊，张淑慧，刘佳兴	韩净
141	2023037580	诗词话农耕，劳者歌其事	宁波大学	俞佳盈，严欣，田雨	戴洪珠
142	2023037654	一朝薄命君王，万世绝代词人——李煜	北京第二外国语学院	张家盛，金鑫磊，秦玮曈	田嵩
143	2023037663	秋夜将晓出篱门迎凉有感	沈阳大学	张艺馨，王思博，张月盈	刘雅静
144	2023038793	桑榆非晚，为霞满天——老年朗诵类微课《酬乐天咏老见示》	东北师范大学	孙骞，张文琦，吴孟楠	孟翀
145	2023038844	带电粒子在均匀磁场中的仿真实验	大连理工大学	邓鸿，张亚琦，孙雯鹤	白洪亮
146	2023039659	求同存异的 CHO	华中师范大学	陈奕君，张颖新，古雅静	
147	2023040337	洋洋地理课堂——温盐环流	山西财经大学	郝雨姗，郝夏冉，郭思梦	杨健
148	2023041791	梯度下降算法的认识与思考	赣南医学院	卢盛宇，郑重	陈赟，王蓉
149	2023041815	快速幂算法——从二进制谈起	厦门大学	李灵骏，李铁鑫，李炜海	
150	2023042010	黄鹤楼	武汉传媒学院	肖陶媛，朱宏鑫，何志成	杨一鸣，尚琬仪
151	2023042290	地球保护罩	浙江传媒学院	王晨鑫，陈诗颖，陆茜	徐垚，柯毅
152	2023042307	黄鹤楼	武汉传媒学院	罗洋敏，郑海涛，王天一	胡桐，费燕琴
153	2023042476	春望之冲动调和美赏析	宜春学院	黎敏，刘琴	吴未意
154	2023042504	加法运算律	西南大学	张得源，陈孝艳，方正政	钟晓燕
155	2023043576	冰川的“碳”息	长江大学文理学院	曹雨馨，熊安娜，丁梓康	肖雅筠，何祥苗
156	2023046162	网络暗客的破坏征程——计算机病毒	西南大学	杨温馨，严然，段中悦	胡航
157	2023048101	行路难	铜仁学院	花小飞，浦嫦娥	周倩，谭文斌
158	2023048112	离散数学之图着色——四色定理	武昌首义学院	冯艺翔，邱梓豪	吴奕
159	2023048122	神奇的特斯拉阀	北京科技大学	李泽慧，李梦晴，初凤杰	李新宇，宋晏
160	2023049263	VR 装机——《计算机组装与维护》VR 实验平台	湘潭大学	戴子轩，陈文浩，陈美祥	王求真，朱江

续表

序号	作品编号	作品名称	参赛学校	作　　者	指导教师
161	2023049476	山水田园诗	长江师范学院	林雪，冯久娱	吴玉学
162	2023050235	茅屋为秋风所破歌	保山学院	兰正玉，李龙莹，张东云	赵冬梅，李文高
163	2023050241	一蓑烟雨任平生	六盘水师范学院	宋祥芳，王秋坡，赵静	张旭
164	2023050391	鹊桥仙·纤云弄巧	保山学院	杜雨蝶，林欣榕，崔洁	施春朝，赵冬梅
165	2023050527	将进酒	山东协和学院	孙立行，韩钰，肖杰	赵艳，王晓燕
166	2023050762	钱塘湖春行	福建工程学院	黄念情，范叶淇宇，张露玲	陈锋，姚瑞
167	2023051284	《江城子·密州出猎》——豪情满志系家国	黄冈师范学院	姚娣，严金戊，朱江丽	丰建霞
168	2023051317	串联和并联	赣南师范大学	季雅婻	廖卫华
169	2023051350	雁门太守行	武昌理工学院	杨丹，柯小悦，刘浩	丁兰兰，张晶
170	2023051699	你问我答——数据结构与算法综合性教学辅助平台	湘潭大学	吴勇，宋祎磊，侯郭天浩	朱江
171	2023051759	凤仙花的一生	长江师范学院	龙银，黄洋，林锴迪	张敏，宋永石
172	2023052340	自行车里的数学	郑州经贸学院	王淼森，刘婉晴	范钊，高杨
173	2023052355	流体压强与流速	台州学院	李佳怡，杨芷伊，叶丛	卢尚建，李希文
174	2023052374	探秘轴对称图形——发现对称美	通化师范学院	宁遥，董宇杭，宫嘉岳	王春艳
175	2023052379	人间情浓不羡仙——从《水调歌头》看苏轼的人间情结	台州学院	张潇颖，李曦，蔡怡潇	金旭球，程向荣
176	2023052516	识月相	南昌航空大学	阮子倩，赵晶晶，金雅欣	于斐，鲁宇明
177	2023053662	循环之青蛙跳台阶	湖南第一师范学院	康炜，蔡婵	张玲
178	2023053930	课课生辉之细胞器的分工合作	天津师范大学	马悦，张智宇，刘刚涛	郑逢勃，姜丽芬
179	2023054253	对流雨	宜春学院	陈家荣，刘文，饶思豪	黄伟，刘茹
180	2023054271	焚风效应	宜春学院	欧阳效全，余文硕，黄佳青	黄伟，刘茹
181	2023054858	电表的改装	信阳师范学院	金菁，王梦娟，韩浩丽	刘琦
182	2023055056	热气球的奥秘	南阳师范学院	伍金凤，禹业凡	乔贵春
183	2023055509	水调歌头·明月几时有	河南科技学院	王柠慧，王梦昆，蒋一丹	胡萍，张涛
184	2023056164	夜雨寄北	桂林学院	苏燊兴，闫童，李冰春	覃倩云，唐美燕

续表

序号	作品编号	作品名称	参赛学校	作　　者	指导教师
185	2023056935	数据的两种存储方式	玉溪师范学院	肖娅仙	刘海艳，陆映峰
186	2023056974	春望——绘声微课堂	玉溪师范学院	白璐，刘桂兰，陆杨秀	刘海艳，陆映峰
187	2023057390	走进山水有清音	信阳师范学院	李依涵，崔雪雪，胡海越	陈旭生
188	2023059102	小红帽来闯关——分数的意义	南宁师范大学	廖龙玉	吴兰岸，曾璠
189	2023059353	心心相“映”——基于脑电信号的辅助心理疏导虚拟仿真平台	海军军医大学	刘蓝天，黄妍钰，郭德志	郑奋
190	2023059373	原子模型的发展与进步	华东师范大学	徐孟文，梁依柔，卢春颖	钱冬明
191	2023059596	金属活动性探究实验	上海外国语大学	陈胤霖，廖芸菲，江可依	王萍
192	2023059775	品炼字之妙——《蜀相》	西北民族大学	邵子瑾，郭景润，蔡佳玉	杨志宏，杨东伟
193	2023059777	折柳寄思——送元二使安西	西北民族大学	刘雨荷，杨鹏，宋安娜	李肖霞，田雯雯
194	2023059813	基于 VR 的空客 A320 起落架拆装及维修教程	上海工程技术大学	黄大洋，顾程骏，范正扬	施浩，邱峰
195	2023059890	谷天——基于 Simapps 与 AR 结合的机器人仿真教学平台	上海理工大学	郭鸿源，吴鑫磊，李湘茹	张克明
196	2023059902	寻根探源——并查集	上海理工大学	魏秋桐，余芊卉，颜善民	张艳
197	2023059915	妙笔生花——基于 Dream Booth 算法的新模式古诗文教学辅助平台	上海理工大学	张锦阳，曹家伟，张航	张艳
198	2023059927	蔚蓝的力量——潮汐	上海海事大学	崔燕，刘凯，黄梓伦	宫家玉
199	2023059995	圆锥的认识	西安建筑科技大学	李柯，关雨虹，曾宪源	毛力
200	2023060021	平行线的判定方法	陕西理工大学	尤昕蔚，程少华	刘凤娟
201	2023060077	埃拉托斯特尼筛法	长安大学	袁浩健	吕进，杨楠
202	2023060090	神奇的摩擦力	西安文理学院	索钰汓	李莉
203	2023060388	K-Means 聚类算法的学习与实践	火箭军工程大学	罗昭昀，张心怡，白双豪	刘鑫，王忠
204	2023060469	地球与皇冠的秘密——阿基米德原理	电子科技大学	卢绘宇，李紫妍，王曦梓	胡成华
205	2023060473	惊风雨而泣鬼神——解读《早发白帝城》	西南科技大学	李滨汛，王董月	张潇月
206	2023060475	Python 之约瑟夫问题	吉利学院	范玉鑫，田怡玲，何雨婷	姚明菊，李志远
207	2023060496	李时珍采药日常中的背包问题	四川师范大学	薛萌萌，邱琬淋，胡又兮	王玲

续表

序号	作品编号	作品名称	参赛学校	作　者	指导教师
208	2023060503	基于 Matlab GUI 的图像处理虚拟实验平台	成都中医药大学	郝鑫林，左金山	蒋涛，张宇洁
209	2023060510	拂去记忆的尘埃——傅里叶级数与变换	电子科技大学	周洁，陈家煜，何妍	齐翔
210	2023060617	等体积转换——小淘气的梦境奇遇	西南医科大学	唐迎美，敬宇轩，许佳乐	李瑾，袁红
211	2023060687	昼夜交替现象	四川文化艺术学院	王青玲，王妍如，薛景慧	刘娟，康艳
212	2023060702	在递归海洋中扬思维之帆——“汉诺塔的秘密”	西南石油大学	王一冰，王纯，侯玉川	胥林，张耀文
213	2023060715	学蜀相品咏史怀古诗	西南医科大学	赖婉妮，尹星翰，李雨泽	罗敏，邓欢
214	2023060740	定风波・莫听穿林打叶声	乐山师范学院	郭昌炎	马彧廷，李彬
215	2023060771	四季的成因	四川文化艺术学院	董智兴，赵言凯，黄远波	樊琪，黄代根
216	2023060804	青玉案・元夕	成都医学院	李德玉，李欢，曾琳	刘晓琳
217	2023060834	电子旅行——导体与绝缘体	西南交通大学	王宇航，荆冉旭，王博鑫	于博伦
218	2023060842	数据结构可视化教学辅助平台	西华大学	董泓林，周明胜，王韵	孔明明，盛小兰
219	2023060859	将军饮马	西华师范大学	王羽冰，彭家俊，曾菊	池莹
220	2023060870	大自然的馈赠：喀斯特地貌	四川师范大学	黄竞仪，王琦，徐秋璇	王玲
221	2023060894	数学广角——数与形	西华师范大学	唐庆祥，杨鑫，徐苗	池莹
222	2023060923	灼灼夜华，圆梦月背	西昌学院	彭辅文，夏嫚	余江，黄仁波
223	2023061017	《李白会须一饮几千杯》——递归算法	陕西师范大学	林铭杰，刘永琦，朱博晖	杨楷芳
224	2023061037	听取乡情一片——语音识别技术	四川大学	张奕萱，叶明豪	王鹏

12.3.19　2023 年中国大学计算机设计大赛物联网应用一等奖

序号	作品编号	作品名称	参赛学校	作　者	指导教师
1	2023000628	基于智能装置的红火蚁常态化监测系统	仲恺农业工程学院	谢达，庞晓琳，李思聪	张垒，张世龙
2	2023002409	基于北斗 +UWB 室内外双定位智能轮椅	常州工学院	金子涵，沈岩，是晨健	戚建宇，王鹏
3	2023003678	公园智慧路杆	桂林理工大学	蒋佳龙，袁其速，卢星桦	吴东
4	2023007690	基于四足机器人平台的环境感知与智能导盲系统	南京师范大学	陈希康，赵家琦，郁仁杰	钱伟行，马刚

续表

序号	作品编号	作品名称	参赛学校	作　者	指导教师
5	2023007995	基于蓝牙 mesh 的脑超频有氧卒中康复训练装置	南京理工大学	成于思，冀欢，曹敏君	马勇，杨龙飞
6	2023008540	基于康复治疗和运动健康的肌肉疲劳监测系统	南京医科大学	喻梦琳，葛玉礼，陆方舟	胡本慧，潘国华
7	2023011610	面向视障人士的类触觉环境感知穿戴系统	南京师范大学	王可，吕宇，贾睿妍	钱伟行，刘国宝
8	2023018502	基于 rasa 的语音控制智能实验室	扬州大学广陵学院	余学文，王钰皓，杨洋	史汶泽
9	2023019498	基于振动信号的 PHM 轴承健康监测平台	南京工业大学	李如梦，吕延奇，周珺妍	武晓光，郭天文
10	2023019608	瑕探——基于嵌入式机器学习的工业设备状态检测系统	南京邮电大学	李飞达，苏耿冰，祁楚贤	张雷
11	2023020558	安居护航——智能楼道门禁电动车管理一体化系统	厦门大学	孙敬萱，林益涵，徐立岳	
12	2023020911	双碳背景下基于物联网的城市管理监测系统	安徽师范大学	王许平，戴晨阳，孟雅丽	甘露，祝玉军
13	2023021486	基于物联网的远程智能水上清洁系统	武汉理工大学	赵骏鹏，谢博楷，肖孜茹	袁景凌，李娟
14	2023029626	鹰翼——开创机器人协同工作新纪元	昆明理工大学	赵飞宇，王正旭，张国强	李大焱，朱海龙
15	2023054871	智联表计——基于 CRNN 算法的高精度智能水表及其远程智能管理平台	天津工业大学	张博楠，陈奕，李佳骥	孙宝山，魏艳辉
16	2023057929	云中青隼——“天地一体”的智能农林无人机系统	云南大学	吴梓榕，赵文乾，王创新	何鸣皋
17	2023058032	智能电动自行车充电桩系统	中北大学	温博阳，王旭彤，张亮	翟双姣，杨晓东
18	2023058572	iRehab——基于生理参数与姿态估计的康复训练系统	江苏科技大学	徐永乐，邵帅，郭海东	张明，王逊
19	2023059960	慧农——基于 AIoT 的农业监测预警及辅助决策平台	上海理工大学	袁嘉豪，杨子涵，夏嘉璟	杨桂松，黄松
20	2023060507	悟道通——基于车地协同的智能网联道口控制系统	西南交通大学	王波，杨双瑞，夏晞宸	吕彪，王恪铭

12.3.20　2023 年中国大学计算机设计大赛物联网应用二等奖

序号	作品编号	作品名称	参赛学校	作　者	指导教师
1	2023000163	冲充桩源——智慧共享充电系统	深圳大学	刘卓铧，张自全，冯滨麟	王鑫，邱洪
2	2023000170	基于物联网技术的 AGV 智能浇灌系统设计	景德镇学院	刘观华，朱礼强，吴松湖	李香泉，刘波
3	2023000384	D-FEN：基于 Aiot 的脑机安心互联系统	华南师范大学	洪梓腾，汤立仁，林静醇	潘家辉，吴干华
4	2023000562	全屋智能深度 RC 系统	广州商学院	黄雅芳，陈恩泰，陈相南	祝小蜜，陈苑冰

续表

序号	作品编号	作品名称	参赛学校	作　者	指导教师
5	2023000849	伪拟人下肢有源康复外骨骼	大连海事大学	孙凡已，周亚林，徐琮凯	周怡然，张瑾
6	2023000943	基于 RISC-V 架构的物联网 SoC 设计	华南农业大学	郑代德，杜雨书，邱培涛	王春桃
7	2023000991	基于物联网和人工智能的鱼菜共生精准管控智能水族箱	仲恺农业工程学院	吴梓轩，于志慧，吴石桂	曹亮，刘双印
8	2023001114	基于物联网的家庭护理机器人	河北大学	徐刘义，韩菲，邓涵	刘晓光，韦子辉
9	2023001656	基于面部分析的眼镜适配与自助验光系统	滁州学院	方杰，陶巧玉，陈玉龙	王玉亮
10	2023002069	自主式无障碍智能轮椅	滁州学院	张宇，戴玮轩	郑娟，温卫敏
11	2023002217	基于脑电波信号的无人机群控系统	华南师范大学	伍庆富，谢尚宏，曾祯	潘家辉，杜瑛
12	2023002569	Portable ECG Monitor IoT-Sys——便携式动态心电监测与物联分析系统	深圳大学	黄秋林，李濠宇，李昕萌	陈昕，董磊
13	2023002692	基于物联网技术的智慧农业系统	南京航空航天大学金城学院	原子旋，朱正宇，侯润泽	奚科芳，卞晓晓
14	2023002851	基于智能巡航无人船的水质检测及留样系统	广东石油化工学院	詹梓健，林锶捷，张柏森	李新超
15	2023003016	“手”望相助——基于云边深度学习融合的手语识别翻译系统	中南大学	喻涛，方孟奇，钱兴宇	宋冬然
16	2023003258	“智芯”——基于 RT-Thread 的机房管理智能插排	石家庄学院	李星，李金芳，刘宇航	刘华，范亚斌
17	2023003342	盲人的“智”在生活	广东医科大学	袁文佳，陆金洁，罗鑫	周珂
18	2023003396	星河三维——3D 打印物联新生态	大连海事大学	赵昊飞，丁俊韬，梁思琦	胡青
19	2023003827	视障之眼——基于嵌入式系统头戴式盲人耳机开发	中南大学	闵炜桓，海家宝，鄢豪	邝砾
20	2023004035	心息特征无感监护系统	广东工业大学	陈子杰，杨少玲，张森华	杨其宇
21	2023004111	基于计算机视觉的智能表盘读数系统	武汉科技大学	顾慧秋，叶航，鲁硕	朱子奇，林晓丽
22	2023004240	智能家居与室外自主导航联合两用车	新疆大学	张凯，徐鹏飞，石楚伦	石飞，周燕云
23	2023004505	“NO DROP”——毫米波雷达物联网报警系统	河海大学常州校区	何静娴，李阳光，濮辰一	金永霞，陈慧萍
24	2023004692	基于物联网的可视化贝类着床预估系统	大连海洋大学	郑睿谦，李响凝，董礼慧	张寒冰
25	2023004813	适用于手语采集与输入的智能手套及转换系统	广州大学	程杰，陈建华，蔡涵杰	曾衍瀚
26	2023005318	一种图像传输识别水面垃圾的水面清洁检测机器人	青岛黄海学院	孔庆蕊，高熙帆，刘禄硕	李晓琳

续表

序号	作品编号	作品名称	参赛学校	作　　者	指导教师
27	2023005525	基于 RGB-D 的植物叶片分割系统	华南农业大学	马梓欣，张海珊，林安琪	张连宽
28	2023005554	“顺风耳”——高速公路突发异常声音检测系统	长江大学	江堃，钟杰波，贺金涛	涂继辉
29	2023006022	室内换气率智能测量与调控策略	南通大学	唐晨，王森，陈帅	倪培永，顾海勤
30	2023006607	“棚”程万里——基于物联网的大棚种植系统	广东白云学院	吴彩霞，蓝本，郭景元	鲍军荣，翟敏焕
31	2023006748	基于 RT-Thread 的盲人出行守护协同系统	仲恺农业工程学院	黄鋆瀚，陶湘，陈保池	郭建军，刘双印
32	2023006779	智能水族箱	黄河交通学院	余天顺，王鑫宇，曹晓辉	欧莉莉，杨强
33	2023007238	基于多动量轮的适应性货运双轮车	合肥工业大学	李雯雯，夏瑶，张玉石	欧阳一鸣，姜兆能
34	2023007654	云遇·兴农——基于云端 DTU 与双主控协同的可视化多功能农业机器人	南京师范大学	唐俊秋，黄懿涵，高知临	谢非，丁树业
35	2023008380	基于 RT-Thread 和嵌入式 AI 的黑色素瘤初筛仪	南京信息工程大学	刘宗林，谢俊杰，郭弘扬	刘恒
36	2023008443	基于物联网的智慧光伏跟踪系统	沈阳化工大学	邓凯元，林昭宇，丁旭冉	张占胜
37	2023010511	基于多模态控制的智能羽毛球发球器	闽江学院	林雨萱，罗祺炜，江福来	明锐
38	2023011164	稻田温室气体监测物联网系统	安徽农业大学	田豪，夏晨刚	江朝晖，刘海秋
39	2023012265	基于 MobileNet-YOLO 的信鸽自动识别投喂系统	石河子大学	张帅龙，赵文凯	邓红涛，查志华
40	2023012309	IC 智慧井盖	武昌首义学院	石晨阳，胡美聪，纪罕伟	陈青，孟骏
41	2023012886	智慧工厂——基于 forge 云平台的 CNC 数字运维检测系统	郑州轻工业大学	朱相龙，陈森淼，崔梦阳	何文斌，李锐杰
42	2023013089	基于物联网的自巡航水质监测无人船	江苏科技大学	徐瑞南，徐唯佳，秦珮雯	夏志平，吴健康
43	2023013472	基于物联网的多传感器钢琴教育系统	吉林大学	娄刚宁，李骏，郑淇夫	张宗达，王晓光
44	2023013695	“老顽童迷途得返”智能项圈	中南林业科技大学	周婧敏，李家诚，杨巽行	李琳
45	2023013739	基于物联网口袋机的煤矿通风系统智能网关设计	广东技术师范大学	潘宗财，韦华荣，梁洁茵	伍银波，岑健
46	2023013745	水上护卫——基于物联网的智能水上巡检系统	南京工业大学浦江学院	赖名杰，朱海风，张岩	李奇，王海峰
47	2023014167	iField——智能农业监测系统	江苏科技大学	汤海彤，许艾昀，张阿伦	左欣，秦键
48	2023014492	基于 Forge 数据可视化的建筑室内热环境优化系统	郑州轻工业大学	刘绍森，陈雨柔，吴硕	侯俊剑，范文楚

续表

序号	作品编号	作品名称	参赛学校	作　　者	指导教师
49	2023014927	慧眼宝——可陪伴式幼儿智能监护小车	华北水利水电大学	周美慧，高树林，李浩南	马斌，杨阳蕊
50	2023015018	基于 BLE 和 LoRa 的智慧商城系统	河南大学	张扬，关志博，时祎铭	赵龑骧
51	2023015023	新型智能滑轮式拐杖	宿迁学院	杨康，朱银杏，蒋小可	孙淼，张兵
52	2023015171	“景为守护你”——景区观光车防碰撞预警系统	昆明理工大学	邓智超，吴昊，林治江	王青旺，贺爱英
53	2023015847	回收者——智能生活小帮手	重庆理工大学	陆浩宇，张轸，易飞	卢玲，张君
54	2023016641	ISit 智能坐姿监测与疲劳度评估系统	合肥工业大学	王夏伊，王玫，宗雯	余烨，李书杰
55	2023017148	苹果外观和内在品质指标自动检测评价仪	石河子大学	张钰斌，王炯实，孙棒	查志华，邓红涛
56	2023017161	送药行——基于 AIOT 的智能送药机器人	南京邮电大学	杨硕，白星雨，石大为	张登银，张雷
57	2023017287	“智分睿拣”——一种家庭垃圾分类协同基站分拣的智慧型串级垃圾分类系统	长沙理工大学	余依萍，王鹤野，陈砺锋	张巍，熊兵
58	2023018955	基于分光传像技术的听障智能辅助系统	吉林大学	彭炳盛，张世轩，郑茗升	王晓光，张宇
59	2023019043	基于竞业达 VTall-S203L 的故障诊断系统	广东技术师范大学	陈秀峰，陈奕帆，王志常	伍银波，岑健
60	2023019324	智慧博物馆的导游与安防助手	宿迁学院	朱磊，陆思奇，徐焱	杨会，许崇彩
61	2023020494	逐光——基于 RT-Thread 的工厂智能照明系统	中北大学	刘轩，张晓霖，张雅	柴锐，段雪倩
62	2023020895	智声辅听——基于空间仿生的拟真听障辅助系统	燕山大学	邢梦圆，乔义楠，阎嘉诚	李安冬
63	2023021675	智能魔方停车楼	南京理工大学	徐秋实，殷梓玮，刘云驹	何赏璐
64	2023021695	智能家电语音控制系统	中国矿业大学徐海学院	潘子涵，范家豪，陈禹润	周海燕
65	2023021851	智能导盲犬	新疆大学	姜禄通，苏延成，张开居	陈娟，周燕云
66	2023021922	车载安全宝	石家庄学院	张茜，冯凯军	祁瑞丽，王华青
67	2023022382	基于 LoRa+OpenMV 的无人加油站设计与开发	重庆财经学院	段美节，熊劲，王磊	林姗姗，杨海
68	2023023649	急救先锋——家居智能医药车	淮南师范学院	侯少杰，杨恩赐，桂涛	陈磊，孙淮宁
69	2023024786	基于 YOLOv5 和 Jetson 的工地防护检测系统	东北林业大学	蒋姜伟，廖若辰星，王钰煊	赵永辉
70	2023026085	基于 Wi-Fi 信号的室内导航装置	铜陵学院	聂新宇，张亮衡，孙哲	姚珺，朱桂宏

续表

序号	作品编号	作品名称	参赛学校	作　者	指导教师
71	2023026171	智慧城市——旧衣物“云”回收系统研发	福建农林大学	陈建宁，饶昕，吴逸腾	翁海勇，林珺
72	2023027852	基于数字孪生的智慧仓储管理	安徽工程大学	胡雪燕，宋广润，李庆云	魏晓飞，黄翔翔
73	2023028268	校车驾驶智能辅助系统——孩子安全的守护神	阜阳师范大学	张中益，杨仪，郭世杰	李恒，刘德方
74	2023029424	家庭消毒机器人	重庆交通大学	郑雪锋，牟霜，吴昊轩	张开洪
75	2023029579	基于云边端协同的城轨车辆综合舒适度评价系统	石家庄铁道大学	王芃，林健强，李明格	刘泽潮，冯怀平
76	2023029600	星之速递——中国快递行业未来领航者	安徽信息工程学院	马孟可，方强龙，周钰茹	刘晴晴，程云
77	2023029750	灵视——基于STM32的盲人辅助设备	哈尔滨工程大学	郭嘉梁，贾宏昊，周文韬	刘海波
78	2023029828	“IHH”农村智能家用采暖系统	华中科技大学	刘玥瑶，周臻鹏，张国森	王朝霞
79	2023030208	“莓”力四射	辽宁科技学院	张九梅，卢洪熙，秘天宇	关蕊，李响
80	2023030546	智慧环保——基于5G的智能清扫运维管理系统	山东建筑大学	苑康松，刘桂冰，马永威	袭肖明，刘新锋
81	2023030793	基于stm32取件智能车	南阳理工学院	李嘉骏，陈彬，牛梦伟	马丽，路新华
82	2023031149	基于多传感器的智能穿戴式上肢残疾人头戴飞鼠	重庆交通大学	岳昆庭，邹俊恒，胡家豪	张开洪
83	2023031313	ARID超轻量交互室内导航	大连理工大学	孔令沁，黄子琛	刘胜蓝，徐钢
84	2023031885	多适应场景智能车锁研制	东莞城市学院	何彭达，史泽伟，范锦澎	何春红，贺婉茹
85	2023032080	AiCan——基于物联网技术的智能分类垃圾箱	河北工程大学	李蓬发，朱博，李岩松	薛红梅，赵辉
86	2023032096	基于树莓派的多功能远程环境勘察机器人	东莞城市学院	朱涛，蔡景智	李洪超，陈振伟
87	2023032226	智能语音调料机	东莞城市学院	毛继洋，张建飞，林颖豪	张伟明，胡纯意
88	2023032240	鲜切果品新鲜度快速检测装置	中国农业大学	张文江，牛牧璇，林雨欣	孙红
89	2023032916	行车优选——一站式车内购物平台	南华大学	董雪莲，王华慧，刘呈	欧阳纯萍
90	2023032947	防微杜渐——分段控制空气采样火灾探测报警系统	沈阳工业大学辽阳分校	郝覃卓，李珺晨润，赵一龙	郑宏云，谷庆明
91	2023034960	基于视觉处理的货车安全实时监测避险系统	杭州电子科技大学信息工程学院	曾洋洋，张喻鑫，胡成思	唐红军，金洁洁
92	2023035517	智能盲人助手，用科技帮助盲人外出	哈尔滨工业大学	牟欣雨，陈宇彤，郭斯凡	史军，李鸿志

续表

序号	作品编号	作品名称	参赛学校	作　者	指导教师
93	2023036710	基于物联网技术的智慧水产养殖环境监测系统	河南工学院	付超，刘子涵，刘帅	李婕，胡永涛
94	2023037940	基于物联网口袋机的定向越野智能管控系统	金陵科技学院	韩帅，牛帅，吴周承	吴有龙，杨方宜
95	2023039277	基于 NB-IoT 的智能交互运动轮椅	大连理工大学	赵明姝，李金岭，张馨月	宋嘉琳，王宇新
96	2023039511	基于 Jetson Nano 和多传感器融合的辅助健身智能机器人	华中师范大学	王苑丞，冯旭冉，文靖豪	彭熙
97	2023042507	一种自动收集水面垃圾的无人小船	江西师范大学	杨云峰，伍萌菲，钟宇星	蔡十华
98	2023042820	基于可自主学习跟随轮椅及智能药箱的医疗监护系统	三峡大学	陈祉逾，刘锦誉，胡磊涛	李碧涛，杨伟
99	2023043135	基于物联网应用的多功能智能婴儿车	石家庄铁道大学	宋佳勇，周正，王美君	陈铁，沙金
100	2023043650	SmartCare 智慧床头柜系统：物联网科技助力医患互动与护理管理	湖北民族大学	龙子鸣，肖霖怡	徐建
101	2023043809	助力零肥增长——智能测土定比配肥机	武汉工程大学	陈楷东，康淏森，杨思雨	马良
102	2023044041	基于人脸检测的自适应疲劳驾驶监测系统	北京科技大学	张文曦，马梦琪，刘鲁川	范茜莹，张攀
103	2023044571	智导行囊——基于边缘计算和自动牵引的智能 AI 导盲背包	天津科技大学	何韦森，方晓雅，李志扬	王娵
104	2023045751	超声测液——基于 Arduino UNO 超声传感的液体浓度测量装置	天津科技大学	许瑞璇，李航，熊新	郭婷婷，李天晶
105	2023046742	磁吸附式仿生壁虎四足爬壁机器人	白城师范学院	马雨佳，王一博，吴昊轩	徐春雪，李雪
106	2023047713	单兵作战生命体征采集仪	国防科技大学	李含荣，高政钧，王旭	李忍东，赵玉婷
107	2023048644	得“芯”应手——-种基于脑机接口的康复系统	北京科技大学	朱嘉华，杨启睿，姜泉至	万亚东，肖若秀
108	2023049387	自动抄表系统	东北电力大学	吴毅凡，李明新，张辉良	高洪学
109	2023049489	驾驭随心 泊车有位——基于 OpenCV 的车位智能共享系统	台州学院	吉庆丰，赵正忠，何豆豆	吴高标，黎建华
110	2023051216	方舟——老年人步行安全多环守护系统	湘潭大学	陈俊廷，段涛，徐珂健	胡洪波
111	2023051306	花“知己”——智能花盆	长沙学院	江业群，梁宇晨，黄宇凡	潘怡，钟旭
112	2023052674	ILight——基于多元全息感知的物联网智慧交通平台	天津工业大学	李明静，麦奕骏，裴英博	魏艳辉，张晋
113	2023053307	智能粮仓卫士管理系统	广西职业技术学院	黄家兆，梁家伟	潘泽锴，阳琼芳
114	2023054002	物联网鱼菜共生系统（基于 FreeRTOS 实时操作系统）	北部湾大学	赖有熠	刘科明，罗孟

续表

序号	作品编号	作品名称	参赛学校	作　者	指导教师
115	2023057080	基于多生理信息融合的情绪检测系统	郑州大学	杜文晴，顿昂，曲奎润	王超
116	2023057871	基于 AI 的农业四情监测系统	南宁学院	何德华，农健，韦兆祥	吴子勇，黄其钊
117	2023059124	基于 mediapipe 的智能投篮机	内蒙古工业大学	郭金金，旋艳超，刘文靖	贾晓强
118	2023059422	基于阿里云的智慧路灯	上海商学院	李楠	熊平安，谈嵘
119	2023059480	智能辅助测量机器人	兰州交通大学	张静，丁一，马晓涛	张晶
120	2023059573	基于物联网的楼梯搬运清洁机器人	兰州信息科技学院	赵萱霖，温晓虎，王慧栋	赵帅，殷学丽
121	2023059933	基于物联网技术的过闸船舶排放监测系统	上海海事大学	屠晓莹，郑柳骏，何澄	章夏芬，潘胜达
122	2023060001	畅通行——智联交通红绿灯调控系统	上海电力大学	夏瑶瑶，蒋涵，崔伟伟	赵琰，江超
123	2023060105	球场上的黑科技——网球拾取小助手	陕西科技大学	刘宇琪，张俊辉，闫佳宝	赵睿
124	2023060136	智慧养老——老年人居家服务物联网系统	甘肃农业大学	吴科迪，刘启晟，者向成	韩俊英，刘成忠
125	2023060175	车载智能驾驶安全监护系统	西北大学	杜镕瑜，卢林勋，孙雨杉	彭进业
126	2023060193	基于鸿蒙 IOT 的无人机警巡系统	空军工程大学	黄陈康，杨兴宇，马浩原	吴华兴，拓明福
127	2023060301	基于 YOLOv7 的边防无人机	西北工业大学	钟屹磊，王浩，余囿铮	孙蓬，高迺
128	2023060316	Snowman——基于 Arduino 平台的蔬菜大棚自动化除雪机	成都理工大学	蒋君龙，蔺戈锐，范英洁	陈光柱
129	2023060443	基于物联网的智能医疗小车协同作业系统	西南科技大学	罗靖，朱梅姿，曾均睿	霍建文，林海涛
130	2023060502	隧道拱面沉降实时监测系统	西南交通大学	王鹏程，刘云杰，向俊锜	蒋朝根
131	2023060614	库存清道夫——基于 RFID 和多传感器信息融合的库存盘点系统	西南民族大学	胡娉瑜，赵富国，吴兰贤	郭建丁，陈建英
132	2023060641	无人配送系统	西南民族大学	毛恩兵，叶志毅，王嘉豪	游志宇，陈亦鲜
133	2023060665	基于 yolov5 的智能分类垃圾桶设计	西南石油大学	何锦涛，张文婷，王羿凯	徐媛媛
134	2023060676	多功能管道机器人	西南石油大学	胡瑞阳，蒋佳伶，王贤哲	龙樟，王坤
135	2023060773	“棚邮”——基于物联网技术的智慧农业大棚系统	成都工业学院	吕骥韬，孙嘉蔚，匡雨鑫	胡沁春，郭丽芳
136	2023060802	沙漠先锋——基于物联网的生态勘测扎草固沙智能机器人	宝鸡文理学院	张桦，胡晨雨，王梦婷	胡静波，欧卫斌

续表

序号	作品编号	作品名称	参赛学校	作　者	指导教师
137	2023060814	扔哪去	西安科技大学高新学院	侯鸿扬，郑如熠，王康太	韩超，李旭朋
138	2023060819	施工道路智能警示系统	西南交通大学	池奔，曾德源，刘欣豪	王恪铭，吕彪
139	2023060848	卓陆 UltraLanding——高精度地面引导的无人机自动化降落系统	四川大学	翁子乔，李宇恒，杨康韦	张卫华
140	2023060860	智能听诊系统 AIoT	西安电子科技大学	杨晓，谢承兴，刘世永	李丹萍
141	2023060876	慧馨居——基于物联网的自主感知调控型智慧服务民宿设计	四川工商学院	严昌鑫，向裕，蒲恒宇	黄婷，熊素
142	2023060898	基于雷摄一体化的智能交通指引系统	西安电子科技大学	孙泽宇，周子君，赵海天	张华
143	2023061088	基于深度学习的人流量可视化分析	华东理工大学	卜宜凡，朱卫，王铭成	胡庆春

12.3.21　2023 年中国大学计算机设计大赛信息可视化设计一等奖

序号	作品编号	作品名称	参赛学校	作　者	指导教师
1	2023003535	英歌舞	惠州学院	吴丽雯，谢怡莉，王蓓	张菁秋
2	2023008970	灵境锡博——基于混合现实的信息可视化设计	江南大学	章境哲，陈天格，陈昕伊	章立
3	2023012854	“知雅颂”——宋代四雅信息图形设计	江苏大学	薛晗玥，鲁璇琪，吕沁书	朱喆，戴虹
4	2023014470	QuakeScope 地震数据交互可视化和评估系统	安徽农业大学	何思凡，王浩宇，刘恋	乐毅，吴云志
5	2023016127	“粮食视界”——全球粮食体系可视化系统	东南大学	周楚翘，李昊玥，师俊璞	沈军
6	2023023440	承古药方	安徽建筑大学	卢一诺，张琦越，孙悦	鲁榕，徐慧
7	2023024699	“活灵活线”沅水流域苗绣信息可视化设计	怀化学院	李丞，李玥祺，林枫	向颖晰，刘毅文
8	2023030103	灿若繁星——古代自然科学成就	东北大学	常新怡，崔雯萱，朱虹霖	王晗，霍楷
9	2023030549	基于 Echarts 和 Flask 的中国新基建数据可视化平台	哈尔滨工业大学	钱思怡，毛雨舟，李沛霖	王晨，陈童
10	2023034830	源物——To B 物流共享平台	安徽信息工程学院	应嘉鑫，黄炜城，李新荣	姜玮，丁芊
11	2023039774	中华运动，薪火相传	青岛农业大学	胡博轩，耿文杰，陈延潇	杜建伟
12	2023040482	后疫情时代——旅游经济发展分析平台	德州学院	王汝旭，武高旭，王士帅	王荣燕
13	2023041769	智慧课堂数据可视化平台	华中师范大学	李淑芳，缪秉辰，王徐衍	戴志诚

续表

序号	作品编号	作品名称	参赛学校	作　者	指导教师
14	2023060064	诗风集——可视化设计对信息时代文化语境的表达	陕西师范大学	赵一遥	王进华
15	2023060271	弹幕下的学习分析系统	上海开放大学	曹禄丰	吴兵，张永忠
16	2023060520	觉醒“狮”代	电子科技大学成都学院	赵佳欣，罗职杭	宋歌，张露文
17	2023060648	乡画——乡村非遗与农特产数据可视化平台	电子科技大学	叶珂铭，安嘉祺，石成金	戴瑞婷

12.3.22　2023 年中国大学计算机设计大赛信息可视化设计二等奖

序号	作品编号	作品名称	参赛学校	作　者	指导教师
1	2023000655	湾仔超市可视化管理系统	广东白云学院	白培健，黄畅，周莉琪	叶裴雷，刘莉
2	2023000993	岳麓山说	湖南师范大学	张思敏，武世明	薛嘉
3	2023001692	自然的呼吸——濒危动物信息可视化	湖北理工学院	廖文婧，朱澳腾，李菲	周乔
4	2023003732	烟花表演编排与仿真一体化交互系统	南京理工大学	张浩然，王拉洁，李南翔	马勇
5	2023004150	中国之美，十二时辰	湖北师范大学	许文，杨柳	田文汇
6	2023004691	喀什模戳印花布制作技艺可视化设计	喀什大学	张泽堂，王晓红，李柔柔	杨玉柱
7	2023005176	舒颈——颈部康复临床诊疗可视化交互平台	中国医科大学	靳景瑞，王雨辰，刘函萌	娄岩
8	2023005619	龟兹新遇——以克孜尔和库木吐拉石窟为例信息可视化设计	新疆大学	靳浩杰，曹丰丹，鄂琪瑄	闫文奇
9	2023005915	数据职业视野	深圳大学	周欣悦，单智融，朱伟晔	陈杰
10	2023005930	传承徽风信息可视化设计	青岛黄海学院	林桐妃，蒋阳阳	王英全
11	2023005973	岭南狮舞——基于信息熵的动作分解模型	广东东软学院	黄子贤，张健楷，蔡晓楠	刘云鹏，何明慧
12	2023006957	燕京风韵——北京沙燕风筝信息可视化设计	北京工业大学	曹芳瑄	李颖，万巧慧
13	2023006995	抗美援朝	深圳大学	王嘉祺，许葆莹，王嘉仪	王元元，廖红
14	2023007366	Car System——广东省汽车行业数据可视化模拟驾驶平台	广东白云学院	林建业，卢思捷	刘莉
15	2023007649	基于 ECharts 的抑郁症数据可视化分析与分级诊疗推荐系统	辽宁大学	朱福，高杰，刘青艳	李冬
16	2023007858	基于机载激光雷达成像系统的三维点云动态可视化研究	石家庄铁道大学	李小龙，池世杰，王晴原	杨兴雨，潘晓
17	2023008112	杏林图经——基于多模态知识图谱的中医智能辅助诊疗平台	南京中医药大学	李娉婷，孙惠敏，尤雪妮	杨涛，董海艳
18	2023008994	绒花・荣华	南京航空航天大学金城学院	刘海林，郑媛元	华培，邹易

续表

序号	作品编号	作品名称	参赛学校	作　者	指导教师
19	2023009035	华夏衣橱——中华传统服饰信息可视化设计	辽宁大学	魏鹂瑶，张璐瑶，李欣赢	李心月
20	2023009607	高校学生“五育”评价可视化平台	中国地质大学（北京）	李栋楠，刘珈华，陈晓天	高湘昀
21	2023010603	基于 Echarts+Vue 开发下全球在线教育实时跟踪可视化平台	海南科技职业大学	董春阳，张俊豪，张华芯	吴贺男，文欣远
22	2023010680	数字城市肌理——海南房地产数据 3D 可视化探索	海南科技职业大学	刘德龙，王宇祺，黄婧	文欣远，陈淑敏
23	2023010797	基于数字孪生的机房（实验室）智能安全 3D 监控系统	长春理工大学	周纬轩，张吉炜，磨航宇	王玲
24	2023011547	江西省可持续发展现状可视化平台	中国地质大学（北京）	李丹阳，刘彤，徐灿	王雨双
25	2023011655	多尺度医学数据可视化动画的自动构建方法	南京师范大学	王晗圣，鲍姝宇，严思雨	刘日晨
26	2023012319	“一带一路”十年征程	三江学院	杨晶雁，周靖，施秦阳	吴薇，赵靖
27	2023012796	VR 心理辅助治疗系统	北京师范大学珠海分校	张解语，刘升辉，全棋	黄静
28	2023012833	“城轨鲁班”——城轨交通架大修仿真实训系统	江苏科技大学	刘洪池，张鹏举，贡涵	陈庆芳，魏晓卓
29	2023013310	纸裁廿四	江南大学	肖祺蕙，唐旖蔓	王丰
30	2023013367	NewsGuardian：结合微博谣言检测的新闻导航系统	安徽农业大学	文思鉴，叶宇，张弛	王永梅，赵宇
31	2023014150	HealthAC——空调健康度数据可视化平台	中国石油大学（华东）	朱钊墨，曹书鑫，姜晨	张卫山
32	2023014777	危险品存储装置三维可视化监控平台	武汉理工大学	彭少龙，胡家玮，张楚依	苏赋文，娄平
33	2023015277	华夏碳绘——基于 Echarts 的国际减碳议题可视化	中央民族大学	张雨欣，曾清秋，刘韵涵	李瑞翔，王淑琴
34	2023015485	中国红旅文化信息展示	贵州中医药大学	黎瑞强，陆杨，张春	蒙毅，王媛媛
35	2023015494	肥胖——人类走向灭亡的起跑线	安阳工学院	冯孝东，王家豪，杨浩	吴昊
36	2023015773	Quakelytics——地震数据可视化	江南大学	洪君瑶，黄一凡，任真	律睿慜
37	2023017035	慢性肾脏病医疗数据可视化设计	南京医科大学康达学院	陆宏伟，黄景妤，祝思怡	武文杰，武润洁
38	2023017136	江河心跳——基于 3D Tiles 的坝岸监测系统	河南大学	潘永森，金子淳，张素雅	谢毅
39	2023017143	万物同源，共生一体	武汉理工大学	许艺菲，南岚，贺羽知	熊文飞
40	2023017149	基于空间接触模拟仿真数据的新发、突发传染病防控可视分析系统	浙江财经大学	赵坚，王佳阳，姚佳炜	张翔

续表

序号	作品编号	作品名称	参赛学校	作　者	指导教师
41	2023017661	“梦蝶迷津”——校园建筑信息可视化平台	扬州大学	张宏远，田晨斌，冯轩榕	徐明
42	2023017675	逐梦寰宇问苍穹	南京航空航天大学	李心雨，孙奕玮，邢栋	范学智，汪浩文
43	2023017885	京剧 • 戏里乾坤	安徽师范大学	于思静，王思嘉	席鹏，陶佳
44	2023017888	纸上生花：剪出中国之美	安徽师范大学	王雨柔，刘宇	席鹏，袁晓斌
45	2023017993	丝路熠熠夕阳照，“一带一路”耀新疆	石河子大学	姚杰，张文星，童俊	朱东芹，张丽
46	2023017995	兵团——我第二个家	石河子大学	张勇，厉博阳，刘密密	陈敏
47	2023018125	“元青花四爱图梅瓶”文物信息可视化及互动游戏	武汉科技大学	邱梓怡，江楠	王伟
48	2023018338	寓医于日常——中医药疗法信息可视化设计	重庆大学	董恬汐，段可佳，王佳音	马跃，余慧娟
49	2023018777	“医”劳永逸——助力医疗资源分配不平衡可视化系统	重庆邮电大学	周磊，李建良，王俊凌	杨富平
50	2023019076	方寸之间	华中科技大学	张嘉欣，张鑫	甘艳
51	2023019350	针对偏瘫患者设计的康复训练人机交互系统	广东工业大学	王华柯，陈俊伟，林杰坚	潘继生
52	2023019424	活在网上，火在当下：非物质文化遗产海内外传播的交互可视化设计	暨南大学	周娜赟，司徒锦仪，蔡妤枫	赵甜芳，谷虹
53	2023019964	网络犯罪可视化分析	燕山大学	刘才凤	郭栋梁
54	2023021045	古韵遗风	武汉体育学院	丁瑜，魏嘉琪，林楚	黄雪娟
55	2023021926	NLP 驱动的古诗词元宇宙场景自动可视化	南京师范大学	王俊翔，袁仪，毛睿	刘日晨
56	2023022038	以“视”学法——基于 AI 语音及随机森林回归算法的民法可视化系统	重庆移通学院	廖桃，余坤栩，舒文娟	罗丽红，柯灵
57	2023022103	心血管疾病风险评估与可视化	皖南医学院	赵浩奇，赵世昌，戈华锐	叶明全，王培培
58	2023022332	医学三维影像可视化云端平台	安徽医科大学	况晓雪，康玉威，孙鑫杰	周金华
59	2023022946	基于多模态边缘计算的矿山机车调度数字孪生系统	安徽理工大学	马中龙	方欢
60	2023022967	糖尿病分析总署——全球糖尿病数据可视化设计与分析	安徽理工大学	鲜欣成，李鹏飞，崔锦琼	石文兵，张顺香
61	2023023586	基于 pyecharts 的 2030 碳达峰可视化	赣南医学院	江锦熠，李毅敖，朱安平	汪建梅，王蓉
62	2023023981	绚烂和谐的色彩世界	大连民族大学	毛昕悦，向婷婷，谭晓	贾玉凤，张伟华

续表

序号	作品编号	作品名称	参赛学校	作　者	指导教师
63	2023024295	贵州风光：数据图谱展示	贵州中医药大学	刘娜娜，李洪，王荣燕	赵梅，李志鹏
64	2023024830	数字农业数据可视化系统	怀化学院	朱芮佳，罗嘉奇，袁雪	李陈贞，李立云
65	2023025396	基于元宇宙的创意设计作品展示系统	东北林业大学	张佑丞，赵聪聪，李锡宁	邱兆文
66	2023026604	红色北师 VR 教育系统	北京师范大学珠海分校	钟嘉悦，楚梦笛	黄静
67	2023026700	数说苍穹——基于 WebGIS 的城市空气质量智能监管平台	武汉理工大学	伍海利，谭志雄，陈庆阳	秦珀石，黄解军
68	2023028146	“塑”战速决——海洋污染数据可视化	安徽大学	汪小曼，王婉祺，江悦	舒坚
69	2023028709	兜底线托民生，增进人民福祉——基于社会保障数据的分析与可视化设计	厦门大学	傅书懿，方益嘉	黄晨曦
70	2023028923	本草纲目	广州城市理工学院	陈汇泽，李莉林，郑丹煜	黄海燕，阮石磊
71	2023028944	基于微信小程序和 SpringBoot 的智慧定位引擎和信息可视化设计	仲恺农业工程学院	陶湘，余俊辉，赵楷欣	林丽君，徐龙琴
72	2023029015	“偶遇”木偶文化	东北大学	赵广硕，叶宇珊，吴林鹏	杨馥嫚，霍楷
73	2023029220	基于“上帝视角”的三维可视化智能交互系统：以智慧乡村为例	南昌大学	李鹏宇，干王杰，李宇浩	欧阳皓，李渭
74	2023030219	良辰佳节 长乐未央	鞍山师范学院	蒋莉莉，王佳艺，张钰玲珑	高翯，王卓然
75	2023030296	人体十二时辰	辽宁工业大学	张心祎，王雯雯，张燕玲	杨帆
76	2023031364	基于 ELK 的数据信息可视化设计	北京理工大学珠海学院	胡泽轩	雷剑刚，蔡齐荣
77	2023031375	基于区块链的违法排污实时风险评估系统	重庆交通大学	周文浩，李骏飞，孙鹏帅	周翔
78	2023031743	可降解塑料与地区发展的关系	广州美术学院	梁家恺，唐榕晴，李俊	刘再行，黄凯茜
79	2023031778	义务教育信息化优质均衡发展可视化管理平台	岭南师范学院	冯国韬，吴恺轩，邓煜山	吴涛，倪光睿
80	2023032002	千年华夏	广东金融学院	陈力玮	黄可滢
81	2023033976	“数说东北振兴，拼出伟大征程”——可视化数据交互新闻	哈尔滨工业大学	于嘉阔，张文卓，许家铭	司峥鸣，邱信贤
82	2023034419	终点亦是起点	蚌埠医学院	孔诺承，王卫伟，薛智	李尧，尹晓娟
83	2023034421	韦基科技——基于数字孪生技术的数智化应用平台	杭州电子科技大学信息工程学院	李昌洲，高涵怡，王森裕	朱丹，李杰
84	2023034965	古韵·纸伞	福州大学	刘煜歆，苏布提·共扎巴依尔，林小妤	陈思喜

续表

序号	作品编号	作品名称	参赛学校	作　者	指导教师
85	2023035169	长白山濒危动物信息可视化	吉林动画学院	李菊涵，许新悦，于佳凤	董浩，曲慧雁
86	2023036512	OST（电影原声带）的故事	湖南大学	张逸凡，罗晓阳，佟嘉豪	张卉
87	2023036627	园境	大连工业大学	王若萌，郭靖婷，关新琦	刘晖，李囡囡
88	2023037022	五行——本·草	汉口学院	秦博远，郑思琦，陈坤	苗媛媛，罗雪
89	2023038821	落实思树，引流思源——基于SpringBoot和Vue框架的山西人文地貌信息可视化系统	山西财经大学	王一玉，施佳俊，徐鹏鑫	杨健
90	2023038863	闽韵古城	大连工业大学	林晗熙	石磊
91	2023039002	历史文化古镇“文旅促振兴”可视化分析系统	山西财经大学	郝含云，李淑婷	杨健
92	2023039250	图解中国古代造像艺术	武汉轻工大学	高雅琳，王子航，陆怡	康帆
93	2023040269	基于GPT和城市信息模型的新型智慧城市可视化与分析平台	武汉轻工大学	朱舸远，刘仕意，吴奇灵	陈松楠
94	2023040679	中国生育状况数据可视化系统	湖州师范学院	许竣杰，庄婧怡	沈张果
95	2023042644	国潮养生——健身气功八段锦信息可视化设计	北京体育大学	靳珂萌，陈易灵	黄芦雷娅
96	2023043827	平安视界	西南大学	毕成，刘翰坤，张芸峰	张林
97	2023043959	冬奥趣闻——2.5D场景化信息可视设计	北京邮电大学	徐茗，陈珮雯	盛卿
98	2023044383	第七次全国人口普查数据可视化	湖州师范学院	钱毓婷，张铎，王智权	张雄涛
99	2023044631	层层流光——楚漆器工艺与纹样视觉研究	武汉大学	叶楚怡，万子菁，梁启凡	姜敏
100	2023044739	E-Map：基于国家自然科学基金的科研热点研究	天津大学	王明源，张书豪，闫彦丞	李杰
101	2023044942	校园引导系统及楼宇可视化管理平台设计	中南民族大学	毛俊飞，李珂浩，李世龙	胡万欣，王黎
102	2023045646	基于数据资产血缘图的核心资产识别与可视分析	中南大学	谢文轩，翟衍博，章蓓雯	周芳芳，汪洁
103	2023045695	基于图谱融合的高性能精细化全景可视分析预警平台	中南大学	房钰深，韩非江，龙文威	赵颖
104	2023046498	不鼓自鸣·敦煌莫高窟信息可视化设计	中南大学	祝冰谦，刘嘉君	毛寒
105	2023046788	《中国人口图谱》可视化平台	河北经贸大学	权欣，陶敏慧，杨肖婧	魏若岩
106	2023046814	国内宏观经济运行数据可视化平台	河北经贸大学	吴一凡，土育敏，申雅文	董一兵

续表

序号	作品编号	作品名称	参赛学校	作　者	指导教师
107	2023048526	线上学习行为数据可视化呈现与分析系统	江西理工大学	王幸欣，杨丙阳，付陈亮	兰红，李江华
108	2023048970	数说二十大——AI 小数带你解读二十大报告	中南财经政法大学	范诗佳，刘子颖，赵光辉	陈旭
109	2023049967	“银发”知多少	江西师范大学	王子萱，刘仕鑫，王鸿杰	曾雪强，万中英
110	2023050381	盆小天地大——盆景文化信息图形设计	北京工商大学	姚雨萌	陈思
111	2023050486	“公路天眼”——江西省高速公路事故分析及可视化系统	华东交通大学	朱崃，陈甲，吴永平	熊汉卿，阙越
112	2023050692	图观大理 | 白族银器	云南财经大学	陈心意，杨柳萱，赵丽澐	黄敏
113	2023050816	片瓦之上	杭州师范大学	周晔	沈非
114	2023052577	指尖遇星河	云南民族大学	邓雨禾，杨玉坤，王春晖	许婷婷
115	2023052908	黑灰产网络资产的数据可视化	洛阳师范学院	蔡金晓，李禄波	闫晓婷，朱婷婷
116	2023052949	抖音数据可视化与分析平台	河南工业大学	李佳豪，潘晨阳，李嘉研	黄孝楠，侯惠芳
117	2023053680	纪念抗美援朝胜利七十周年爱国教育可视化平台	南昌航空大学	邬凯，程烁，程子睿	张永，张英
118	2023053743	BOSS 直聘数据可视化系统	中原工学院	王云昕，梁威	张西广
119	2023055770	元宇宙的先行者——虚拟人信息可视化设计	太原理工大学	刘钰萱，程淑萍，李宗钊	赵娟
120	2023055903	石窟之首	湖南科技大学潇湘学院	汪振州，梁萍萍，付晓丹	孙兰，郑先觉
121	2023056197	微塑料	梧州学院	文妍，向双燕，杨晓晓	邸臻炜，宫海晓
122	2023057258	地标探境、云品出滇——地理标志产品可视化感知	云南大学	郑浩波，高小鹏，李潇	梁虹，梁洁
123	2023057427	遇见非遗——绣	桂林信息科技学院	贺璞	梁瑛
124	2023057754	彝筑千年——彝族建筑信息可视化设计	云南大学	彭安婷	
125	2023058759	信息可视化 | 国家级非遗广西瑶族恭城油茶	广西民族大学相思湖学院	林雅卉，蒙宥辰，唐陶彦	谢斯，林国勇
126	2023059379	朝碧海，暮苍梧——基于推荐算法的个性文旅图鉴	上海大学	孟德戎，杨若弘，刘笑辰	方昱春，高洪皓
127	2023059416	绿源视界	上海海洋大学	何禹喧，蒋艾薇，邵龄萱	王静，潘海燕
128	2023059476	非遗茶文化	东华大学	张浩，杨宇星，刘鑫	吴勇
129	2023059585	圆梦志愿——辅助高考志愿填报的可视化平台	上海财经大学	毛文哲，刘馨怡，贾依凡	韩潇

续表

序号	作品编号	作品名称	参赛学校	作　者	指导教师
130	2023059621	擘画“铁路强国”——从铁路发展看民族复兴征程	上海大学	李海璐，石赵凡，姚昕玥	高珏
131	2023059648	基于数字孪生的 GIS 高压开关状态可视化监控管理系统	陕西科技大学	徐瑞蔓，梁梦宁，林惠康	齐勇，李健
132	2023059773	燃煤之籍——数据驱动的城市燃气购销差模型构建与系统实现	华东理工大学	吴梦萍，王美茜，王伶非	文欣秀，范贵生
133	2023059978	云上党史馆	武警工程大学	徐雯靓，沈禹呈，雷占文	苏光伟
134	2023060141	自动驾驶视觉感知能力可信性评价方法	同济大学	栗晨皓，王贻锦，李旷	肖杨，沈煜
135	2023060481	醉技千秋，醇香难忘——佳酿美学的视觉叙事	四川轻化工大学	唐家伟，王梦莹	陈超，陈煜
136	2023060515	亦糖艺画	四川师范大学	黄钰玺	张婉玉
137	2023060537	耕地红线	西华师范大学	喻文嘉，陆松，杨世美	刘巳丹
138	2023060585	人体微生物市井记	西南交通大学	张泉，王宇卿，王瑞成	李芳宇
139	2023060691	五音疗法	西南石油大学	王纯，王一冰，伍乐颖	胥林，严卿方
140	2023060863	Green-O-Meter: 中国绿色 GDP 可视化平台	西南财经大学	曾甜甜，孙伟，陈方静	尹诗白，王俊
141	2023060868	“椅”脉相承——中式古典坐具信息可视化设计	四川师范大学	郭怡涵，陶典，王婧华	税少兵，何志明
142	2023060901	“杯中窥球”——世界杯可视化	四川轻化工大学	梅奥东，康羽彤，吴锦榜	陈超
143	2023060928	清风自来——中国扇文化信息可视化设计	西北大学	武晋敏，赵志康，仲翛珣	王江鹏

12.4 2023年（第16届）大赛获奖作品选登

2023 年（第 16 届）中国大学计算机设计大赛获奖作品选登作品清单如下：

序号	作品编号	作品名称	类　别
1	2023009280	基于大数据与深度学习的海洋综合监测可视化平台	大数据应用
2	2023034409	寻青记	国际生“学汉语 写汉字”
3	2023004478	本草药铺	数媒游戏与交互设计
4	2023039940	本草 · 辑书志	数媒游戏与交互设计
5	2023050489	弹无虚发——智能领弹管理及数据分析系统	软件应用与开发
6	2023006321	PrePay 预付卡——基于区块链架构的安全预付平台	软件应用与开发
7	2023009254	基于目标检测算法的自动化垃圾捡拾分类无人车	人工智能应用
8	2023013064	面向智慧物流的快递运载智能平台	人工智能应用
9	2023000628	基于智能装置的红火蚁常态化监测系统	物联网应用

续表

序号	作品编号	作品名称	类　别
10	2023058032	智能电动自行车充电桩系统	物联网应用
11	2023060354	春生：望闻问切的传承	数媒动漫与短片
12	2023053232	仁医 张仲景	数媒动漫与短片
13	2023017944	认识倍的含义	微课与教学辅助
14	2023059361	生物微课堂——腐乳知多少？	微课与教学辅助
15	2023043964	草舞动之五禽戏	数媒静态设计
16	2023030103	灿若繁星——古代自然科学成就	信息可视化设计
17	2023016127	“粮食视界”——全球粮食体系可视化系统	信息可视化设计
18	2023049828	六诀邈思	计算机音乐创作

12.4.1　基于大数据与深度学习的海洋综合监测可视化平台

作品文档下载（二维码、网址）：https://www.51eds.com/tdjy/courseDetail/searchCourseDetail.action?courseId=692

作品信息

作品编号：2023009280　　　作品大类：大数据应用

作品小类：大数据实践

获得奖项：一等奖

参赛学校：江苏海洋大学

作　　者：王晨曦、周宇琛、李鑫

指导教师：李慧、周伟

作品简介

为了准确监测海洋状况、提升海洋数据服务能力，本平台不仅实现海洋环境大数据的智能分析，而且开发了海洋数据可视化查询与展示的 Web 软件。在 Spark 大数据框架的基础之上，应用深度学习对海洋气象信息、水体信息、生物信息、影像信息、船舶信息等海洋数据重构、分类识别和预测，利用科学可视化技术展示以上海洋数据，以及更进一步地利用可视化分析技术挖掘时空数据规律，建立从感知到认知的桥梁。采用微服务架构技术、SpringBoot 、Flask、Pytorch 框架同时使用 HDFS 、Redis 等数据库技术，以及微信小程序开发技术，构建了海洋综合监测可视化平台。

本平台可应用于海洋调查、监测、规划、管理、评价等各项工作中，能有效提升海洋监测的实时性和准确性，并推动海洋数据资源的价值挖掘和共享。总体而言，本系统具有以下主要特色：

（1）根据海洋数据的多源异构性，基于通用大数据框架搭建了大数据系统。系统包括了数据获取、数据存储管理、数据处理、数据可视化多层结构。在数据获取模块中实现多种传感器数据的快速采集；优化 Hadoop 的高效部署，解决弹性存储问题；在数据管理模块利用 Spark 技术进行数据存储和处理。

（2）深度学习算法原理与实际应用场景紧密结合，有效提升海洋综合监测水平。基于自适应激励函数选择的深度学习模型，能够选择适用于特定海洋环境数据预测任务的最优激励函数，可以满足海洋环境数据在线预测任务中同时兼顾训练效率和预测精度的需求。并根据需求分析中的功能需求，开发了诸多 API 接口，针对不同的海洋数据做相应的数据处理，能够解析并处理大部分格式的海洋数据。

（3）将 Hadoop 与 WebGIS 进行有机集成，以实现海洋大数据及分析结果的可视化展示。海洋数据来源广，数据种类繁多，具有很强的时空关联性和时空动态性，直接观察和分析不利于对数据信息的发掘和数据资源的有效利用。将海洋数据分成矢量、标量、多变量几种数据类型。选取数据现有的常用分析手段及可视化方法，根据标量数据只有数值大小的特征选择点线图和颜色映射法两种可视化方法，根据矢量数据方向特性选择可视化方法，而多变量数据同时具有标量数据和矢量数据的特点，所以也可以同时使用两种数据的可视化方法。

（4）开发 B/S 三层架构的服务端 Web 软件和微信小程序，实现海洋数据的网络化和海洋数据资源的共享。功能主要包括海洋数据资源的录入，海洋数据类别的分享，海洋数据应用领域的信息分享；并在功能实现过程中解决了数据格式校验，缓存冲突，数据自定义查询等问题；为实时处理和分析海洋数据提供了基础平台。业务逻辑层以组件技术实现相关功能模块，每个功能模块设计为一个组件，提高独立性及复用性。客户端以微信小程序开发完成表现层的相关功能，实现系统轻量级访问。

基于大数据与深度学习的海洋综合监测可视化平台能够对海洋传感器网络、卫星遥感等技术手段采集到的大量异构海洋数据进行数据清洗、规格化等预处理。搭建的大数据系统经由数据挖掘和深度学习技术，实现了对海洋环境和海洋资源的全面监测和预测，并通过可视化展示手段将监测数据转化为易于理解的可视化图像，以帮助决策者更好地管理海洋资源。目前已对所设计的系统进行了整体功能测试，能成功运行，且效果良好。

安装说明

本作品调试、运行需要的环境安装和配置分为三个方面：搭建大数据平台，Web 系统的前端开发环境，Web 系统的后端开发环境及部署。以下对其中的关键步骤进行介绍：

1. 搭建大数据平台

第 1 步：准备两台云服务器，样例平台为阿里云 ECS 服务器，操作系统为 Ubuntu 20.04，在终端使用 ssh 命令远程连接服务器。

第 2 步：下载 JDK1.8、Hadoop2.7、Spark2.4、miniconda Python3.8。

第 3 步：解压已下载的所有安装包，完成 Home 目录下路径配置。

第 4 步：配置 Hadoop core-site.xml、Hadoop hdfs-site.xml、Hadoop mapred-site.xml、Hadoop yarn-site.xml、Spark-env.sh 等文件。

第 5 步：启动大数据环境，编写启动大数据环境的脚本 start。

第 6 步：初始化 conda 环境，pip install flask pyspark pandas seaborn numpy scipy，大数据平台配置完成。

2. Web 系统的前端开发环境

第 1 步：下载源码 ocean-ui。

第 2 步：进入项目目录 cd ocean-ui。

第 3 步：安装项目所需依赖 npm install。

第 4 步：本地开发启动项目 npm run dev。

3. Web 系统的后端开发环境

Web 系统的后端主要实现业务逻辑功能和数据访问。按照使用的不同技术，分成两部分进行安装。

（1）Java Web 开发环境及数据库连接

第 1 步：准备环境，JDK>=1.8，Mysql>=5.7.0，Redis>=3.0，Maven>=3.0。

第 2 步：下载源码——ocean。

第 3 步：创建数据库，导入 sql 并更改数据库配置文件。

第 4 步：打开项目运行 com.ocean.OceanApplication.java。

（2）深度学习的 Python 开发环境安装及配置。

第 1 步：准备环境，GPU 为 NVIDIA 3090，PyTorch>=1.7，CUDA=11.7，操作系统为 Ubuntu20.04，系统预装 conda 环境。

第 2 步：下载项目源码。

第 3 步：安装相关依赖，pip install -r requirements.txt。

第 4 步：将已写好的 Flask 代码（Webserver 文件夹）上传服务器，待 YOLOv5 训练完毕将权重 pt 文件移动至 behind/weights 中，启动后端 python app.py。

演示效果

1. 危险海域可视化

2. 海洋资源监测

海洋综合监测平台

首页 海域风暴热力图 海洋生物识别系统 危险海域监测 航海事故案例库 海洋资源管理

资源类型 请选择资源类型 搜索 重置

新增 修改 删除 导出

资源编号	资源类型	资源属性	资源描述	资源展示	操作
2	海洋生物资源	可再生 [illegible] [illegible]	鱼类资源，海洋生物资源中最重要的一类。		修改 删除
3	海洋生物资源	可再生 [illegible] [illegible]	软体动物资源，资源未得到开发利用，潜力较大。		修改 删除
4	海洋生物资源	可再生 [illegible]	甲壳动物资源，对经济上很重要，特别是对虾类，寿命短，再生力强，成为人工养殖的对象。		修改 删除
5	海洋生物资源	可再生 [illegible] [illegible] 科研价值	哺乳类动物，包括鲸目（各类鲸及海豚）、海牛目（儒艮、海牛）、鳍脚目（海豹、海象、海狮）及食肉目（海獭）等。其皮可制革，肉可食用，脂肪可提炼工业用油。其中鲸类年捕获量约2万头		修改 删除
6	海洋生物资源	[illegible] [illegible] [illegible]	海洋植物资源，以各类海藻为主，[illegible]有硅藻、红藻、蓝藻、褐藻、甲藻和绿藻等11门，其中近百种可食用，还可从中提取琼胶等多种化合物。当前世界海洋生物资源利用很不充分，捕捞对象仅限十少数几种，向大部海洋无脊椎动物、多种海藻及南极磷虾等资源均未很好开发利用；		修改 删除
7	海洋矿物资源	不可再生 [illegible] [illegible] 工业价值	砂矿，主要来源于陆上的岩矿碎屑，经河流、海水（包括海流与潮汐）、冰川和风的搬运与分选，最后在海滨或陆架区的最宜地段沉积富集而成。如砂金、砂铂、金刚石、砂锡与砂铁矿，及钛铁石与锆石、金红石与独居石等共生复合		修改 删除

3. 硬件终端监测

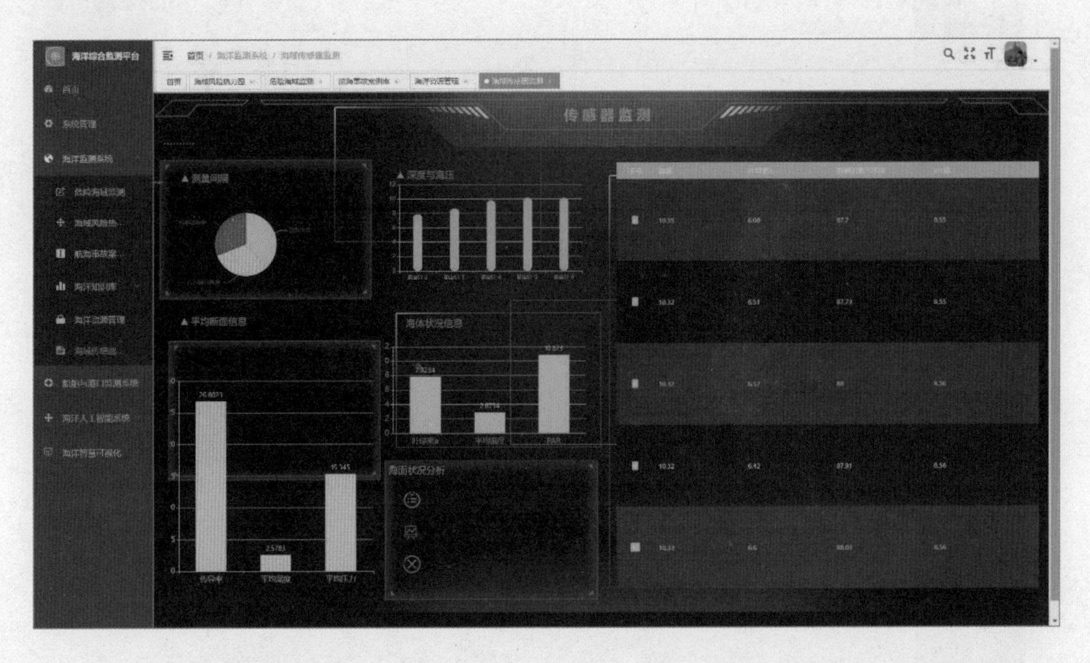

4. 海洋影像重构

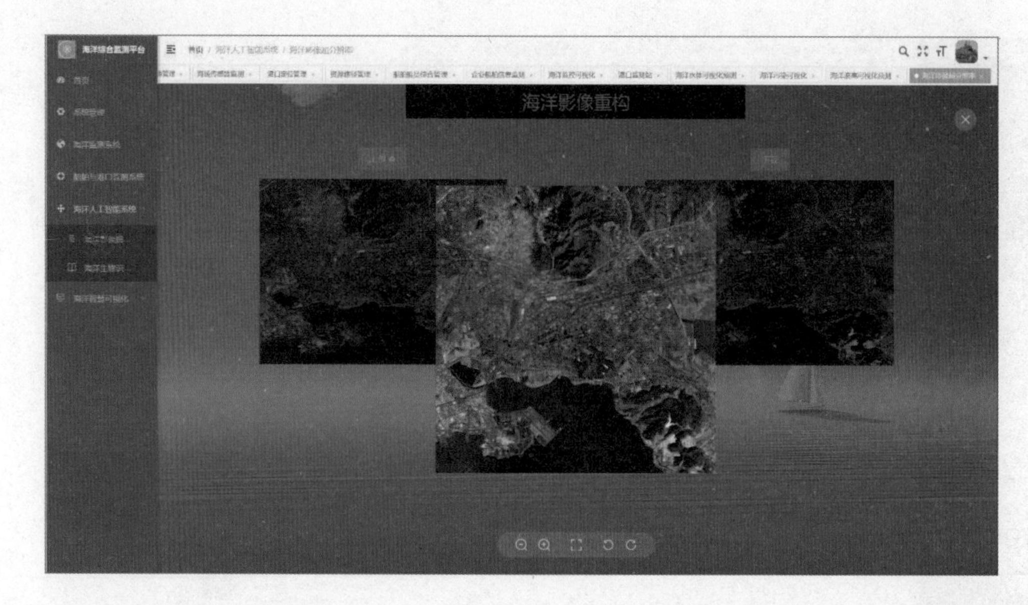

5. 海洋生物监测

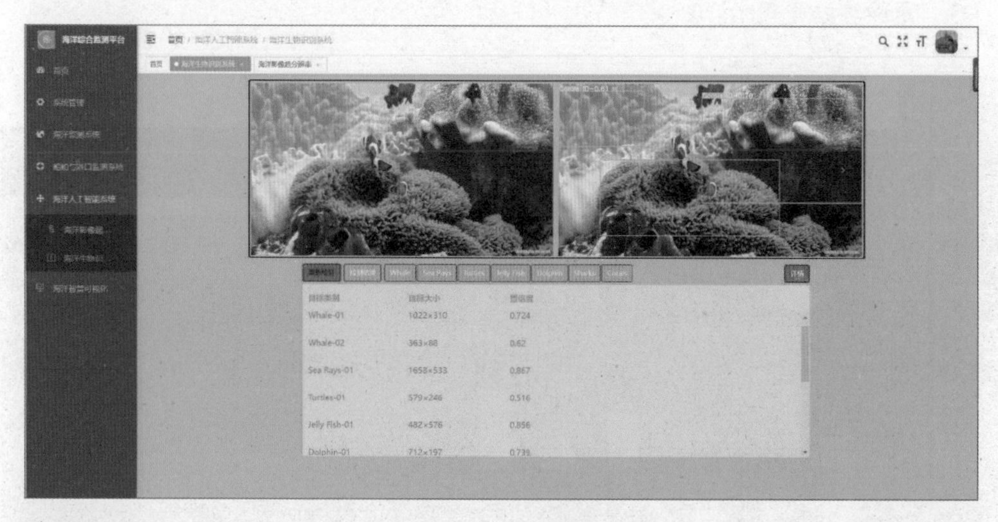

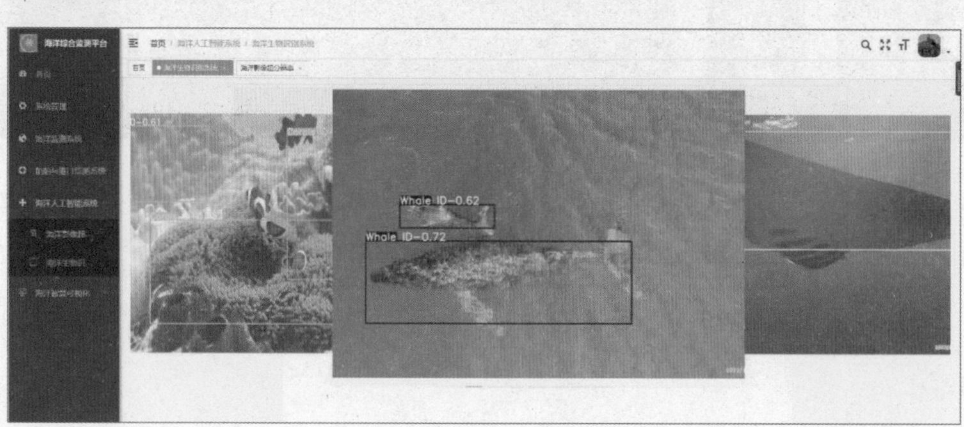

6. 海洋污染监测

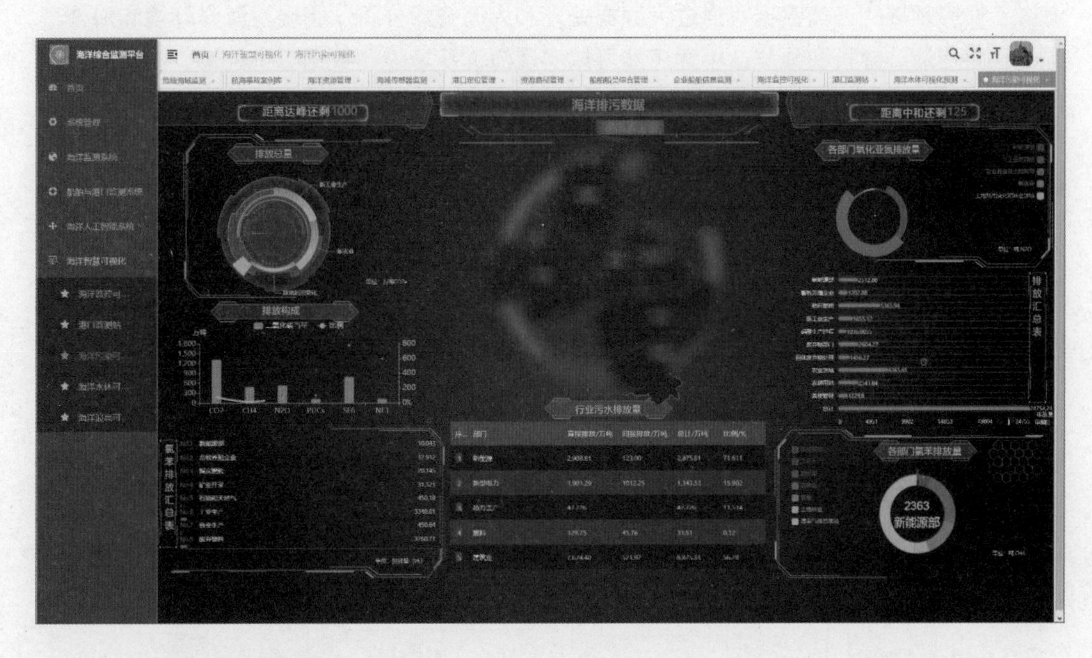

7. 海洋浪高监测

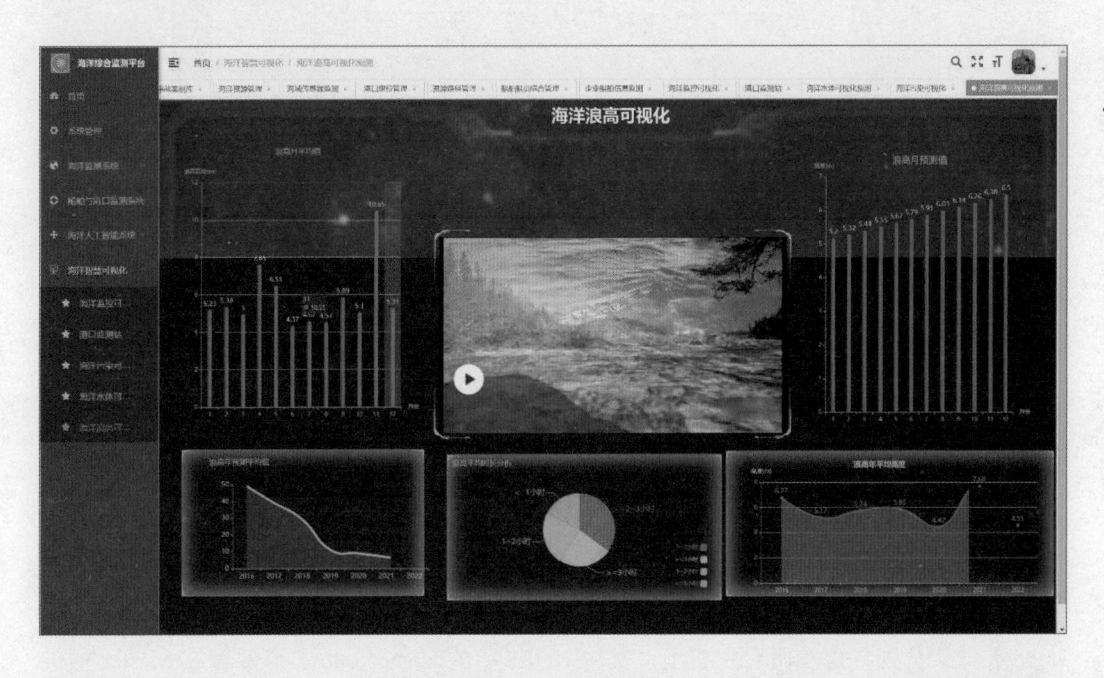

设计思路

基于大数据与人工智能的海洋智能监测可视化平台是一项旨在提升海洋资源保护、海洋环境监测以及海洋生态管理水平的项目。设计与实现智能化的海洋监测系统，以实现对海洋环境和生态的全面监测和分析，具有重要的现实意义。

系统基于 Spark+Hadoop 大数据框架，我们设计了 Web 管理、微信小程序两个终端。

Web 端采用海洋监测传感器网络、卫星遥感、海洋数据挖掘等技术手段，采集海洋生态、气象、海洋工程等领域的各类数据，通过大数据处理和人工智能分析，实现对海洋环境和海洋资源的全面监测、分析和预测。小程序端可以实现海洋环境监测数据查询、港口和船舶监测数据查询、海洋灾害预警和报警等，可以更加便捷地进行数据查询和信息交流，方便用户实时了解海洋环境变化情况，保护海洋生态环境资源。整个系统同时融合人工智能算法、数据可视化、硬件传感器，实现对海洋信息的综合监测。本平台的总体结构设计图如下：

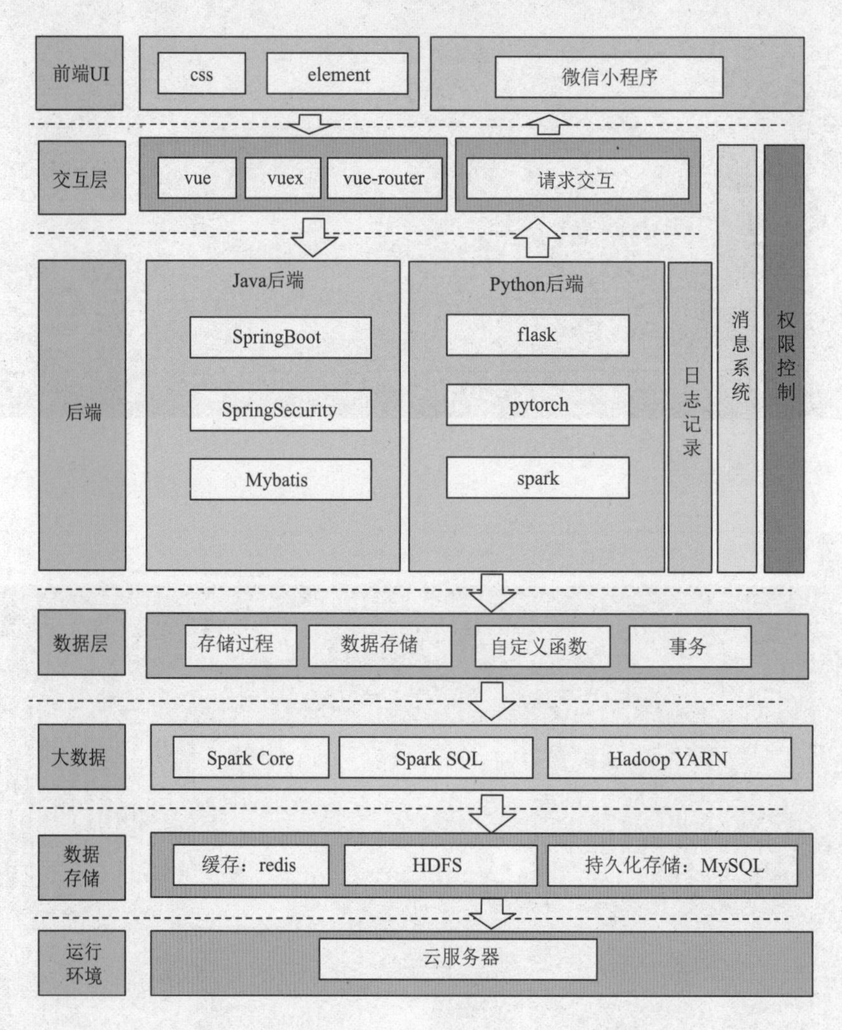

1．大数据平台设计思路

使用云计算技术在两台弹性云服务器上构建一个 Master 节点和一个 Slave 节点，将 Hadoop 框架分别搭建在两台主机上，其中 HDFS 中的 NameNode 节点部署在 Master 主机上、DataNode 节点部署在 Slave 上，同时分别对服务器的 workers、core-site.xml、hdfs-site.xml、mapred-site.xml 和 yarn-site.xml 五个文件进行相应的配置，使得 YARN 可以正常管理 Hadoop 的资源。再在 Master 节点上安装 Spark 计算框架，将所有海洋监测站数据读入 HDFS 中，通过 Spark RDD 和 Spark SQL 对历史数据进行数据清洗和数据分析。再将分析得到的数据通过 Spark Mllib 进行机器学习，使用线性回归或多项式回归对连云港地区的气温、降水、海浪高度等指标进行分析与预测。同时还对海洋污染监测传感器获取的数据进行实时分析预警，采用 Spark Streaminh 技术将数据实时地传递给前端可视化大屏。大数据框架图如下：

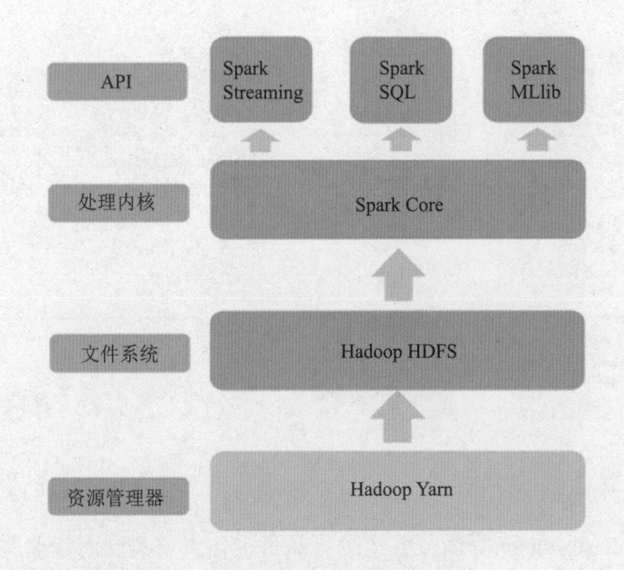

2. 海洋水体监测模块的设计思路

实现对目标海域水体信息的监测，通过各类传感器探头，同时结合江苏海洋大学海洋监测实验室，实现对目标海域水体传导率、温度、压力、pH、溶解氧、盐度、电解率等多种指标监测和展示。本海水监测方案采用了智能监测控制器 + 对应的高精度专业测试电极构成下位机进行数据采集；下位机（最多 32 台）与上位机（数据收集机）使用 modbus-rs485 总线组网；上位机使用 win32APi 串口通信功能，定时收集各监测量的数据，并及时写入文件，以供上层平台分析与使用。本模块的硬件如下图所示。

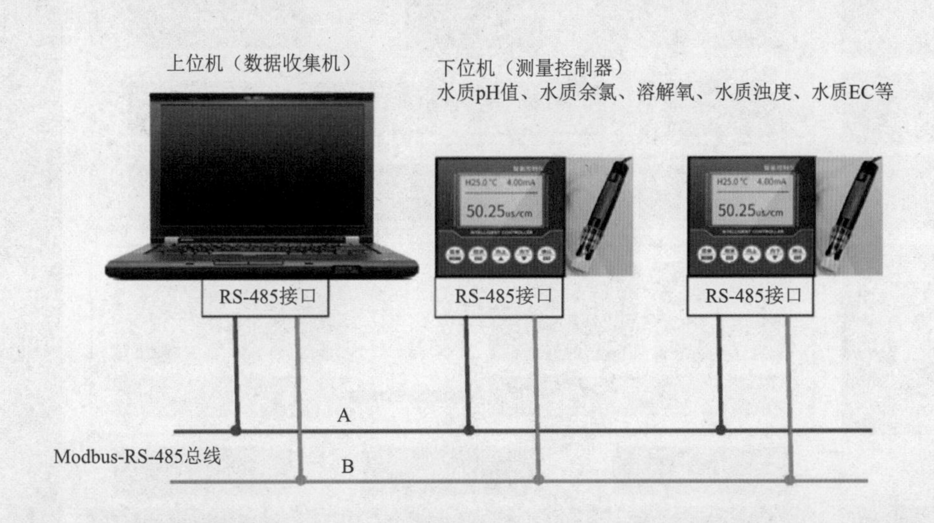

海洋生物、海洋影像的数据形式以图像为主，海洋气象数据包括实时获取的海洋风速、风向、气压、波高等，数据形态多样且数据量巨大。根据不同数据的不同特征，选用不同的深度学习算法进行处理。深度学习框架采用 pytorch。海洋生物检测算法使用了 YOLOv5；采用超分辨率算法，基于生成对抗网络（GAN）实现海洋影像监测；海洋气象

监测与预警中，采用大数据和深度学习技术对采集到的数据进行处理和分析。GAN 进行海洋影像监测的技术路线图如下：

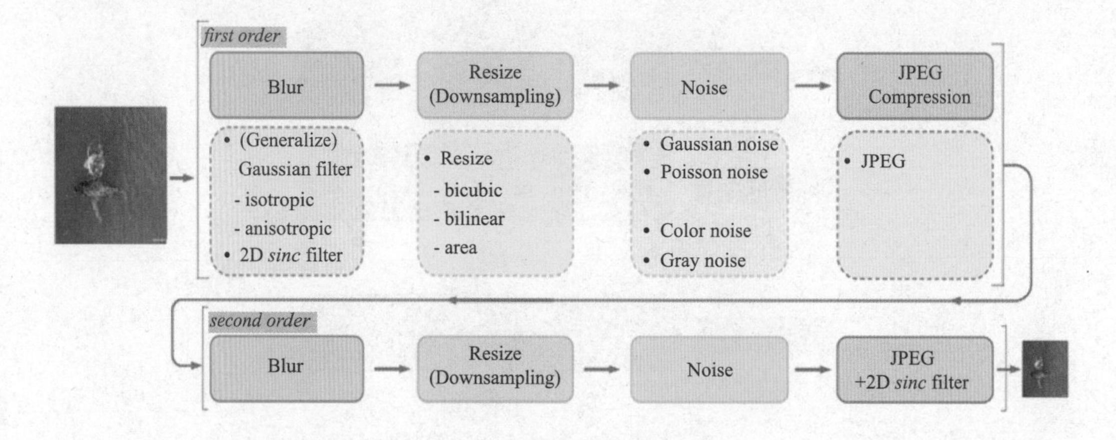

3. 可视化设计思路

可视化采用 Echarts，datav 等通过各类图标及可视化大屏实现海洋监测数据可视化展现。通过 Echarts 实现各种图表的生成、数据的绑定、图表的样式调整以及交互事件的处理，从而实现对海洋信息的可视化呈现，并支持用户的交互操作，如缩放、拖动、点击等，提供更好的用户体验。系统同时使用 Spark Streaming，用于处理实时生成的数据流，可以实时接收、处理和分析这些数据，并将其转换成可供 Echarts 等前端库使用的数据格式，从而实现实时的数据展示和分析功能。通过 Spark Streaming 的高性能计算和分布式处理能力，实现大规模数据的实时处理，并支持数据的实时更新和动态展示。数据可视化技术图如下：

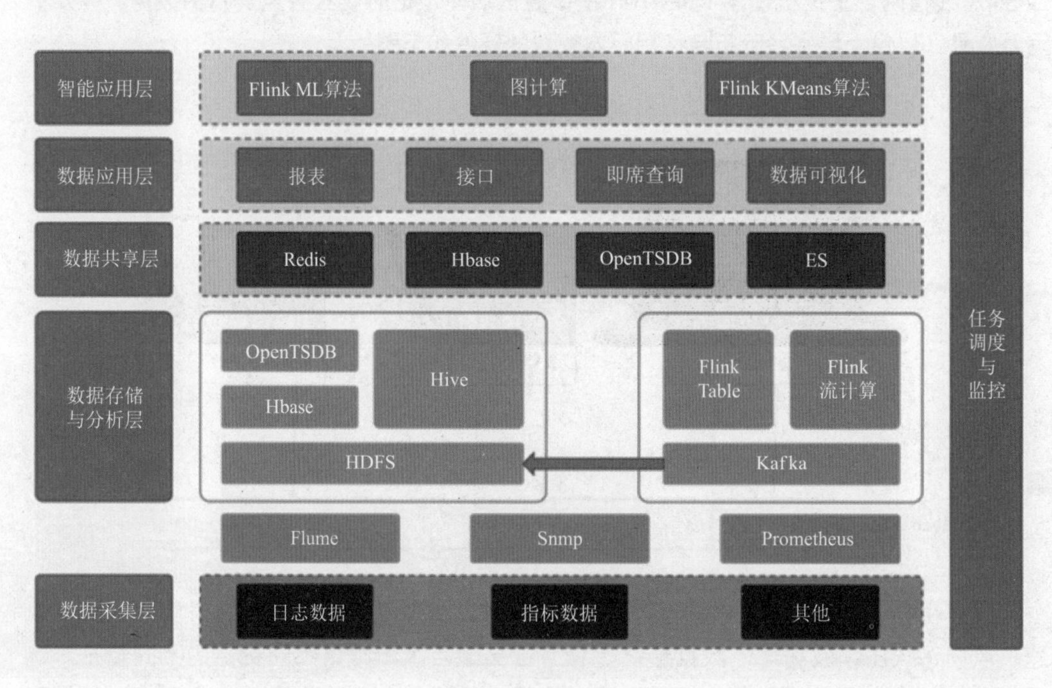

4. Web 服务端和微信客户端设计思路

系统采用前后端分离架构进行开发，通过 Spark 大数据框架实现综合数据共享。前端采用 VUE 框架，后端采用双后端系统架构，Java 后端采用 SpringBoot 框架，Python 后端采用 flask 框架。安全框架采用 SpringSecurity 框架，数据采用 mysql+redis+HDFS 联合存储。

小程序前端使用 VantUI 框架，使用此框架开发页面美观，提供 sketch 和图标资源下载，交互性强，和 WXSS 样式高度融合。以获得更好的用户体验。数据绑定使用 Mustache 语法，更好地促进前端界面和 JS 脚本的数据交互，简单快捷地实现前端动态数据绑定和动态的表单验证。图表使用 wxCharts 绘图框架，wxCharts 框架基于 canvas 绘制，体积小巧，基于 wxCharts 进行本地 JS 重构，使得图标绘制速度更快，动画更流畅，外观更好看。网络请求使用 Promise 框架，避免 JS 回调函数多层嵌套而造成的函数耦合度较高的问题。微信小程序项目结构图如下：

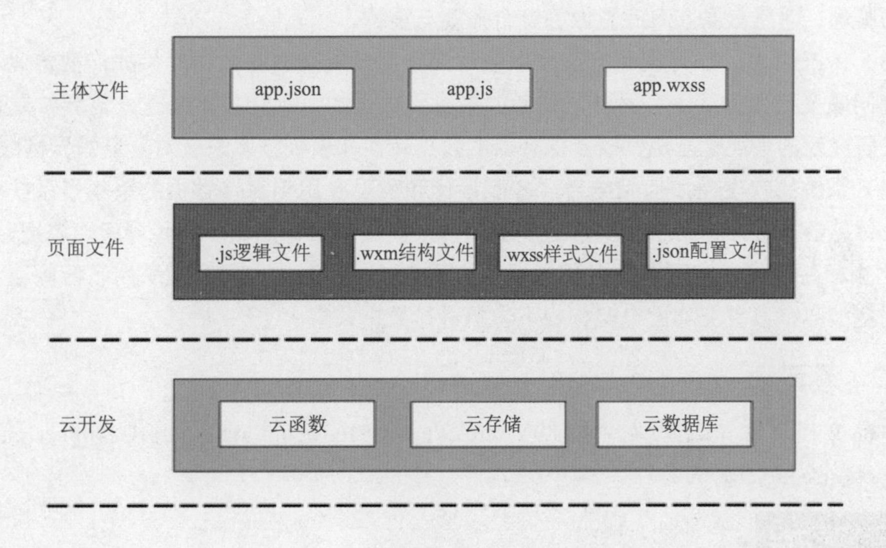

设计重点、难点

1. 设计重点

（1）基于大数据技术，实现海洋数据高效管理和价值挖掘。按照大数据开发的步骤，对海洋数据进行采集、大数据预处理、大数据存储、大数据处理、大数据可视化等。

（2）设计与实现海洋大数据智能分析系统。将深度学习与实际场景紧密结合，提出一种海洋大数据智能分析系统。集成多源异构海洋数据，支持领域智能算法手动建模和应用于海洋水体监测、海洋生物检测、海洋影像监测、海洋气象监测与预警、港口与船舶监测。

（3）将大数据可视分析方法引入海洋数据分析，探索其在多元海洋时空数据分析、海洋重要结构的时空特征和演化分析等。根据空间数据、时间序列数据、对象的高维时空信息数据，设计不同的可视化方法：2D 地图或基于地球上的投影展示、时间序列图、如散点图、热图 / 相关矩阵、投影、平行坐标图以及集成的平行坐标散点图等。

（4）设计与实现 Web 服务端软件，为实时处理和分析海洋数据提供了基础平台。设计与实现微信小程序，方便实时访问海洋大数据监测信息。

2. 设计难点

（1）如何基于 spark 大数据框架进行设计，实现分布式任务调度、内存管理、错误恢复和与存储系统的交互等功能。本系统基于 Hadoop 架构中分布式文件存储系统 HDFS 和资源管理系统 Hadoop Yarn 两个组件构建了 Spark 计算框架。

（2）海洋数据来源广，数据种类繁多，具有很强的时空关联性和时空动态性，设计有效挖掘其中数据信息的算法困难。海洋数据的智能分析利用数据挖掘、机器学习、深度神经网络等分析技术对相应数据集进行挖掘建模。服务架构主要分为 3 层，最底层的是一个由 HDFS，MapReduce 和 Spark 等大数据框架组成的一个大数据引擎；中间层是一个算子库，服务提供高效丰富、支持分布式的算子，并对外提供统一的服务接口方式，支持上层应用。使用 YOLOV5 深度学习框架实现海底各类生物的识别；设计超分辨率算法，实现海洋生物影像，遥感影像，海底影像的综合监测与重构。基于生成对抗网络模型进行训练，实现海洋生物影像、遥感影像、海底影像的综合监测与重构。

（3）传统的 2D/3D 可视化方法难以应对海量高维复杂时空数据的挑战，视觉混淆和过度绘制问题变得尤为突出。另外，动态的多维大数据的可视化技术匮乏，需要扩展现有的方法或研究新的可视化方法，以及探究新的数据转换和表征技术来应对复杂的异构数据。

（4）系统的软硬件如何相结合，才能设计和实现应用于海洋数据的采集子系统。拟通过各类传感器探头，结合学校海洋监测实验室，实现对目标海域水体传导率、温度、压力、pH、溶解氧、盐度、电解率等多种指标的监测与展示。海水监测方案采用了智能监测控制器 + 对应的高精度专业测试电极构成下位机进行数据采集。

12.4.2 寻青记

作品文档下载（二维码、网址）：https://www.51eds.com/tdjy/courseDetail/searchCourseDetail.action?courseId=692

作品信息

作品编号：2023034409　　　作品大类：国际生“学汉语，写汉字”赛项

作品小类：数字媒体类

获得奖项：一等奖

参赛学校：黄山学院

作　　者：郑福蝶、张明月

指导教师：赵明明、路善全

作品简介

本片内容严格依据大赛主题展开，讲述了一个泰国留学生在中国学习汉语的经历，全

片以留学生自己的视角出发，从学习一个“青”字开始，在不断深入了解“青”含义的过程中，明白了中国汉字“一字多义”的特点，也体会到了中国文化的博大精深。

安装说明

直接播放。

演示效果

设计思路

中国汉字中有一个非常有趣的现象——“一字多义”，本片的设计思路就是从这一角度进行展开，通过拍摄作为“他文化”背景下的留学生探究中国字——“青”的多重含义的过程为切入点，深入地描绘了作为留学生眼中中国的美好和中国文化的博大精深。

设计重点、难点

1．重点

（1）如何通过视频画面刻画和解释中国字的“一字多义”的现象；

（2）作品拍摄角度的选择，如何选择一个好的角度进行切入，让故事整体既可以符合大赛主体，又避免平铺直叙的讲述；

（3）如何借用对一个字的含义讲述，展开中国美好景色的宣传和深厚文化的刻画。

2．难点

（1）短片整体结构的完整性表述；

（2）画面的细节刻画；

（3）短片节奏的控制。

12.4.3 本草药铺

作品文档下载（二维码、网址）：https://www.51eds.com/tdjy/courseDetail/searchCourseDetail.action?courseId=692

作品信息

作品编号：2023004478　　　　作品大类：数媒游戏与交互设计

作品小类：游戏设计普通组

获得奖项：一等奖

参赛学校：深圳大学

作　　者：冯滨麟、邹誉德、方瑞杰、谭佳宇、李佶朋

指导教师：储　颖

作品简介

《本草药铺》是基于 Unity3D 游戏引擎开发的角色扮演游戏。玩家在游戏中将扮演药圣李时珍先生的徒弟，在帮师傅打理东璧堂的同时，体验并学习中医问诊、抓药、切药、捣药、采药、出诊送药等过程。在游戏中，我们为各个流程都设置一个趣味关卡，让玩家在获得乐趣的同时了解《本草纲目》相关的草药知识和制药流程，达到寓教于乐的目的。同时游戏画风采用宋代水墨风格的渲染，并基于《本草纲目》一书的原版插图，结合真实草药的外形特点，创作游戏使用的图片素材，力求让玩家身临其境。我们希望通过《本草药铺》引起大家对中医药文化等中华优秀传统文化的关注。

安装说明

在主文件夹下选择可执行文件压缩包，解压后选择 .exe 后缀的游戏本体双击运行即可（计算机屏幕分辨率大于 1 920 像素 ×1 080 像素可以获得更好的游戏体验）。

演示效果

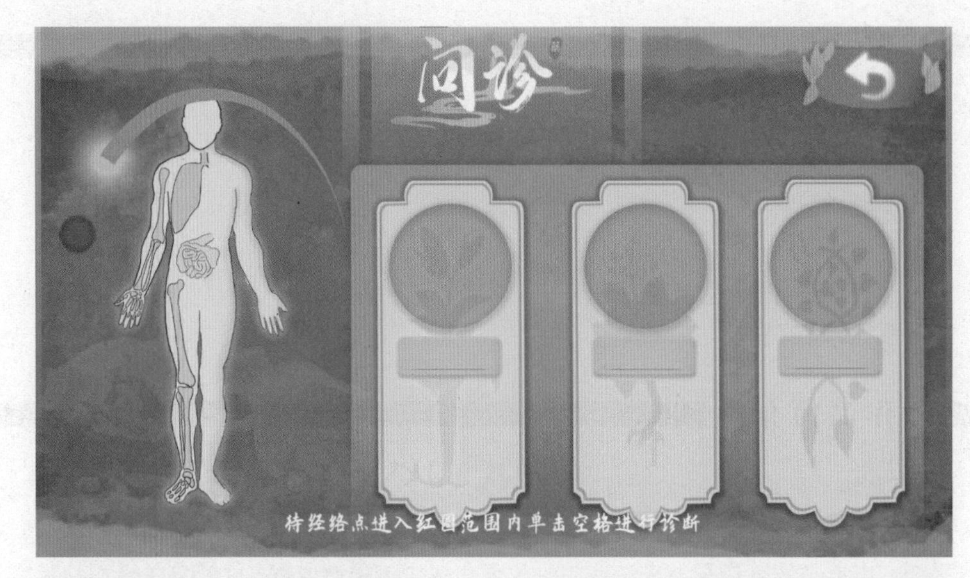
问诊
待经络点进入红圈范围内单击空格进行诊断

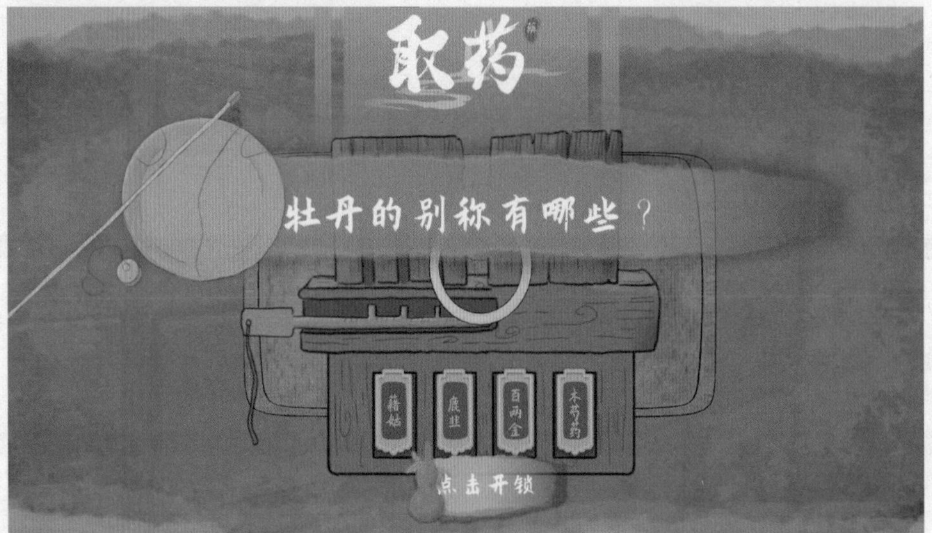
取药
牡丹的别称有哪些？
藉姑
鹿韭
百两金
木芍药
点击开锁

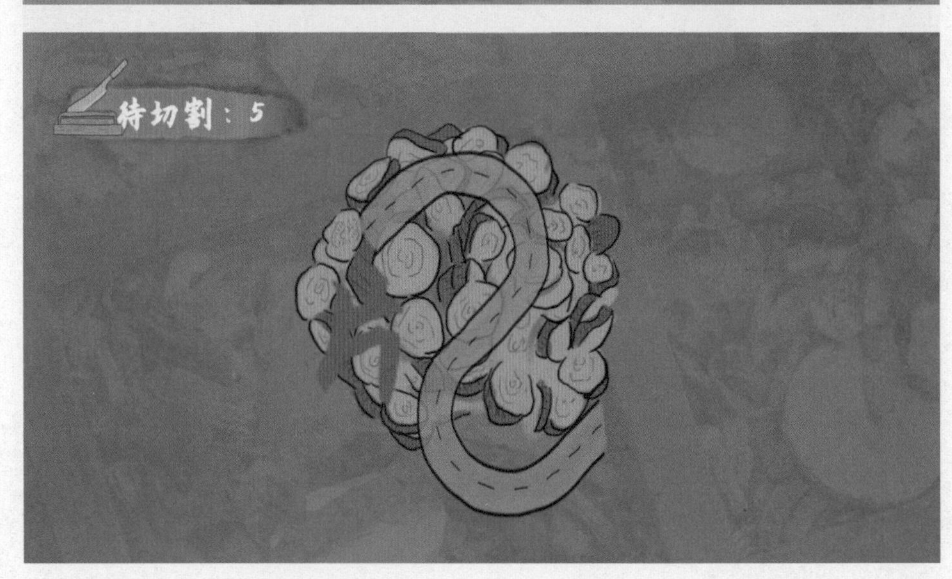
待切割：5

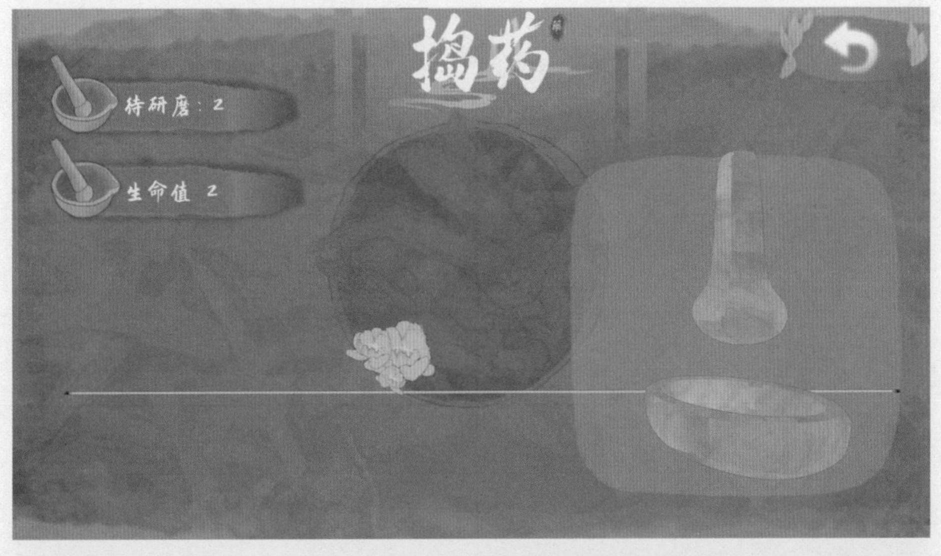
捣药
待研磨：2
生命值 2

等级：2
初露头角
3/5
日记
退出
村中有不可行者患病
捣药

等级：2
初露头角
3/5
日记
退出

等级： 2
初露头角
日记
退出
本草日记
三七
山漆,金不换,
已掌握
当归
山蕲,白蕲,文无,干归,
已掌握
人参
人衔,鬼盖,海腴,土精,
已掌握
紫苏
赤苏,红苏,皱紫苏,桂荏,
未掌握
捣药

等级： 1
初出茅庐
2/3

设计思路

从拿到选题开始，我们就想到了中医药在当今社会的式微。随着现代科学的逐渐进步，西医盛行，传统中医药学逐渐不被主流社会所重视和认同。但我们认为，中医博大精深的知识体系和中药各有千秋的性味状效在当今社会依然能够发挥重要的作用，而疫情期间中药“避毒、祛毒、防毒”的功效在临床上的出色表现无形中也佐证着我们的看法。故我们开发者团队萌生了制作这款本草药堂游戏的想法，本游戏旨在加深玩家对中医药的了解，唤醒玩家对中医药的认同，为弘扬中华优秀传统文化贡献一份力量。

中医药在五千年中华传统文化中一直发挥着重要的作用，而通过对中华疫病史的研究，我们发现，明代是中国历朝历代中瘟疫爆发频率最高的朝代之一。由此我们联想到明代一位伟大的医学家，“药圣”李时珍。我们在了解李时珍生平的过程中，了解到一段李时珍在嘉靖年间辞官还乡，坐诊草堂行医，撰书《本草纲目》的故事，于是我们将游戏的主人公设定为一位出生在李时珍家乡蕲州的疫病缠身的普通百姓，而他在被上山采药的李时珍出手救下带回草堂后，目睹了李时珍在东璧堂为百姓诊治疾病的种种善行，故毅然决然拜在李老门下学习医术，希望将来成为一位和李时珍一样能够拯救苍生的医师。

而这时我们遇到了游戏设计的第一个问题，即如何将学习中医药与角色扮演游戏联系起来。

经过思考，我们在玩法设计上大下功夫，将中医开药的流程分解为“问诊、抓药、切药、碾药、送药”等几个部分，同时补充“采药”和“外出看诊”的玩法。根据每部分的特点设计相关的小游戏。问诊阶段的小游戏以中医的把脉问诊为蓝本，玩家将通过对人体经络图的观察和操作，合成所需药材图片。抓药步骤玩家则需要在对应的药柜中完成通过药材别名解密开锁的小游戏。切药则需要根据所需药材的部位和效果不同，将屏幕中飞起的药材按照纹理切成对应的“块”“段”“片”等。捣药步骤则设计为节奏游戏，玩家需要跟随节奏操控药碾在药钵中捣碎药材。而采药与外出看诊的部分可以帮助玩家探索草堂外部的世界。草堂的后院中种植着各种草药，在药柜中的草药数量低于一定数目后，玩家将收到提醒前往后院采药，而外出看诊部分也会为玩家提供草堂外的外部世界体验。

在完成初步程序设计和实现后，我们又遇到了第二个问题，即如何改善玩家的游戏体验。

于是我们在游戏内设置了日记（成就）系统，玩家在进行游戏时，日记系统将会记录玩家学习到的知识，当一个药草的知识点全部点亮时，将视为“掌握”了该药草，玩家逐步点亮日记系统的过程，喻指主人公点亮自己的中草药知识树；玩家逐步适应熟悉游戏模式直至了如指掌的过程，就像主人公逐步学习各种中药相关知识直到医术登堂入室的过程；玩家操控角色进行游戏的过程，本质上是角色从李时珍处逐渐学习医术的过程。

除日记（成就）系统外，我们也添加了声望系统，即玩家的经验值和血量，在完成任务后，玩家的声望会提高。玩家的声望值越高，代表治疗成功的病人越多，即经验越丰富，对新病人的治疗也会愈发得心应手。

考虑到游戏设计的初衷是加深玩家对中医药的了解和认识，而在游戏初期，玩家势必会出现对草药性状和描述不熟悉的情况，我们添加了游戏引导语用于提示玩家进行操作，同时我们也设计了一处李时珍的书房，起到游戏图鉴和知识汇总的功能。玩家在游戏过程中可以随时前往老师的书房与其交互，向老师请教有关中医药的知识。在书房的布局上，我们选择安置了一些李时珍的手稿和药材图，暗示历史背景下李时珍在东壁堂内撰书的真实情况。

同时，在画面设计上，调查了市面上各大主流游戏的画风，我们最终选择采用中国传统山水画的水墨风格制作的3D画面来构成游戏的画面主体，在呼应游戏时代背景的同时更容易使玩家沉浸其中。

而游戏中的插图设计，我们同样花费了大量心思。怀着尊重历史，尊重文化的态度，我们搜索了《本草纲目》原著中的插图，并结合对应药材的现实外形，创造出了游戏中的众多药材手绘，增加了严谨性的同时也不失美感。

我们同样保留了游戏的拓展性，后续可以从丰富药材种类、增加游戏流程、添加组合药材等多个方面提升游戏的可玩性和趣味性。

在创作的过程中，我们也在不断调整设计思路，在听取了老师的指导建议之后，我们丰富了玩法，在原本过于平淡和简单的游戏玩法中添加了更多内容，提高了游戏的可玩性。我们也在老师的指导下不断调整打磨细节，最终完成整个游戏。

设计重点、难点

在制作的过程中，我们也遇到过一些方向上和技术上的问题。但在经过团队内部讨论和老师的指导后，我们定准了方向，更新了技术，不断解决了诸多遇到的问题。

1. 设计重点

（1）对中医药主题的理解：我们认为目前的中医药领域其实并不缺少专家与大师，导致中医药式微的原因是如今社会对中医药的关注度不够，故我们在游戏中更多的是体验中医开药治病救人的过程，而并没有将重点放在中医药的功效和作用上。

（2）努力还原当时的历史背景和社会风貌：我们研究了中国疫病史和明代社会的整体状态，确定了在明代坐诊行医是现实可行的，同时游戏的流程也符合现实中医的抓药流程。

（3）以《本草纲目》古籍原著中的插图和对应草药的真实外形为蓝本，设计游戏素材：我们在创作游戏所使用的药材素材时，参考学习了《本草纲目》原著中的插图，再结合现实中的草药真实外形，将其具体化、色彩化而后作为游戏中使用的素材。

（4）使用水墨风格渲染器创造古代意境。为了让玩家身临其境，并且获得更高维度的游戏体验，我们采用3D的引擎进行设计，但是3D的画面往往具有现代感，会给玩家“出戏”的感觉，于是设计者采用了宋代水墨渲染sharder来模拟水墨画的笔触，实现了很好的效果。

2. 设计难点

（1）中医抓药的流程与游戏中的各个流程难以较好地结合

解决方案：提取各部分的关键点或可玩点，有针对性地设计独立小游戏。例如问诊阶段的小游戏以中医的把脉问诊为蓝本，玩家将通过对人体经络图的观察和操作，合成所需药材图片。抓药步骤玩家则需要在对应的药柜中完成通过药材别名解密开锁的小游戏。切药则需要根据所需药材的部位和效果不同，将屏幕中飞起的药材按照纹理切成对应的“块”“段”“片”等。捣药步骤则设计为节奏游戏，玩家需要跟随节奏操控药碾在药钵中捣碎药材。

（2）游戏的引导效果和反馈度不强

解决方案：为了让玩家获得更好的游戏体验，感受到游戏的乐趣，及时的反馈和引导非常重要。我们请教了指导老师并且体验了同类型的其他游戏，获得了许多宝贵的经验和参考。例如，我们增设了新手引导来在游戏初期对玩家进行引导，并设置了声望系统和日记（成就）系统来激励玩家不断学习中草药知识，接待客人，增加经验等。

12.4.4 本草·辑书志

作品文档下载（二维码、网址）：https://www.51eds.com/tdjy/courseDetail/searchCourseDetail.action?courseId=692

作品信息

作品编号：2023039940　　作品大类：数媒游戏与交互设计

作品小类：游戏设计专业组

获得奖项：一等奖

参赛学校：浙江传媒学院

作　　者：李婷、汤玥、王子权、褚康、范嘉欣

指导教师：荆丽茜、高福星

作品简介

《本草·辑书志》是一款基于 Unreal Engine 5 开发的第三人称 3D 冒险解谜游戏。在游戏中，玩家将扮演一位小中医，通过解谜和冒险来探索神秘的幻境。幻境讲述了药圣李时珍为修《本草纲目》"一生皆为逆流船"的故事，玩家通过在幻境中的冒险，体会"国医"故事，感受传统中医魅力。我们运用 Unreal Engine 5 最新的 Lumen 光照、Nanite 与优秀的动作系统，为玩家呈现出沉浸感强的游戏画面和流畅的游戏操作。通过这些关键技术的运用，我们创造出了一个国风卡通风格的、充满了想象力的游戏世界，成功地将中医人物故事与现代游戏技术结合起来，让玩家在享受游戏的同时感受中医文化的魅力。

安装说明

在 Windows 系统中运行。解压文件后，双击 Windows/aaaaacuz.exe 即可运行。

演示效果

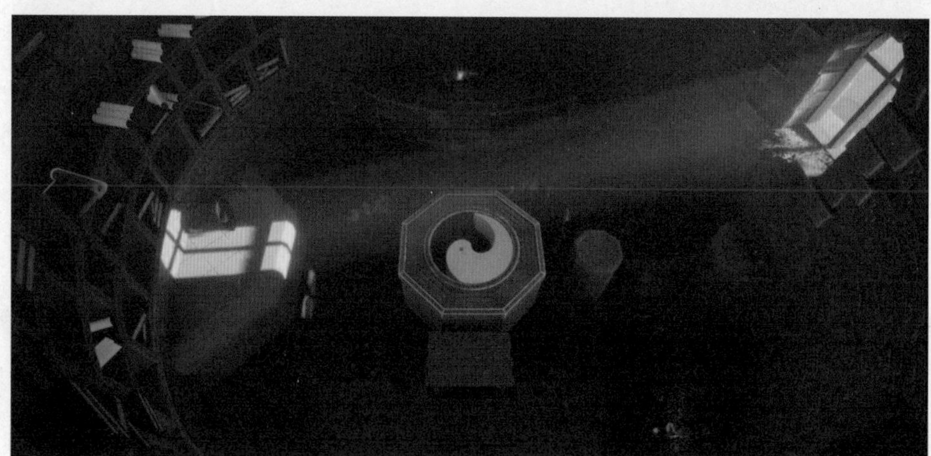

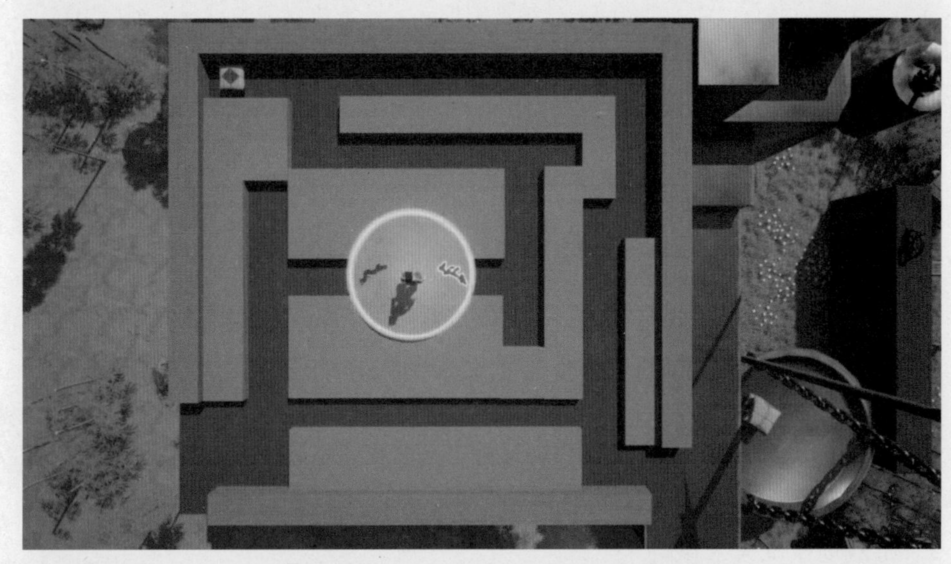

设计思路

《本草·辑书志》是一款以中华民族传统医学为主题的冒险解谜游戏，我们选取了中医人物李时珍及其著作《本草纲目》为题材进行创作，构造了一个充满想象力的神秘幻境，玩家扮演的小中医通过在幻境中的解谜和冒险，一步步了解一代名医李时珍修撰《本草纲目》的一生，感受中医文化的独特魅力。

包括游戏角色设计、场景设计、动作设计、关卡设计、交互设计。

1. 游戏剧情及角色设计

背景故事设定：小中医顿悟在中医学习的道路上遇到了想要放弃的瓶颈，某一天在翻开中医著作《本草纲目》时突然进入了一片幻境，在这个幻境中他亲身经历了李时珍修撰《本草纲目》的坎坷一生，并为之感动，最终得到启发，决定继续坚持下去。另一方面，李时珍当年一路逆流修撰《本草纲目》，可是直到他死去，他也没能看到最终刻成出版的《本草纲目》，于是这样的执念幻化出了这个幻境，顿悟的到来也告诉他，他当年用尽毕生心力编写的《本草纲目》最终还是流传了下去，并对中国乃至世界的医疗事业起到了举足轻重的作用，他的遗憾也终被弥补。

角色设计：游戏主角名叫“顿悟”，意为在中医的学习过程中有所领悟。是一名正在学习中医的少年学徒，基于明朝后期的服饰特点对其进行设计：头戴飘巾，本应身着道袍，但由于道袍过长影响动作，所以改为了短衣，袖子为琵琶袖。

2. 动作设计

为了提高角色的逼真度，提供高度灵活的角色行为控制，我们基于 Advance Locomotion System V4，简称 ALS 动作系统的应用以及扩展，设计了非常优秀的运动系统。除了最基础的走、跑、跳、冲刺，我们还设计了爬墙和划船等一系列动作，让玩家可以在场景中自由探索游戏的乐趣。

3. 游戏场景及关卡设计

游戏一共分为六个关卡。其中关卡二到六基于李时珍修撰《本草纲目》的人生节点进行设计，分别为：三次科考失败；立志即使一生“逆流”也要从医；发现古本草书中存在大量错误后决心重修本草；为修本草翻山越岭，遍访名医；最终完成《本草纲目》的修撰却没能等到书籍的出版。

关卡一：玩家进入游戏，四周除了主角顿悟、顿悟手中的《本草纲目》、一个放书的台子之外都是白茫茫的一片，顿悟将《本草纲目》放到台子上后开启幻境，所有的景物都开始慢慢出现。顿悟前方脚下随着顿悟的前进升起由《本草纲目》书中提取的药名组成的字块，字块的逐渐出现向前铺成了一条通往前方传送门的道路，通过传送门到达下一关。放书开启幻境的设计是为了符合游戏的剧情设定，也为了让玩家能够产生一种惊喜的感觉。字路的设计选取了《本草纲目》原文中的药名，一方面加强了这个幻境是与李时珍和《本草纲目》有关的暗示，另一方面也产生了一种令人踏着前人著作向前走的意味，体现了传承。传送门的设计会在整个游戏中多次出现，主要是为了各个故事关卡之间的切换，也为了体现传统和现代科技的融合。

关卡二：与关卡二关联的故事节点是李时珍的三次科考，李时珍在正式决定从医之前经历了三次科考，可是每一次都以失败告终，在这一过程中他一直希望可以学医，可是当时时代背景下的医生地位很低，父亲希望他能走仕途。于是这一关的设计主要围绕古代科举来设计：整个场景是一个封闭式的箱庭空间，有些许压抑的氛围体现出了古代科举的艰辛、中间的砚台设计成八卦阵的形式以加强与中医的连接、玩家需要通过转动墨台和毛笔来控制水位高低就像研墨和书写笔墨的过程、推动柱子来搭路、转动铜镜来改变光线、完成一组对偶的八字拼图来开启传送门，等等。

关卡三：对应的故事为李时珍立志从医。三次科考失败后李时珍再次向父亲提出想要从医。父亲告诉李时珍学医注定着一生都要在逆流中前行，困难不亚于科考，李时珍听后依然决定从医。这一关我们围绕李时珍留下的诗词“身如逆流船，心比铁石坚”进行了设计，顿悟需要在一条大河中控制脚下的木筏，躲过河中的重重障碍，体会在那个时代从医如逆流的艰辛，使玩家更能感受到当时李时珍决定从医的决心。

关卡四：李时珍从医后发现古本草书上存在着不少记载错误，这样的错误导致药铺抓错药，轻则没有药效，重则使人失去生命，于是李时珍终于决定重修一部新的本草。围绕这一故事节点，我们将这一关卡的设计元素与药房挂上了钩。整个场景对应于药房抓药的过程，先是药柜抓药，然后是用戥子称药，再进行打包。同时对应故事，我们进行了药渣旋转拼图、移动秤砣或添加药品到秤盘，控制戥子称的左右高低，利用重力将迷宫中的药包运送到正确的位置等关卡设计。

关卡五：李时珍为了重修本草不仅饱读各路医书，还亲自外出翻山越岭、遍访名医收集新的草药。其中李时珍为了验证一种名为曼陀罗花的药草，走过了许多山，最后终于在武当山找到了它。根据这一记载，我们设计了第五关：顿悟需要翻过重重高山最终采到曼陀罗花，在翻山过程中顿悟需要小心躲避凶狠的狼，奋力奔跑逃脱狼的追击，也需要在山洞中利用石头来走出山洞，并在雪山之巅靠反应力躲开坠落的雪球，历经艰险最终到达终点。

关卡六：结尾关卡。顿悟眼前又变成了白茫茫的一片，但前方却有一个身影，即李时珍的背影，李时珍告诉顿悟他最终修好了《本草纲目》，但却没能等到书的出版。这时顿悟手中的《本草纲目》再次出现。游戏也在这里结束，我们认为顿悟将书递给李时珍的过程并不需要具体表现出来，留给玩家自己体会的效果会更加深刻。

4. 交互设计

游戏的操作方式为键鼠结合，使用键盘和鼠标控制人物移动和视角变换，并与世界中物品进行交互。在人物控制方面，我们设计了非常优秀的运动系统让玩家可以在场景中自由探索这个世界，除了最基础的走、跑、跳、冲刺我们还设计了爬墙和划船等一系列操作，使玩家可以自由地探索游戏的乐趣。游戏中我们还设置了李时珍和父亲的旁白对话音，用于推进剧情的发展和谜题的提示，同时也为玩家带来更加沉浸的游戏体验。

设计重点、难点

1. 关卡设计

游戏主要讲述李时珍修本草的一生，我们选取了其中的四个节点作为关卡的设计来源：三次科考失败；决心从医；发现旧本草中存在许多错误决定重修本草；结合前人医术以及

亲自外出采药遍访名医，寻找新的草药编写本草。如何做到关卡既要合理有趣，又不与结合故事内容割离成了一大难点。在多次尝试讨论之后我们决定将整个故事融合到一个幻境中，玩家不是李时珍本人，而是一名误入幻境的小中医，他通过这个幻境亲身经历李时珍曾经经历的事情，体会一代医圣李时珍的艰难与不易，并从中受到启发，对自己的人生也有了更高的领悟。游戏主要以解谜为主，但是太多的解谜我们担心会让玩家感到乏味和痛苦，于是我们在迷宫之间穿插了划船和野外采药两个更偏冒险的关卡，让玩家能够有更好的游戏体验。此外，我们在设计游戏中关于古代科举考试的关卡的时候，遇到了一个困难，其中的一个机关似乎已经无法结合相关的物体来设计了，后来我们突然注意到了窗外的一束光，就想到无数学子为科考将自己的生活缩小在一小小的书房内数十载只为能中举，这对他们来说就是一直追寻的那竖光，结合这个，我们最终设计了一面铜镜用来反射光束，成功解决了这个问题。

2. 人物设计

在最初对人物进行设定时，讨论了很久有关主人公的身份，是用李时珍本人，还是用第三人。最终还是决定以第三人的身份去体会李时珍生平中重要的几个人生节点，以旁观者的身份，去亲身体会重修本草的艰辛。开始设计人物时，首先决定了其明朝末期中医学徒的身份，经过考究与查阅资料对主人公进行服饰的设计，构思出草图后再进行建模。最初设定是道袍，但考虑到游戏中有许多大动作，便改成了短衣和裤子，更加方便行动。因为要制作动画的缘故，所以在对人物进行建模的过程中对布线进行了多次的修改，以达到更好的动画效果。

3. 场景设计

场景根据具体情况进行设计，充分考虑到玩家的新鲜感，保持游戏的可玩性。例如，在科举八股文场景中，我们设计了一个类似于古代科举考试的场景，整个场景是个封闭式的箱庭空间，有些许压抑的氛围体现出了古代科举的艰辛；在第三关的室外场景我们设计了一条河流，玩家将通过划船的形式探索整个关卡。利用这样设计游戏使我们避免了场景设计重复乏味，增加了游戏的耐玩性，但也因此我们的场景复用性不是很高。并且由于是重走李时珍的人生路，其中的那些桥段都颇为抽象，在将其具象成实体的场景的过程中花费了不少时间去构思，怎么合理地结合谜题机关与背景故事，怎么渲染出恰当的氛围。

4. 动作系统设计

本游戏的动作系统是基于 Advance Locomotion System V4，简称 ALS 动作系统的应用以及扩展。

动作系统针对以下几点做出了重点的设计：

（1）自然流畅的动作：提高角色的逼真度并增强游戏体验；

（2）自由度高的行为控制：提供高度灵活的角色行为控制，让玩家可以轻松地控制角色的各种动作，包括行走、奔跑、跳跃、攀爬等；

（3）易用性和可扩展性：使动画数据可以通过动画曲线以及曲线数据快捷更改，而且可以基于分层混合与叠加态的给动作系统带来丰富的可扩展性。

动作系统有以下设计难点需要克服：

针对载具系统的扩展设计：针对载具系统，我们的设计思路是不把载具系统的逻辑耦合到 ALS 的基本系统当中，因为 ALS 的本身系统就已经足够庞大，过度耦合将使代码更加难以维护，所以我们将载具系统做了单独的角色和控制器随时切换。

12.4.5 弹无虚发——智能领弹管理及数据分析系统

作品文档下载（二维码、网址）：https://www.51eds.com/tdjy/courseDetail/searchCourseDetail.action?courseId=692

作品信息

作品编号：2023050489　　　作品大类：软件应用与开发

作品小类：管理信息系统

获得奖项：一等奖

参赛学校：陆军军事交通学院

作　　者：窦梦杰、张宇康、张玉宁

指导教师：刘旭、阚媛

作品简介

在如今部队军事训练实战化的背景要求下，实弹射击训练在部队中进行得越来越多。军队大抓实战化训练的同时，也衍生出了一系列问题：弹药管理不规范，打靶成绩登记麻烦、复杂，成绩与弹药分析还需人工操作，成绩与弹药缺乏科学化管理等，导致一系列的枪弹安全问题频出。本作品提出的智能领弹管理及数据分析系统是布置在树莓派 Debian 系统上，主要是利用 OpenCV 与卷积神经网络模型来进行人脸检测与识别，利用 MySQL 数据库对人员信息等进行数据管理，远程操作摄像头获取靶位成绩信息，借用 flask、pandas 等库与 html 等语言实现打靶成绩与弹药数据分析与可视化展示，同时对领弹人的领弹情况进行实时监控，如出现领弹异常及时发出异常警报。

可结合所制作的相应硬件设备，只需一个管理员，即可完成弹药领取、弹药发放以及对射击成绩结果分析的过程。不仅节约了人力，还大大节省了打靶训练过程中弹药领取和弹药发放的时间，提高了部队实弹射击训练的效率与安全稳定，规范了弹药管理，而且领弹过程保密性很好，使军队更靠近现代化、智能化。主要功能为：（1）人脸识别：本作品利用卷积神经网络模型、OpenCV 库进行人脸识别。由于人脸识别精确快速，并能记录领弹人的信息，确保弹药的精准发放，同时缩短了领取弹药的时间，提高了训练效率；（2）机械控制：利用舵机进行快速发弹，代替管理员进行人工发弹。不仅节约了人力，同时也确保了弹药数量的准确，使管理员的工作变得更加快捷、高效；（3）数据可视化：利用 Pandas、Flask、JavaScript、AJAX、Echart、HTML 等语言或库完成的数据可视化。对射击成绩进行可视化分析，使指挥员更加直观地了解训练效果和训练情况，为下一步制订训练计划提供依据，从而更好地提高部队战斗力。

安装说明

1. 管理系统软件安装环境

PhpStudy_pro：开启 mysql 及 apache 服务，提供 php 后端服务。

Thonny：代码编写软件。

运行环境：PyQt5 界面、谷歌浏览器。

2. 树莓派运行环境

安装平台：Raspberry 4b，32 GB。

安装系统：Raspberry Pi OS，64 位（Raspbian）。

3. 图像识别环境

下载安装 Python 3.9。

添加 OpenCV、TensorFlow、numpy、PIL、threading 库。

4. 数据可视化环境

下载谷歌浏览器。

添加 flask、pandas、random、webbrowser 库。

利用 HTML、CSS、JavaScript 语言。

演示效果

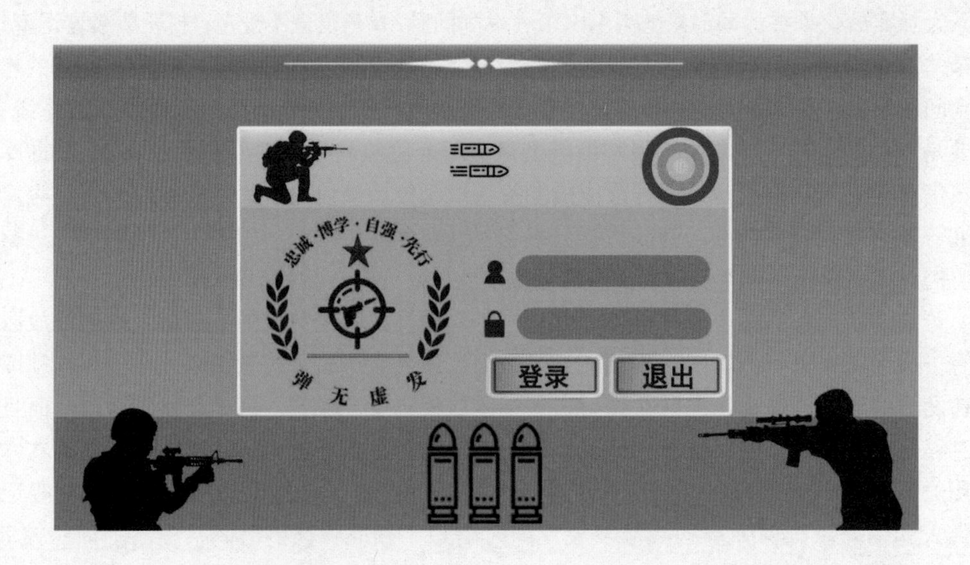

轻武器打靶管理系统
弹药领取
弹药入库
枪弹信息
人员信息
成绩信息
成绩分析

弹药领取
弹药领取
领取记录
忠诚·博学·自强·先行
弹无虚发
时间：
子弹类型：
步枪弹
子弹型号：
DBP10式5.8mm
数量：
0
发弹人：
蔡明亮
开始领弹

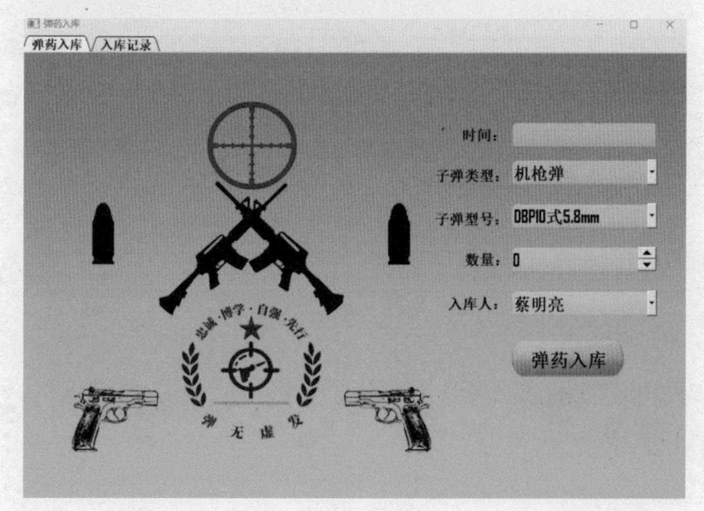

弹药入库
弹药入库
入库记录
时间：
子弹类型：
机枪弹
子弹型号：
DBP10式5.8mm
数量：
0
入库人：
蔡明亮
弹药入库
忠诚·博学·自强·先行
弹无虚发

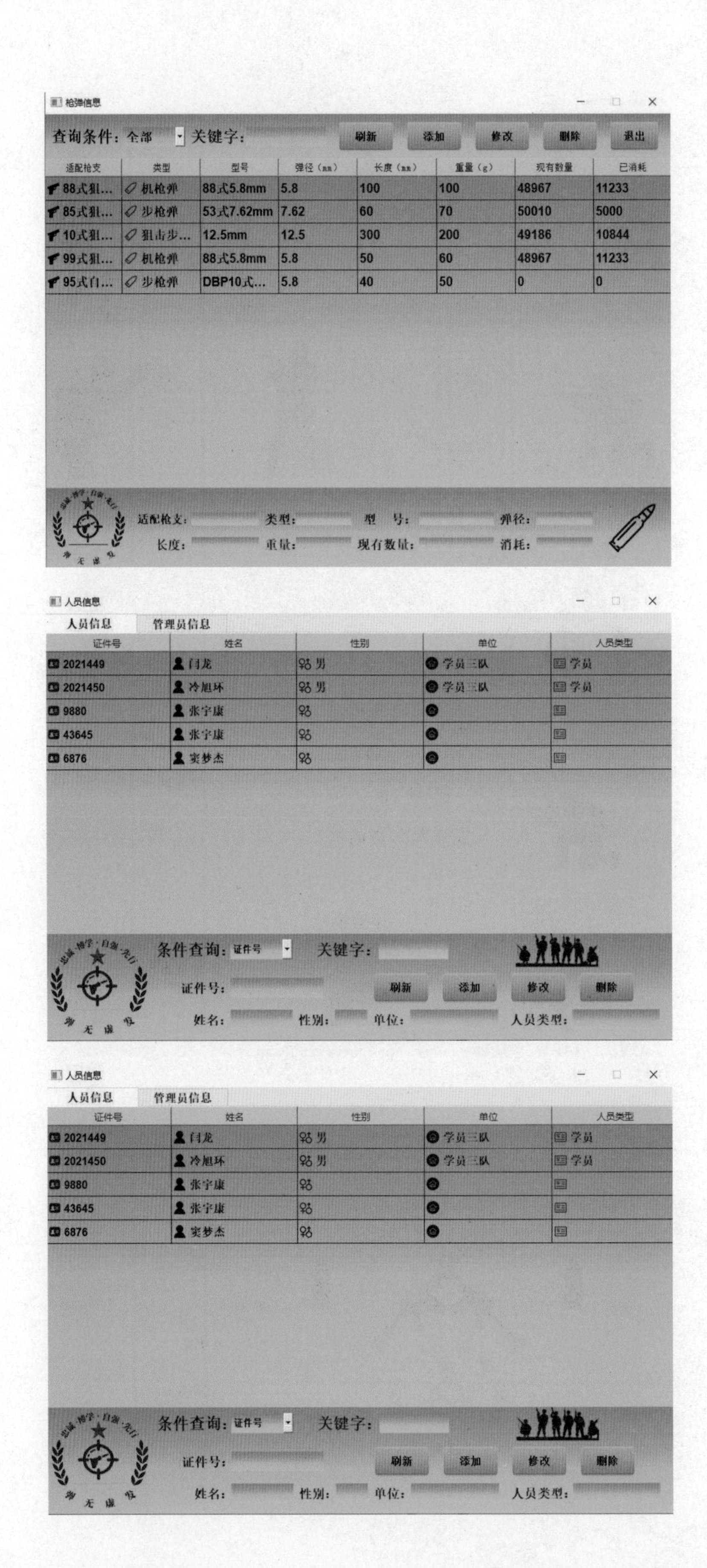

枪弹信息
查询条件：全部
关键字：
刷新
添加
修改
删除
退出
适配枪支 类型 型号 弹径（mm） 长度（mm） 重量（g） 现有数量 已消耗
88式狙... 机枪弹 88式5.8mm 5.8 100 100 48967 11233
85式狙... 步枪弹 53式7.62mm 7.62 60 70 50010 5000
10式狙... 狙击步... 12.5mm 12.5 300 200 49186 10844
99式狙... 机枪弹 88式5.8mm 5.8 50 60 48967 11233
95式自... 步枪弹 DBP10式... 5.8 40 50 0 0
适配枪支：
类型：
型号：
弹径：
长度：
重量：
现有数量：
消耗：
人员信息
人员信息
管理员信息
证件号 姓名 性别 单位 人员类型
2021449 闫龙 男 学员三队 学员
2021450 冷旭环 男 学员三队 学员
9880 张宇康
43645 张宇康
6876 窦梦杰
条件查询：证件号
关键字：
证件号：
刷新
添加
修改
删除
姓名：
性别：
单位：
人员类型：
人员信息
人员信息
管理员信息
证件号 姓名 性别 单位 人员类型
2021449 闫龙 男 学员三队 学员
2021450 冷旭环 男 学员三队 学员
9880 张宇康
43645 张宇康
6876 窦梦杰
条件查询：证件号
关键字：
证件号：
刷新
添加
修改
删除
姓名：
性别：
单位：
人员类型：

成绩信息

查询条件：全部　关键字：　刷新　添加　修改　删除　导入

学号	时间	姓名	专业	类别	年龄	领弹数	射击成绩
12301	2022.1...	高鸣第	步兵	一类	56	5	45
12302	2022.1...	张润新	步兵	一类	45	5	48
12303	2022.1...	方　远	步兵	一类	36	5	47
12304	2022.1...	敬阳宏	步兵	一类	28	5	46
12305	2022.1...	张在源	步兵	一类	26	5	45
12306	2022.1...	黄希光	步兵	一类	25	5	44
12307	2022.1...	葛孟瑶	步兵	一类	26	5	43
12308	2022.1...	杨　倬	步兵	一类	34	5	42
12309	2022.1...	蒲文操	步兵	一类	19	5	41
12310	2022.1...	张金硕	步兵	一类	19	5	40
12311	2022.1...	于加硕	步兵	一类	19	5	41
12312	2022.1...	常宏祥	步兵	一类	19	5	42
12313	2022.1...	赵宏杨	步兵	一类	19	5	43

学号：　时间：　姓　名：　专业：

类别：　年龄：　领弹数：　成绩：

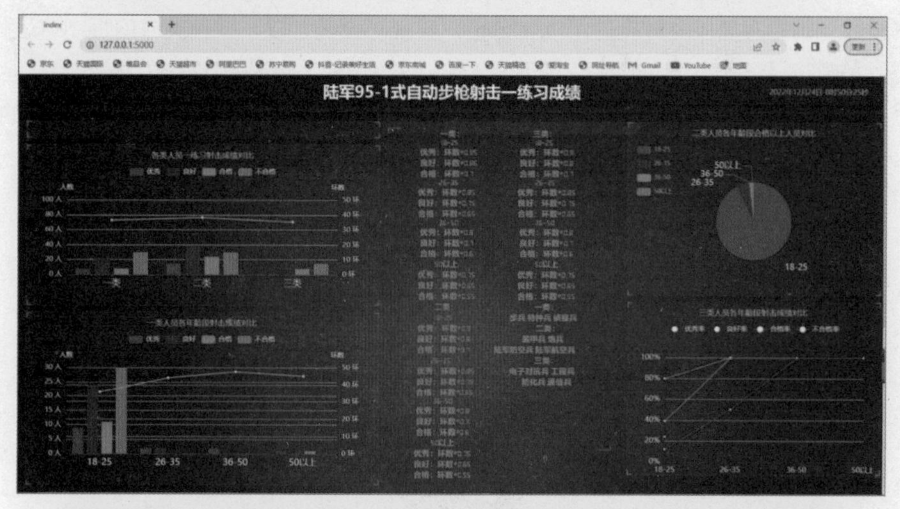

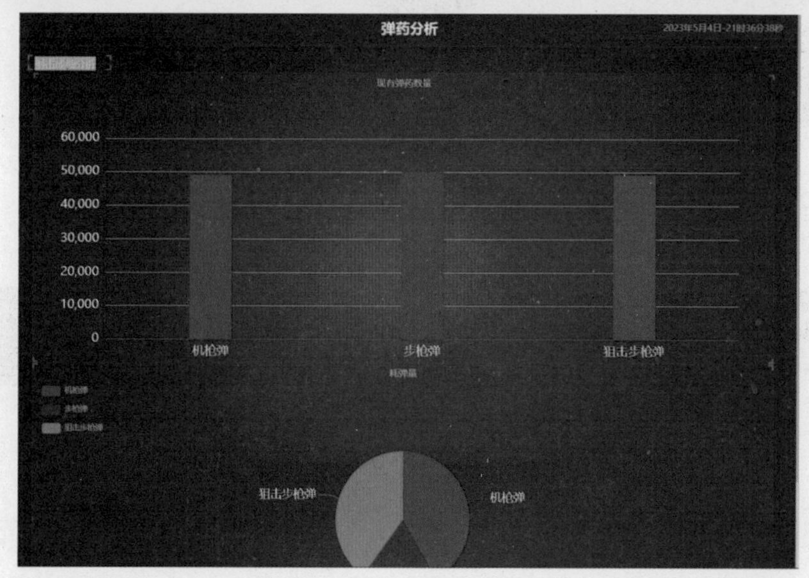

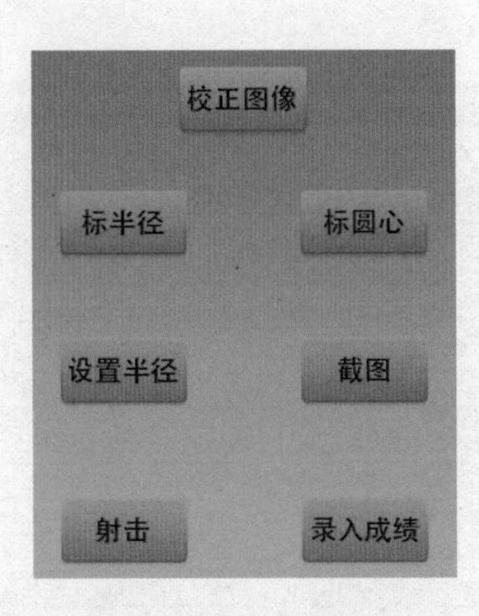

设计思路

本作品主要是由软件系统和弹药箱终端组成的独立的弹无虚发系统。软件系统通过人脸识别、各类数据信息存储以及数据的可视化分析，实现对弹药领取、弹药发放的控制，远程获取靶位成绩信息以及各类信息的存储、管理和分析。弹药箱终端由弹药箱体、摄像头、显示屏、树莓派、伺服电机、电源以及音箱组成，通过软件系统的实现，完成弹药领取和弹药发放的过程。此外，该系统不与互联网连接，完全作为一个独立体系使用，符合军队的保密要求。

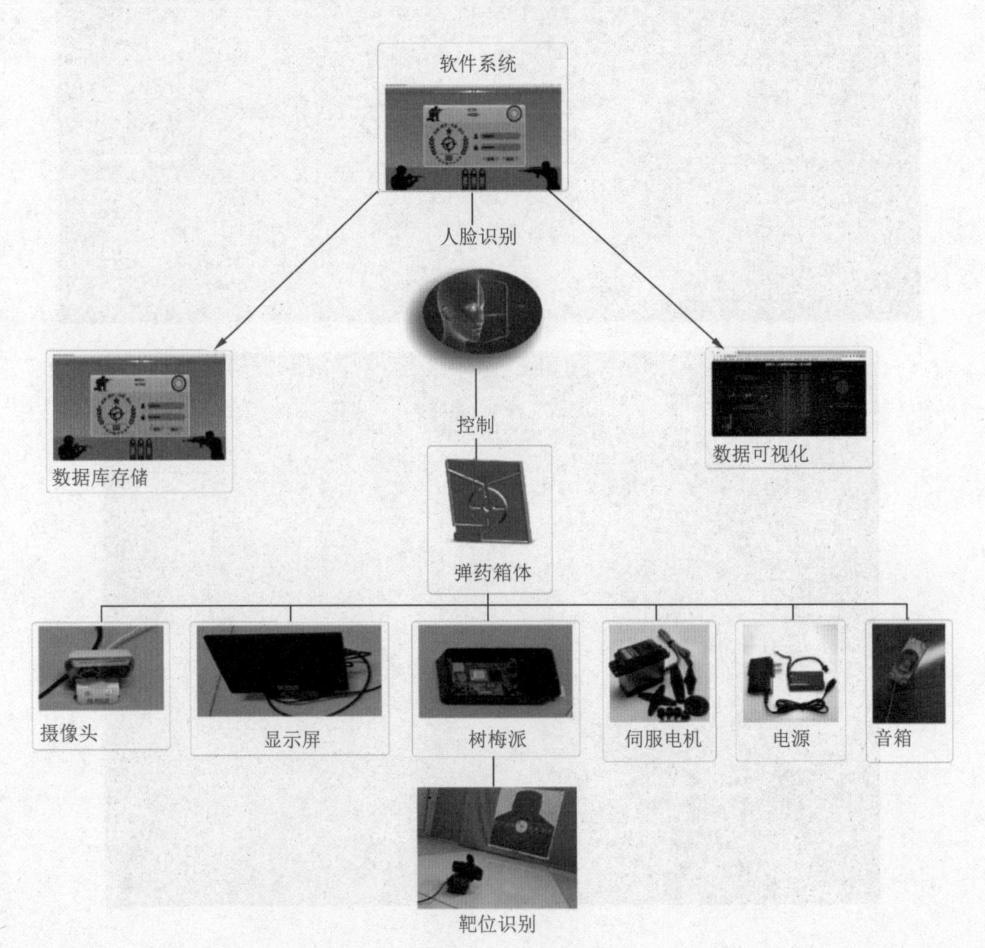

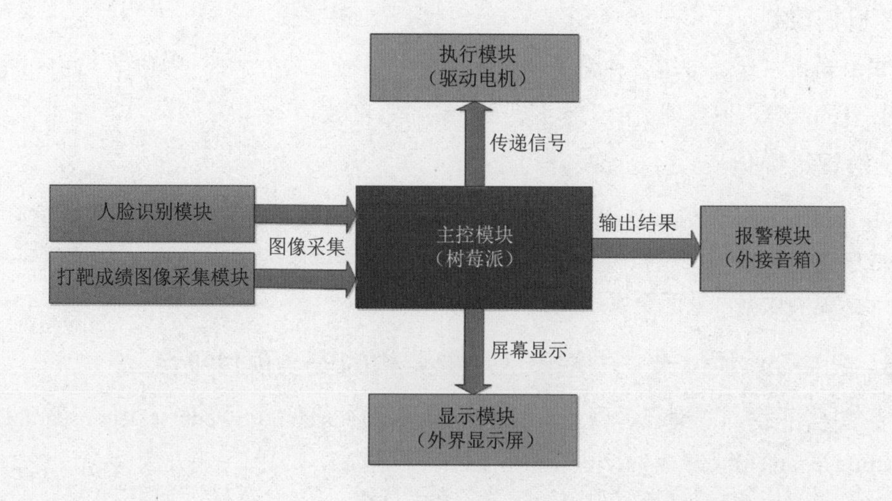

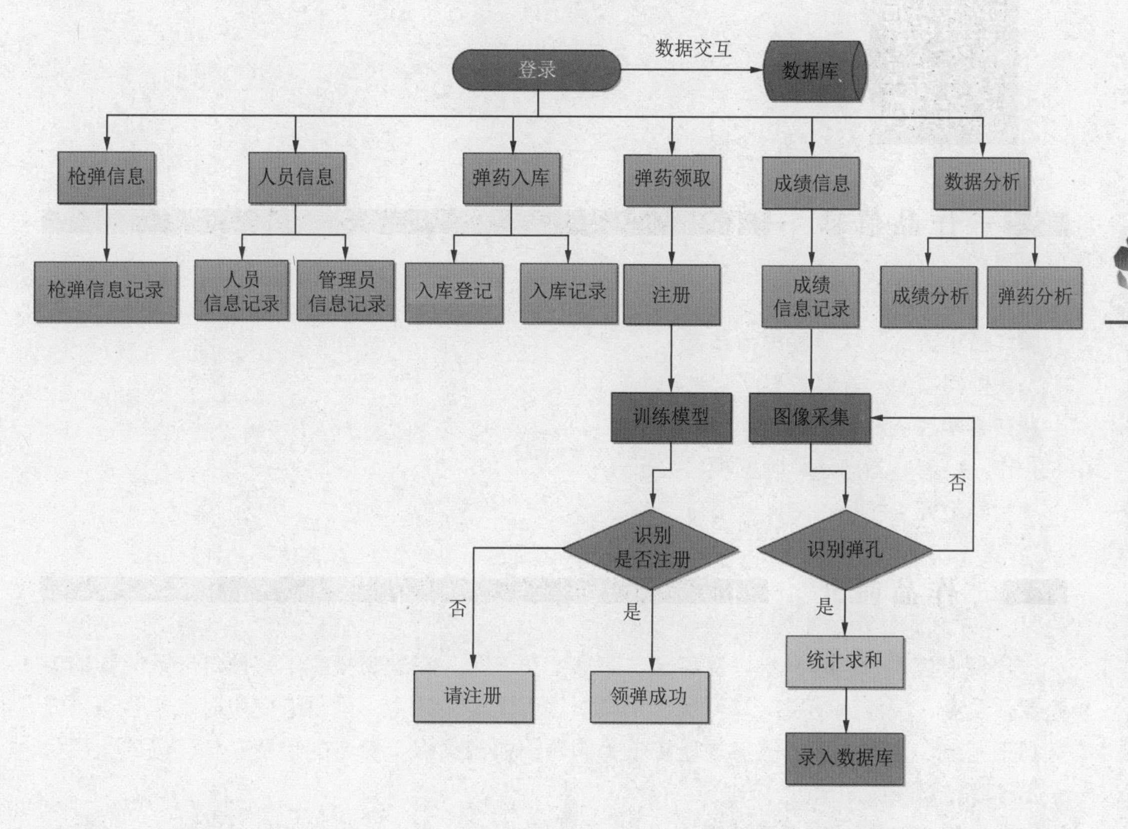

设计重点、难点

1. 人脸识别

本作品利用卷积神经网络模型、OpenCV 库进行人脸识别。由于人脸识别精确快速，并能记录领弹人的信息，因此可以确保弹药的精准发放，同时缩短了领取弹药的时间，提高了训练效率。

2. 机械控制

利用电机进行快速发弹，代替管理员进行人工发弹，不仅节约了人力，同时也可以确保弹药数量的准确，使管理员的工作变得更加快捷、高效。

3. 数据可视化

利用 Pandas、Flask、JavaScript、AJAX、Echart、HTML 等语言或库完成的数据可视化。对射击成绩进行可视化分析，使指挥员更加直观地了解训练效果和训练情况，为下一步制订训练计划提供依据，从而更好地提高部队战斗力。

12.4.6 PrePay 预付卡——基于区块链架构的安全预付平台

作品文档下载（二维码、网址）：https://www.51eds.com/tdjy/courseDetail/searchCourseDetail.action?courseId=692

作品信息

作品编号：2023006321　　　　作品大类：软件应用与开发

作品小类：区块链应用与开发

获得奖项：一等奖

参赛学校：深圳大学

作　　者：刘志涛、叶紫桐、梁可凡

指导教师：祁涵、NINA

作品简介

预付卡应用包括健身卡、美容卡、商家会员卡等，在理想模式下，预付卡既能帮助商家盘活资金，又能让消费者享受优惠折扣。然而现实生活中，预付卡使用时常常会遇到诸如霸王条款、商家跑路、服务质量降低等问题，如何确保消费者的消费安全已经成为预付卡市场亟待解决的问题。

针对以上问题，我们设计了 PrePay——一款面向小微企业的安全预付卡产品。将区块链的去中心化、不可篡改性以及可追溯性等优良特性，与金融领域的信用与风险控制机制相结合，在交易发生前、发送时、发生后全环节最大限度地保护消费者的预付资金、合法权益和个人隐私，提高消费者对预付卡产品的信心，实现商家与消费者的双赢。

安装说明

用户通过操作 React App 与后端和链上合约进行交互，前端文件安装与运行说明：

（1）用户下载前端文件并解压缩后，进入文件命令行，安装相关依赖 npm install。

（2）依赖安装完成后，运行项目 npm start。

（3）打包项目至服务器 npm run build。

（4）项目运行后，请在浏览器地址栏输入以下地址跳转到登录界面：http://localhost:3000/login。

演 示 效 果

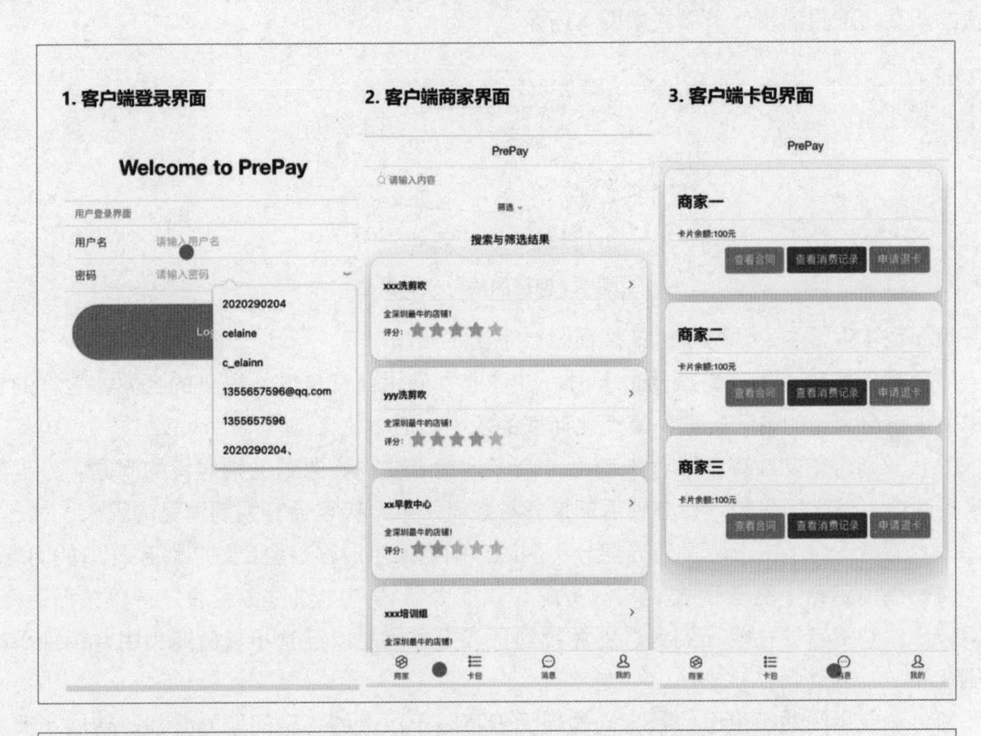

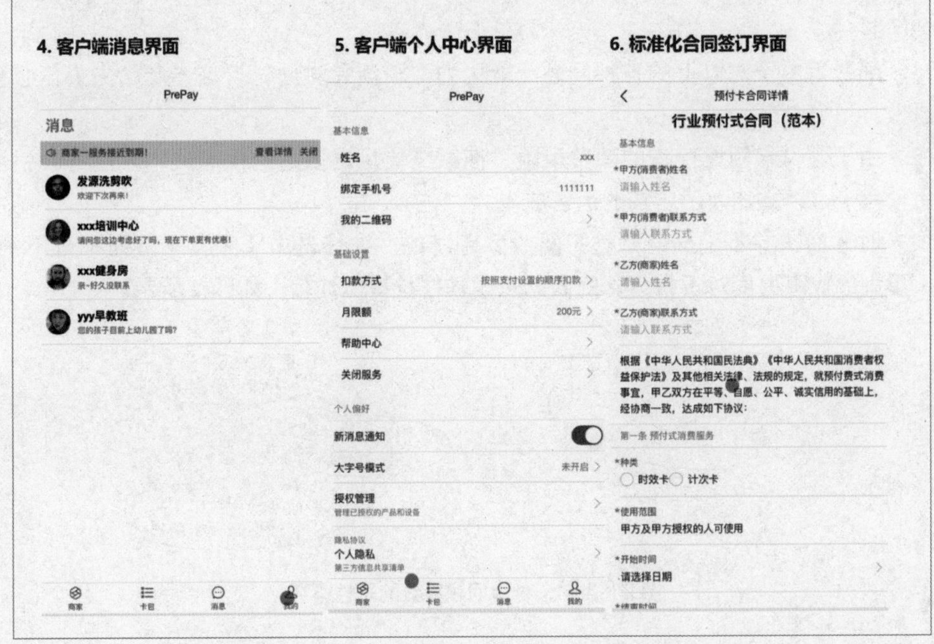

设计思路

1. 传统预付卡业务模式

预付卡是我们日常生活中经常会接触并使用到的一项电子货币产品。

在一般的预付卡交易中，消费者在商家提供的预付卡产品中充值一定的金额，商家会因此提供相应的折扣。由此消费者能够以更加廉价的金额享受同等的服务，而商家一方面能够吸引更多的客源，另一方面也能预先获取大量的现金流。因此，使用预付卡本是两全其美的双赢。理想的预付卡模式如图 1 所示。

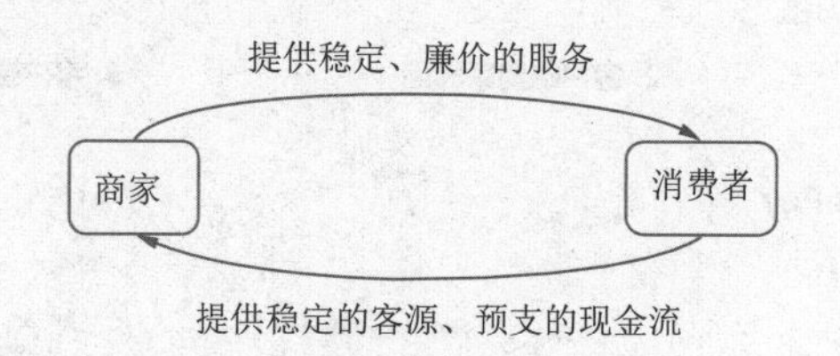

图 1　理想的预付卡模式

然而现实生活中，预付卡的使用面临以下诸多问题：

（1）霸王条款：用户办理预付卡时，往往必须使用商家单方面提供的合同，这样的合同中往往包含大量的霸王条款，最大化商家的权利、最小化义务。

（2）区别对待：在办理预付卡前后，众多消费者往往会遇到区别对待的问题。办理前能享受到令人满意的服务，在办理后却是各种敷衍了事，甚至会有强制消费的现象。

（3）监管不力：由于职责边界划分不明确，纠纷发生时往往会出现“踢皮球”的问题。

（4）关门跑路：有些理发店、健身房在收取大量客户的预付资金后，直接关门跑路、申请破产。消费者往往找不到人，就算找到了，商家也能以经营不善破产为由，拒绝承担任何责任。

预付卡使用问题衍生出的社会问题包括但不限于以上的各种问题的叠加，造成了严重的社会问题：

（1）消费者由于对以上的各种问题无能为力，渐渐会对预付卡这一产品失去信心甚至产生恐惧。

（2）由于预付卡领域存在的消费风险，商家需要付出更高的优惠成本才能够吸引用户来使用预付卡，严重加大了店铺的运营成本。

很多时候商家并不是一开始就打算卷款跑路的，往往是由于经营不善而不得不倒闭。此时，更大的优惠力度对正常运营的商家来说往往是雪上加霜，如图 2 所示。

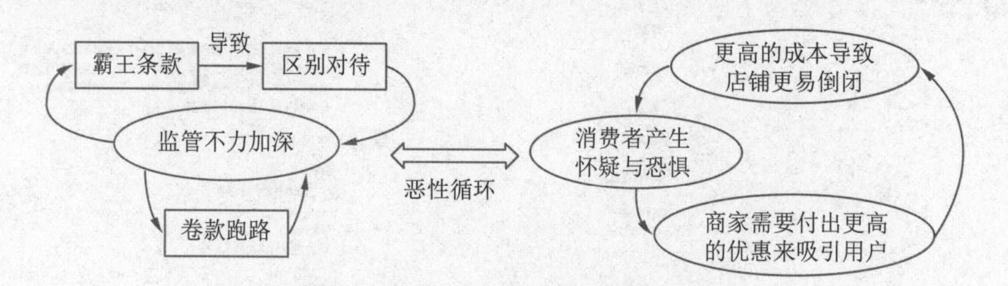

图 2　当前预付卡问题导致的恶性循环

2. PrePay 预付卡业务模式

因此我们希望 PrePay 预付卡具备以下优良性质：

（1）能够制约恶意商家卷款跑路，从发生前预防和发生后缓解两个角度提出方案。

（2）能够改善霸王合同、霸王条款的问题，使纠纷发生时，消费者有合同可依。

（3）能够尽量避免办卡前后区别对待的问题，使用特殊机制从根源问题上解决。

（4）能够最大程度上保护消费者的个人隐私，在交易的全过程，无非必要信息的泄露。

设计重点、难点

1. 标准化合同

针对霸王条款的最好方法，便是我们自己提供一份标准化的合同模板。合同明文自然不适合直接上链，我们将明文存储在 IPFS 中，将合同哈希和 IPFS 地址上链存储，保证合同的有效性能够被验证。

2. 信用机制

智能合约与商业银行能够为我们的预付卡方案提供一个中间账户，商家能够从交易中获得多少的“预先收益”，完全由合约中的算法决定。

3. 隐私保护机制和七天无理由退款机制

如何避免办卡前后的区别对待问题？我们通过将零知识证明技术和七天无理由退款的机制进行结合，尝试从机制上解决这一问题。

12.4.7 基于目标检测算法的自动化垃圾捡拾分类无人车

作品文档下载（二维码、网址）：https://www.51eds.com/tdjy/courseDetail/searchCourseDetail.action?courseId=692

作品信息

作品编号：2023009254　　　　作品大类：人工智能应用

作品小类：人工智能实践赛

获得奖项：一等奖

参赛学校：宿迁学院

作　　者：郭宇轩、陈星月、汪圣武

指导教师：张兵、袁进

作品简介

为了减轻垃圾回收分类的执行成本，本次设计围绕路面垃圾的自动化拾捡分类展开研究与系统设计。本系统分为感知系统、控制系统、执行机构三个部分。其主要功能是按照事先规划好的路径进行巡逻，并将识别到的垃圾进行捡拾并分类。

通过摄像头采集图像，使用 Darknet 深度学习框架搭配 YOLO 目标识别算法对需要拾取的目标进行识别分类。在 ROS 机器人操作系统中设计功能节点，通过 Moveit 工具完成运动学逆解，驱动机械臂完成垃圾的捡取，通过舵机转动投放平台，使垃圾落入不同的投放口，实现垃圾分类。

安装说明

感知系统：Jetson Nano（1）通过 USB 口与摄像头相连接。

控制系统：Jetson Nano（2）与 STM32F1、STM32F4 通过串口通信。

执行机构：机械臂、运动底盘控制线路与 STM32F4 相连接、分类平台舵机控制线与 STM32F4 相连接。

演示效果

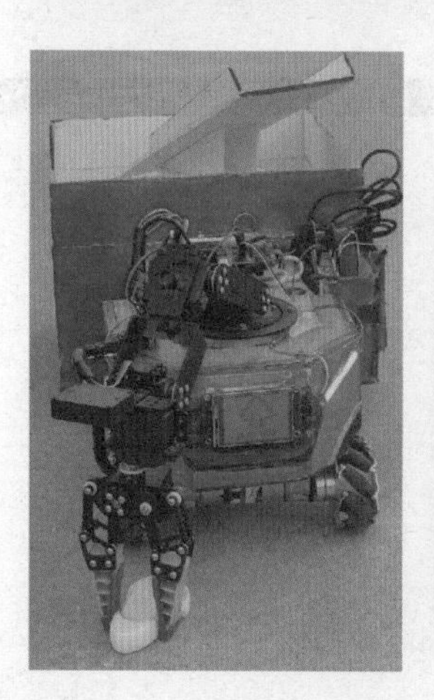

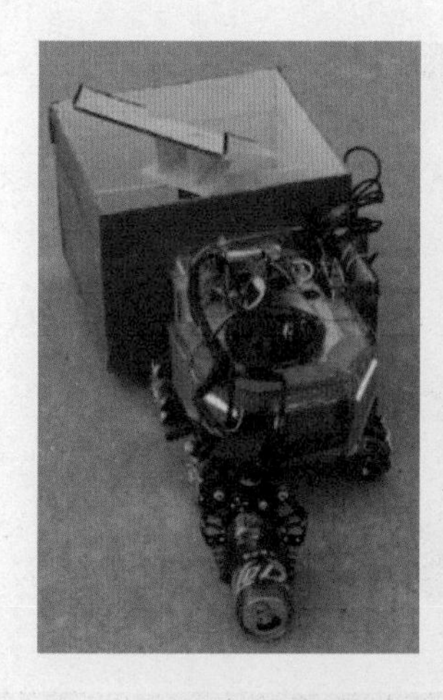

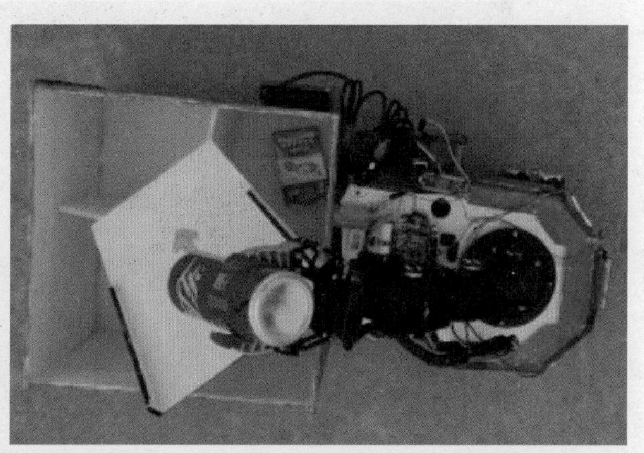

设计思路

随着生活水平的逐步提高，我国生活垃圾的种类和数量也在逐年递增。生活垃圾的无序堆放，不仅挤占有效市容空间，还会对城市环境造成污染。现阶段垃圾捡拾工作仍然以人工为主，不仅消耗大量人力成本，并且在炎夏和寒冬之际，气候恶劣，对于环卫工人而言，在这种环境下工作会对身体产生较大负荷，分拣效率也会随着工作时长的增加而降低。因此，设计一款既能满足垃圾高效、合理捡拾要求，又能降低人力成本、保护环卫工人的健康的自动化垃圾捡拾分类无人车，成为执行垃圾分类的迫切需求。

本作品围绕路面垃圾的自动化拾捡分类展开设计与研究。优化 YoloV5 目标检测算法，实现对垃圾种类和位置信息的获取。使用 Jetson Nano 作为算法的运行平台。使用 STM32F4 作为智能车的主控芯片，用于控制底盘移动以及机械臂的抓取行为。

YOLOV5 算法使用 1 200 张图片作为数据集，其中取 80% 为训练集，20% 为测试集，训练 300 轮，总耗时 10 小时，获得最终权重。

YoloV5 算法逐帧处理摄像头采集的视频流，并将识别到的信息通过串口发送给 STM32F4 去控制无人车执行对应的机械行为，并通过车前方的 LCD 屏显示识别结果。

本设计是以 STM32F407 单片机为核心的控制系统。系统主要包括感知系统、控制系统、执行机构三大部分。

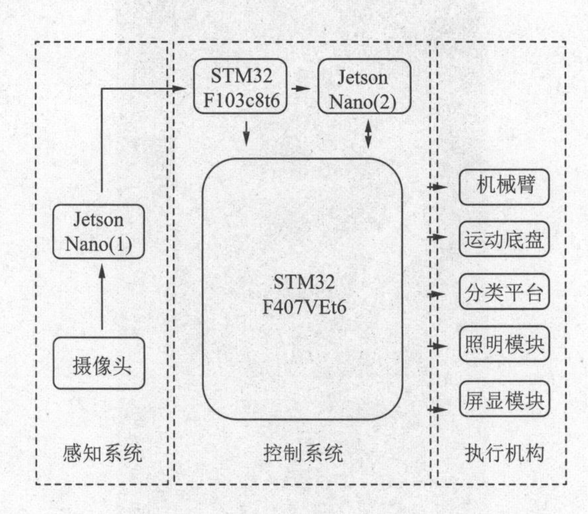

感知系统主要使用运行在 Jetson Nano 上的 YoloV5 算法识别视频的图像帧，并将识别信息，按照通信协议打包成通信帧，通过串口发送给控制系统。

控制系统主要使用 STM32F407 和另一块 Jetson Nano，接收到感知系统传送来的通信帧后，按照通信协议解读出目标的位置、种类信息。并根据该信息，发送对应的控制指令控制执行机构执行相关机械行为。

执行机构主要由机械臂、分类投放平台、LCD 显示屏、电机构成。机械臂用于根据收到的垃圾位置信息纠正臂爪位置，实现垃圾抓取的功能。分类投放平台主要根据垃圾种类信息转动到对应投放口，使得机械臂投放的垃圾可以掉入对应分类口，以实现垃圾分类的功能。LCD 显示屏用于实现识别反馈，通过其可以清晰地看到当前抓取垃圾的种类。电机用于智能车的移动，通过对电机转动方向的控制，控制麦轮转动，实现智能车前后左右移动，通过编写时序结构代码实现无人车的路径规划。

1. 垃圾识别模块

垃圾识别模块包括 Jetson Nano 开发板和摄像头两部分。选择 SY003HD 摄像头进行图像采集，接口与 Jetson Nano 开发板相连采集垃圾图片，通过 YOLOv5 算法实现分类的目的。Jetson Nano 是一款开源硬件，考虑到 Jetson Nano 具有图像处理能力强、功耗低、性价比高的优点，将 Jetson Nano 作为智能垃圾分类箱的核心硬件平台。用摄像头对垃圾进行拍摄，将图片上传至 Jetson Nano 平台进行数据处理，从而对投放的垃圾进行分类的识别。YOLOv5 算法具有速度快、体积小以及准确率超高等特点，且 YOLOv5 算法比 YOLOv3、YOLOv4 在检测速度和检测精度方面有了更进一步的提高，因此选用 YOLOv5 算法将物体检测作为回归问题进行求解。

运行 Jetson Nano 深度学习 YOLOv5 算法外接信息，进行采集并识别，若未能成功识别，则继续识别；成功识别，则通过串口下发目标信息。

2. 无人车主控模块

智能车主控模块主要采用 STM32F407 开发板。STM32F407 是 ST 基于 ARMCortex TM-M4 为内核的高性能微控制器，所使用的 ART 技术使得程序零等待执行，程序执行的效率非常高。集成了单周期 DSP 指令和 FPU（floatingpointunit，浮点单元），提升了计算能力，可以进行一些复杂的计算和控制。

智能车的主控模块主要负责接收感知模块的识别结果，并根据识别结果做出决策，控制执行机构执行对应的机械行为。

（1）照明模块。车前方安置了两个灯条，当智能车启动时，该灯条打开。使用灯条对前方地面进行补光，有效防止了因光线不足而导致识别精度降低的情况，提高了垃圾识别的精度。

（2）机械臂模块。机械臂采用六自由度机械臂，主要由 6 个舵机组成。通过输出 PWM 波控制 6 个舵机的转动角度，实现垃圾的抓取。当车前方路面存在垃圾时，感知系统识别之后发送通信帧给主控系统，主控系统根据收到的信息控制 6 个舵机转动，通过编写时序结构程序，使 6 个舵机按指定时序转动指定角度，实现了垃圾追踪、抓取、投放的机械行为。

（3）识别反馈模块。识别反馈模块主要由一块 LCD 屏幕构成，车前方安置了一块 LCD 屏，通过串口控制其显示的界面，根据消抖后的垃圾种类信息，控制 LCD 屏界面的切换，可以清晰地看出当前识别的垃圾种类，实现了识别结果的反馈。

（4）垃圾分类模块。智能车后方配置了一个 4 方格垃圾箱，4 方格中间安置了一个斜坡平台，由舵机控制平台方向，当识别到垃圾后，舵机在机械臂投放的机械行为执行前，将斜坡平台转动到该垃圾对应种类的投放口，实现了垃圾分类的过程。

（5）移动模块。该模块主要由四个电机构成，根据接收到的控制系统的控制信息，按指定时序控制电机转动万向轮，带动智能车进行移动，实现移动和按指定路径巡逻的功能。

设计重点、难点

1. 设计重点

（1）垃圾识别的正确率；

（2）机械臂抓取的精度；

（3）对识别抖动处理的效果；

（4）垃圾识别、抓取、投放、分类的执行速度。

（5）Jetson Nano 与 Stm32F4 之间的通信；

（6）无人车的路径规划。

2. 设计难点

（1）通过消抖算法优化 YoloV5 算法，防止识别抖动，使其识别结果更加精确；

（2）以眼在手上的方式实现视觉标定，通过修改 YoloV5 算法中的 plot 函数，获取垃圾左上角的坐标和长宽信息，并由此计算出垃圾中心位置的坐标；

（3）将每一帧待识别的图像划分为 20 个区域并设置区域编号，越靠近图像中心位置的区域越小，提高抓取速度的同时提高精度；

（4）YoloV5 在 Jetson Nano 上的应用；

（5）数据集的收集、目标权重训练与测试；

（6）机械臂追踪垃圾位置并实现抓取的机械行为设计；

（7）分类平台的结构设计；

（8）分类平台的转动与机械臂投放的时序控制。

12.4.8 面向智慧物流的快递运载智能平台

作品文档下载（二维码、网址）：https://www.51eds.com/tdjy/courseDetail/searchCourseDetail.action?courseId=692

作品信息

作品编号：2023013064　　　　作品大类：人工智能应用
作品小类：人工智能挑战赛（智慧物流专项挑战赛）
获得奖项：一等奖
参赛学校：东南大学
作　　者：王昱然、王梓豪、杨承烨、诸欣扬
指导教师：王激尧

作品简介

本作品是基于开源移动机器人平台 EAI 和开源机器人软件平台 ROS，搭建一款具有自主建图、导航、邮件识别、邮件抓取运送等多项功能的智能物流机器人。这一智能机器人通过结合机器人技术和物流管理实践，能够为物流行业提供更加高效的物流配送解决方案。

本作品所研发的智能物流机器人将能够自主进行建图、导航、自动识别、分类、抓取和送货等任务，可以替代传统物流配送模式中机械重复的部分。

安装说明

本作品涉及运载智能车、机械臂、摄像头、吸盘之间的连接，每个部分都已实现整体封装，只需要进行各部分之间的插头连接即可。

运载车作为整个电源的载体和输电平台，是整个智慧运载平台的核心，在安装时将机械臂的相关接线（包括电源输入、USB 接口等）插入智能车中预先设置的相应接口上即可，摄像头同样接入智能车的 USB 接口中，吸盘主要连接在机械臂上，通过硬件固定在机械臂的前端，并将入气口与气泵的气管相接，完成整体的安装。

演示效果

本系统集成定位监控功能、环境主动感知功能、语音交互功能于一体，可有效辅助视障人士便携式出行，能大幅提高视障人士的出行体验，在实际场景中应用广泛。

1. 形态——单独 LEO

2. 形态二——LEO+ 机械臂

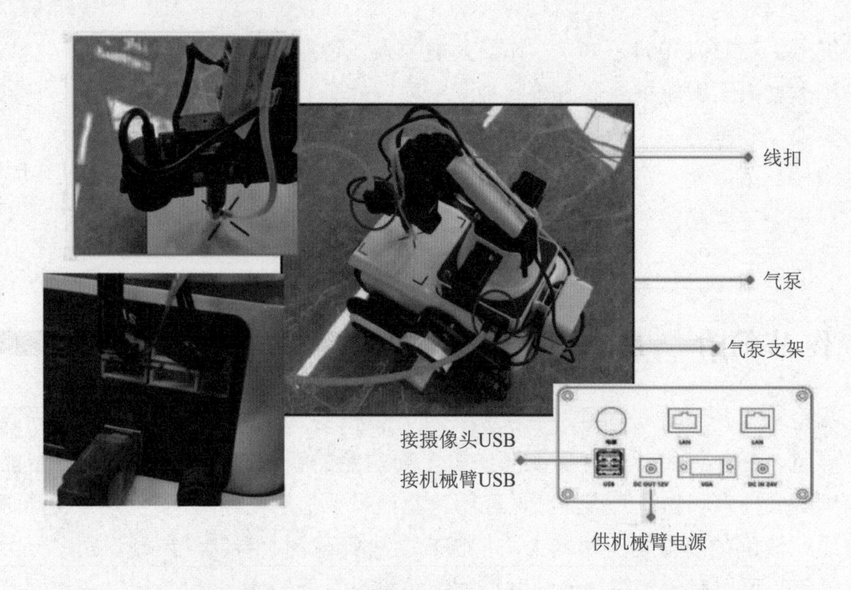

3. 最终形态——实际搭建小车整体形态

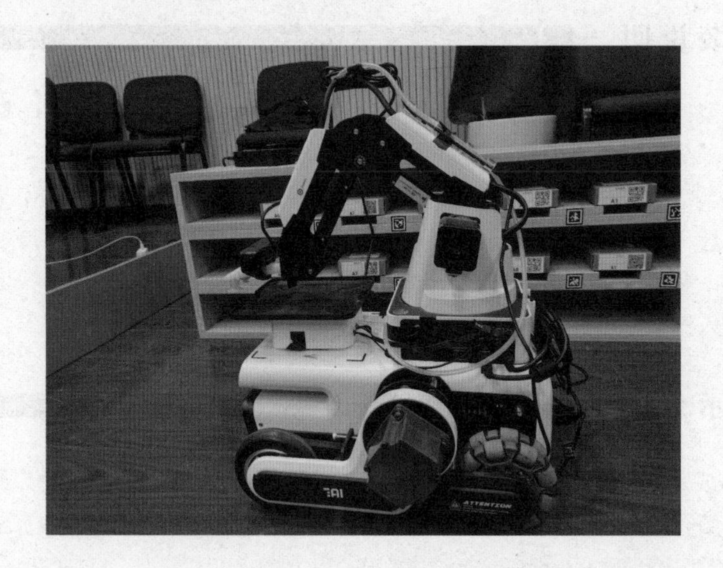

设计思路

基于现有的平台，我们将着眼于使用 Python 脚本控制智能运载平台的运动实现货物的取送运输操作。

整体的设计思路如下：

（1）搭建比赛场地，并开启小车的建图功能，实现对比赛场地的整体建图；

（2）标记目标点，包括各个快递放置点的位置、货架取送货物的位置，将位置点信息预先存储；

（3）运动到指定地点后，运行机械臂摄像头，读取定位二维码，调整位置，使用吸盘吸取货物，并放置在小车的托盘中；

（4）获取快递的目标位置，并运动到指定的快递放置点，投放货物；

（5）完成货物投送，返回货架取送下一货物，或返回出发点完成整体流程。

本项目根据赛题设计的控制流程如下图所示。

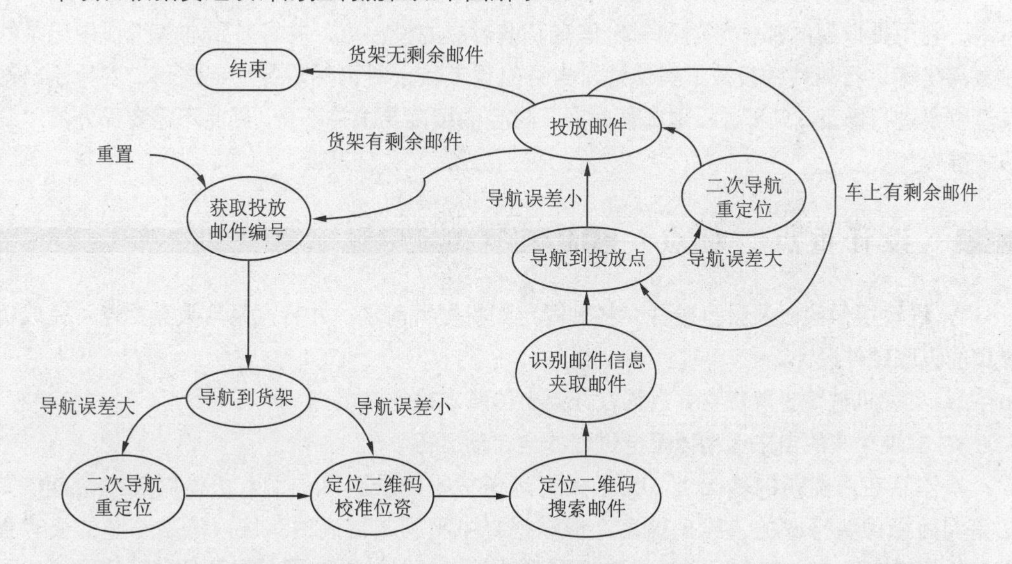

在展开介绍以上控制流程前，首先说明技术方案中提及的车辆运行前的准备工作：

（1）控制车辆进行雷达建图，dashgo 的建图操作需要控制车辆遍历场地，记录场地中的雷达点云数据，最终形成静态栅格地图，实际操作时通过 dashgo_rviz 提供的键盘交互式控制脚本来操纵车辆在场地中运动，得到最终完整的静态地图。

（2）摄像头畸变矩阵参数的标定，将具有固定尺寸的棋盘格标定板移动到不同的位置和角度，通过 USB。摄像头的 ROS 标定包来标定摄像头的畸变矩阵参数。

（3）投放点和货架坐标的记录；在完成建图后人工将车辆移动到各个投放点以及货架前的合适位置，通过重定位操作来获取车辆位姿信息，并同步记录。

（4）由于购买的摄像头的自动对焦功能默认关闭，在车辆运行前需要通过命令开启，以便后续的定位二维码和邮件信息二维码的识别工作。

实际测试表明，由于车辆的定位漂移，在标定投放点和货架坐标时需要预留一定的空间供车辆进行位姿的调整，不然车辆在导航即将完成进行位姿调整时会因为缺少后方雷达点云数据，有很大可能与场地发生碰撞甚至造成破坏。

为节省货物投放的周转时间、提升吞吐量，控制流程的每个周期都会取出货架的一列邮件（上下两层的两个邮件），并顺序遍历货架直到邮件取完或时间耗尽。导航到货架后系统首先进行重定位，如果导航漂移误差较大则对原坐标进行二次导航，相当于“一级校准”。

进而通过摄像头视野中的多个定位二维码的深度信息将车辆控制到相对货架垂直的状态，具体来说，如果车辆不与货架垂直，位于车辆前部的摄像头观测到的定位二维码在深度上必然存在差异，即有些定位二维码深度值较大，而有些则较小。通过深度信息的极差作为反馈信号，利用 PID 控制算法的思想，直接通过底盘驱动的接口控制车辆原地旋转，直至车辆与货架的相对角度误差达到可接受范围内。通过相似的做法，以摄像头视野中的定位二维码的平均深度信息作为反馈信号控制车辆不断接近货架并保持在一定的距离上，

然后控制车辆原地旋转 90° 与货架平行，完成定位二维码的“二级校准”。

在调整好车辆的位姿后需要将车辆移动到邮件对应的 id 号的定位二维码处，由于货架的定位二维码顺序标记，可以前后移动车辆搜索对应的邮件位置。

找到需要的邮件后控制机械臂移动到邮件的信息二维码前识别出二维码对应的 json 字符串，利用提取到的邮件性质和省份信息获取对应的投放点，并导航到准备工作中记录的投放点坐标进行邮件的投放。类似地，当导航误差较大时仍然需要重定位和二次导航，对车辆位姿进行修正，只不过投放邮件时对于位姿的精度要求并不高，因此不需要额外的“二级校准”。

设计重点、难点

1．设计摄像头以及吸盘硬件，将其固定到机械臂前端，并将气泵与吸盘相连，完成机械臂的吸取硬件设计。

2．实现机械臂吸取货物并放置在托盘上的脚本操作。

3．实现小车的自主运动以及全过程的全自动运行。

本作品在原赛题的基础上，为了提高运送货物的准确率，引入了模糊控制，具体做法是利用摄像头采取的二维码信息，根据视野中不同二维码的深度，调整小车的姿态直到与货架对齐，与之前仅仅通过导航实现定位相比，这种做法更有保障且准确度高，但是缺点是需要调整时间，目前我们正在积极寻找方法降低调整时间，让模糊控制变得更加实用。

同时由于系统在导航时误差会积累，这样在一次导航情况下误差的积累被逐渐放大，最终会导致小车严重偏离原始轨道，因此我们采用二次定位技术，在小车到达货架前时再次通过建图和雷达修正坐标，从而使得能够在拿取货物之后快速且正确地返回投放点。

12.4.9 基于智能装置的红火蚁常态化监测系统

作品文档下载（二维码、网址）：https://www.51eds.com/tdjy/courseDetail/searchCourseDetail.action?courseId=692

作品信息

作品编号：2023000628　　作品大类：物联网应用

作品小类：行业应用

获得奖项：一等奖

参赛学校：仲恺农业工程学院

作　　者：谢达、庞晓琳、李思聪
指导教师：张垒、张世龙

作品简介

本作品名称为基于智能装置的红火蚁常态化监测系统，由红火蚁智能监测装置以及红火蚁常态化监测平台组成。红火蚁智能监测装置监测红火蚁并且上传数据，服务器处理装置所上传的数据，红火蚁监测平台展示数据并且实现监测数据可视化。本作品主要功能可分为两大点，分别是智能监测装置和常态化监测平台。

安装说明

智能监测装置：实物
常态化监测平台：http://e7luck.cn/hhymnt（登录账号：18825070398；密码：wu123456）。

演示效果

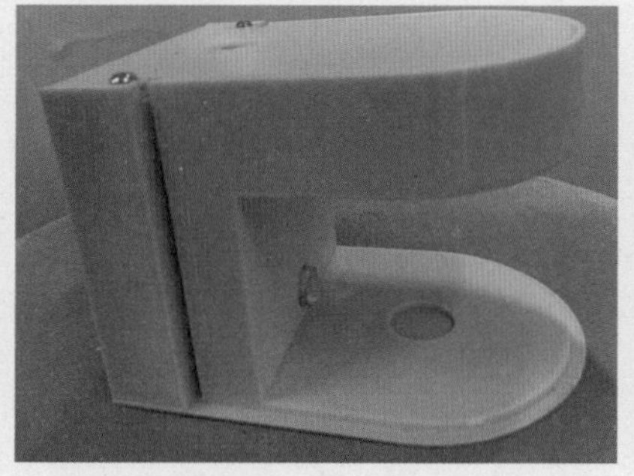

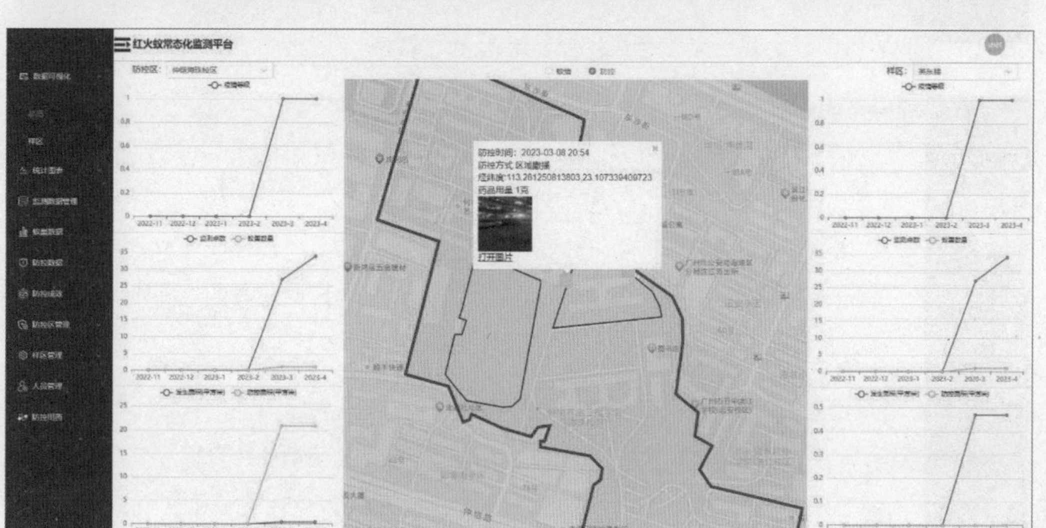

红火蚁常态化监测平台

防控区名称	样区名称	监测日期	装置编号	工作人员	疫情等级	异常记录	是否已上传	监测数据	管理功能
仲恺海珠校区	英东楼	2023-04-08 17:53	1031	李思聪	-1	否	否		删除
仲恺海珠校区	英东楼	2023-04-08 17:49	1031	李思聪	-1	否	否		删除
仲恺海珠校区	英东楼	2023-04-08 17:05	1031	李思聪	-1	否	否		删除
仲恺海珠校区	英东楼	2023-04-08 16:52	1031	李思聪	-1	否	否		删除
仲恺海珠校区	英东楼	2023-04-06 22:27	1031	李思聪	-1	否	是	查看	删除
仲恺海珠校区	英东楼	2023-04-06 21:45	1031	李思聪	0	是	是	查看	删除
仲恺海珠校区	英东楼	2023-04-05 21:29	1031	李思聪	0	是	否		删除
仲恺海珠校区	英东楼	2023-04-05 21:27	1031	李思聪	0	是	否		删除
仲恺海珠校区	英东楼	2023-04-05 21:37	1031	[illegible]	0	是	是	查看	删除
仲恺海珠校区	英东楼	2023-04-05 17:21	1031	李思聪	0	是	是	查看	删除

< 1 2 3 4 5 6 > 前往 1 页

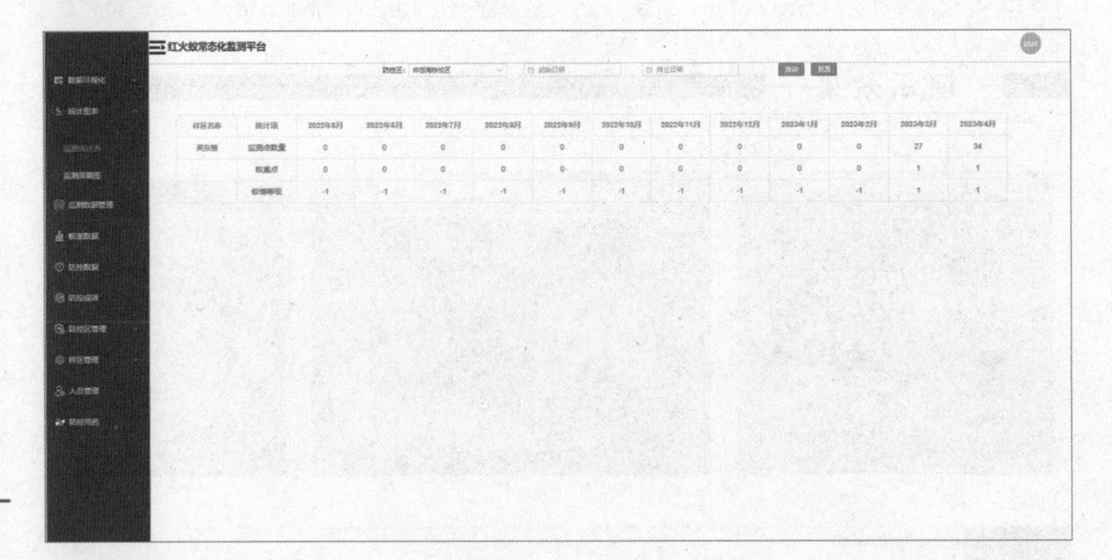

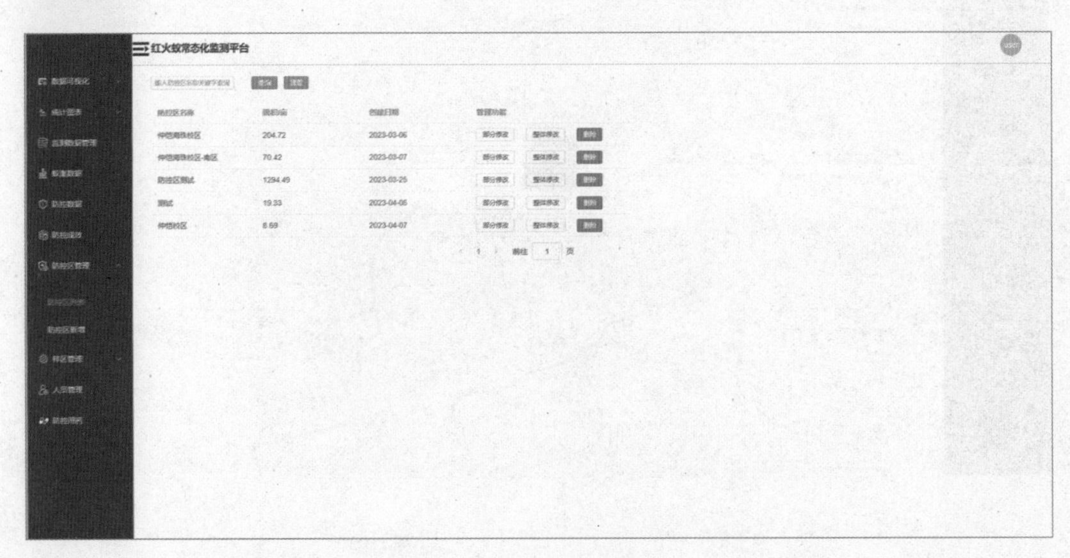

红火蚁常态化监测平台
防控区名称:
生境
学校
新边界点选择
计算边界面积

红火蚁常态化监测平台
防控区名称:
样区名称:
生境
学校
生境图片:
新边界点选择
样区列表
样区新增
人员管理
计算边界面积

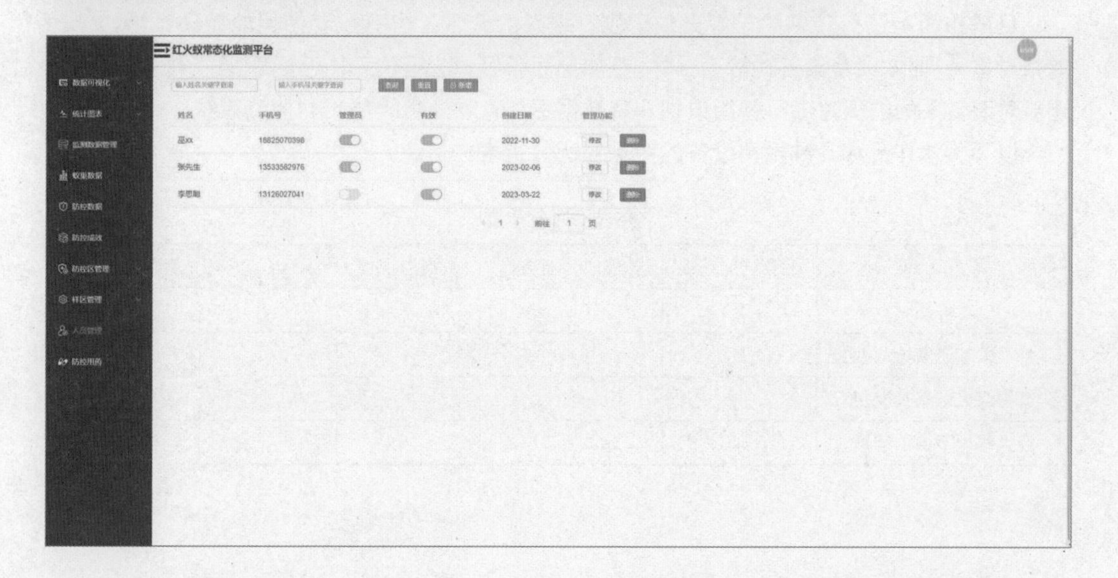
红火蚁常态化监测平台
数据可视化
统计图表
监测数据管理
收集数据
防控数据
防控成效
防控区管理
样区管理
姓名
手机号
管理员
有效
创建日期
管理功能
巫xx
18825070398
2022-11-30
修改
张先生
13533582976
2023-02-06
修改
李思琳
13126027041
2023-03-22
修改
1
前往
1
页

设计思路

1. 确定设计目标与市场需求

（1）设计目标

本项目需要面向进行红火蚁监测、防控治理的各团队。其中包括公园、景区、广场、园区、厂区、学校、村庄、社区、种养基地、企事业单位等。本装置适用于非专业人员，无须培训即可使用，力求实现常态化监测。

（2）市场需求

红火蚁是一种具有强大的繁殖力和竞争力的外来入侵害虫，是世界公认百种最具危险性的入侵物种之一，会给发生区人民生产生活、生命安全带来威胁。并且红火蚁体型小，肉眼很难观测清楚。农业农村部2021年公布的数据显示，红火蚁已入侵至我国的12个省份，448个县（市、区）。因此，根据农业农村部、住房城乡建设部、交通运输部等国家九个部门发布的《关于加强红火蚁阻截防控工作的通知》，广东省农业厅发布的《关于做好全省红火蚁“百县万村”基层培训工作的通知》等有关文件，《广东省防控红火蚁若干措施》明确指出：各地要完善红火蚁蚁情监测预警体系，抓好监测网络规划和建设，科学布设监测点，提升红火蚁蚁情智能化监测水平和安全风险识别能力。本项目以“源头控制、协同联防、检防结合”为指导，将红火蚁识别装置以及红火蚁监测平台科学结合，实现智能识别、监测，对实现常态化监测有重要意义。

2. 分析研究市场竞品

（1）某种红火蚁诱集监测装置

某种红火蚁诱集监测装置，对红火蚁进行诱集并且使药粉沾在红火蚁身上，进而对红火蚁进行灭杀。此装置构成较复杂，操作存在一定的难度，不易于非专业人员使用。而本项目所设计的智能装置操作简单，对非专业人员十分友好，且成本低，有利于实现红火蚁常态化监测。

（2）某种红火蚁采集设备、红火蚁地下诱杀装置等

目前市面上还有较多关于红火蚁识别、诱杀的装置，也有配套使用的管理系统。但功能相对单一，而本项目集各功能为一体，更加全面详尽。装置不仅识别准确，且上传数据及时，还能对装置采集的图片进行智能识别，将数据更加直观清晰地展示到监测系统。

以下为本作品和几种相关设备的竞品对比分析表。

竞品对比分析表

设　备	配套检测系统	适宜非专业人员	数据可视化	识别红火蚁	蓝牙控制装置
本作品	√	√	√	√	√
某种红火蚁诱集检测装置	×	×	×	√	×
某种红火蚁采集设备	√	×	×	√	×
红火蚁地下诱杀装置	×	×	×	√	×

3. 制定设计方案

（1）基于智能监测装置。

① 装置的功能确定。根据设计目标、市场需求、竞品的分析，初步确定我们需要实现的功能。

② 装置模型设计。以实现常态化的监测为目的，智能装置的模型设计一定是要以体积小、可观性高、方便携带使用并且不影响功能实现为目标去设计，去实现。

③ 装置硬件平台的选择。硬件选择有主控芯片的选择与各功能实现的外设模块选择。在选材中，我们需要在能够实现功能的基础上，尽可能地压缩成本，从而实现效益最大化。

④ 智能监测装置的实现。通过不断拓展学习相关专业技术知识，实现智能监测装置的整体功能。

（2）基于常态化监测平台。

① 进行需求分析，评估项目可行性以及平台所需功能。

② 绘制流程图以及功能结构图等。

③ 绘制原型图，基本做出平台静态效果。

④ 选择合适的组件库以及框架进行平台代码的正式编写。

4. 进行评审和修改

将设计方案呈现给团队成员、客户或用户，收集反馈意见并进行修改优化。

5. 输出与实现

将最终设计方案输出成各种设计文档和素材，并提供技术支持和协作，实现可操作智能监测装置与常态化监测平台。通过不断测试与调试，分析问题，解决问题，不断优化升级。

设计重点、难点

1. 设计重点和创新点

（1）智能装置结合常态化监测平台，将采集到的数据进行智能化整理和分析，更加直观、清晰地展示到地图以及各图表上，方便工作人员分析处理。

（2）本项目依托红火蚁智能监测装置采集数据，工作人员在使用时仅需按说明开机，并通过小程序绑定装置且校准装置时间，即可放置离开，装置采集完一批次之后会自动关机。减少人力资源的浪费，将监测效率提升到最大化。

（3）目前红火蚁防控治理一般由相关单位聘请专业团队，在红火蚁高发期进行监测和捕杀，所需成本高，且因费用原因，难以做到常态化监测。本项目装置操作简单，对非专业人员十分友好的同时造价并不高昂，有利于实现全年常态化监测。

（4）本项目所设计的地图模块，能够为红火蚁治理团队更直观地提供红火蚁发生地点，各团队能够动态掌握红火蚁疫情及防控治理情况，从而能够做出更实时有效且具有针对性、操作性的疫情防治决策。

2. 设计难点

（1）基于智能监测装置：装置模型设计、Wi-Fi 蓝牙天线信号的处理、PCB 设计、装置工作系统的设计。

（2）基于常态化监测平台：在高德地图上绘制边界、在高德地图上搜索地点并且定位、样区自动轮询。

12.4.10 智能电动自行车充电桩系统

作品文档下载（二维码、网址）：https://www.51eds.com/tdjy/courseDetail/searchCourseDetail.action?courseId=692

作品信息

作品编号：2023058032　　　　作品大类：物联网应用

作品小类：物联网专项（RT-Thread 物联网操作系统专项赛）

获得奖项：一等奖

参赛学校：中北大学

作　　者：温博阳、王旭彤、张亮

指导教师：翟双姣、杨晓东

作品简介

本项目是一套包括基础硬件设施、云平台服务、移动端应用服务在内的智能电动车充电桩系统。系统能够自动识别身份，实时监测处理位置、电压、电流、功率等各项数据并上报至云端，能够自动处理异常。云平台可以实时接收、管理全部的终端数据。移动终端显示数据给用户。在发生异常事件时，可以向用户发送报警，提醒用户处理异常。

安装说明

设备终端：使用 J-Link、ST-Link 烧写器将 bin 文件下载到 STM32F407VET6 系列的芯片上，芯片需要提供外部晶振、片外 RSARM、ILI9341_LCD 显示屏、OV7670 图像采集模块、ESP8266 模块以及其他传感器模块。

PC 端：无须安装，直接用浏览器访问界面。

移动端：下载 apk 文件，使用 Android 6.0 以上版本的系统安装 App，安装完成后允许 App 获得移动数据访问、位置访问、内存访问权限。然后打开程序即可使用。

演示效果

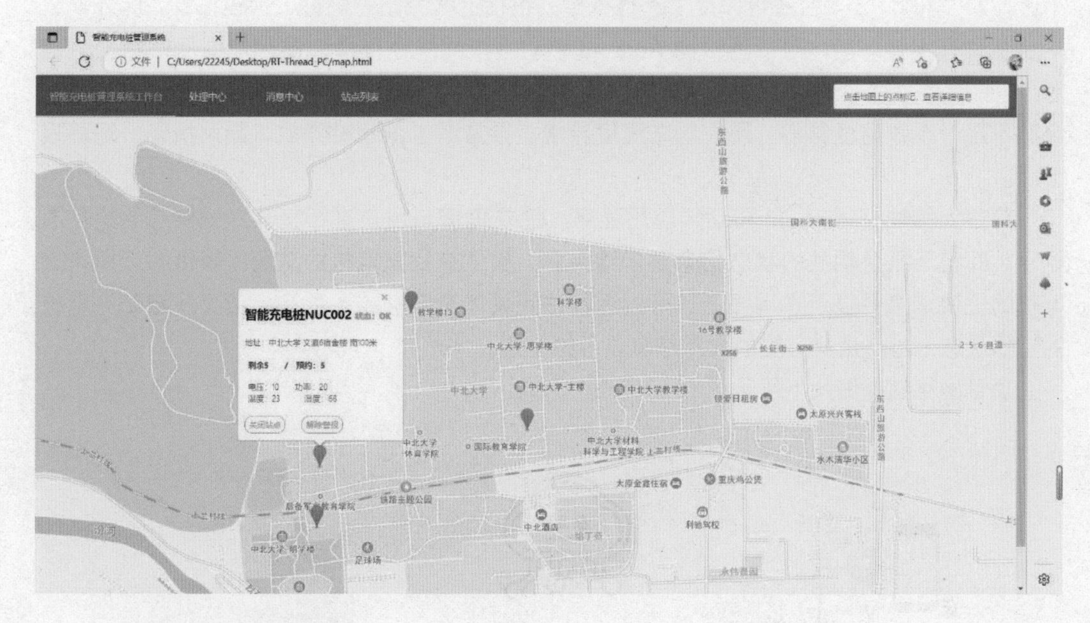

智能充电桩NUC002

智能充电桩APP
正在充电
221V
电压
10A
电流
300W
功率
21℃
环境温度
30%
环境湿度
2KWh
用电量
01:21:34
充电时长
00:11:05
剩余时间
¥25
结束充电

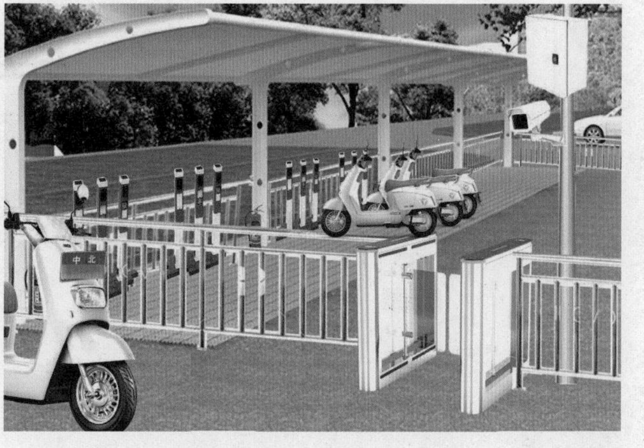

设计思路

本项目是一套完整的“智能电动自行车充电桩”解决方案，主要功能可分为三大模块。

第一大模块就是智能充电桩本身，主要负责进行具体的充电业务实施，包括用户识别认证、监测充电状态、监测电动自行车安全状态、监测系统本身安全状态、负责联网交互信息、提供具体信息显示、提供支付业务接口等。

第二大模块是物联网云平台，它负责收集所有已接入网络并注册成功的终端信息，从而实现总体监管。用户可以在平台中查看每个充电桩的具体位置、工作状态（包括是否可用、是否异常、是否正在工作等）、各项信息（包括充电功率、消耗电量、电压、电流、环境温度、设备温度、支付状态等）、用户信息（包括用户名、用户车牌号码、用户消费金额小计等）。同时，云平台还可以提供远程操控，包括远程关闭充电桩、远程报警。此外，云平台还具有报警功能，可以通过向 Android 移动端应用发送信息、向用户注册邮箱发送信息、必要时还可以通过短信发送信息的方式，提供异常事件报警。报警事务包括：充电完毕、金额不足、系统温度异常、用户电车温度异常、异常断电、超时停放、起火报警、短路报警等。

第三大模块是 Android 移动端应用程序，主要负责与用户进行交互。提供必要的信息显示，即将云平台相关的状态信息显示给用户。提供查找充电桩的功能，提供附近所有充电桩的位置信息并显示在地图上。可以远程访问具体充电桩的各项指标信息，控制充电桩的工作状态，也负责将必要的异常信息显示给用户。

项目网络拓扑图如下所示：

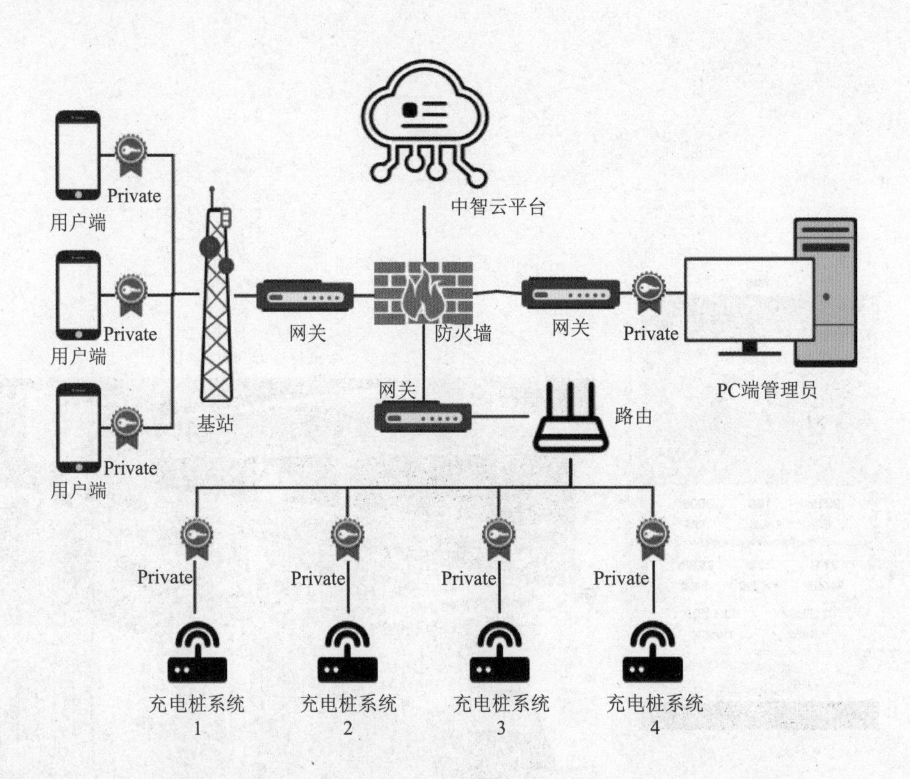

项目系统功能如下图所示：

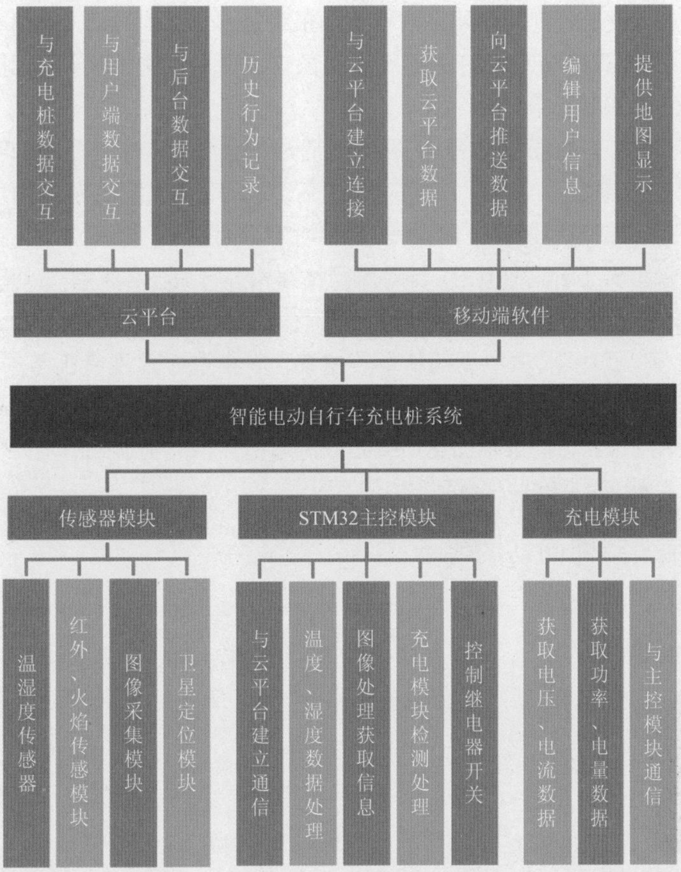

与充电桩数据交互
与用户端数据交互
与后台数据交互
历史行为记录
与云平台建立连接
获取云平台数据
向云平台推送数据
编辑用户信息
提供地图显示
云平台
移动端软件
智能电动自行车充电桩系统
传感器模块
STM32主控模块
充电模块
温湿度传感器
红外、火焰传感模块
图像采集模块
卫星定位模块
与云平台建立通信
温度、湿度数据处理
图像处理获取信息
充电模块检测处理
控制继电器开关
获取电压、电流数据
获取功率、电量数据
与主控模块通信

设计重点、难点

设计的重点在于调用摄像头模块采集图像进行车牌识别。此功能的实现涉及调用 LP-YOLO 算法实现车牌定位、利用 CNN 结合透视变换矫正车牌图像、调用 CR-YOLO 网络算法实现车牌字符识别。

当车牌进入设定的识别区域时，摄像头会自动采集当前图像数据发送给处理器。处理器读取实时图像信息，调用 Python 脚本对图像进行预处理，定位图像中电动自行车车牌所在的大致区域。然后将结果送入 LP-YOLO 模型处理，得到车牌的具体图像。在 LP-YOLO 模型中使用“shortcut”将第一个卷积层直接连接到输出，将两者融合并输出，以达到融合特征信息的目的，并且在每个卷积层后均添加了批规范化，该方法有助于提高网络的训练速度和缓解“梯度消失”。以 Add 作为特征信息融合的方式，在实现融合特征的情况下，使用较少的参数和计算量。使用 K-means++ 算法为训练数据聚类，生成特定数量的锚框（Anchor），最大限度减小误差。

之后利用 CNN 结合三维坐标系透视变换对图像进行校正。车牌矫正分为两个环节，分别是角点位置预测和依据预测角点位置进行透视变换，得到矫正后的车牌。通过去除结构中具有的全连接层，以最后层卷积的结果作为回归角点决策标准。并对 VGG 网络结构原有的卷积核个数进行剪裁，降低卷积核个数，进而降低模型参数，改进了 VGG 结构，搭建了车牌矫正网络 CorrectNet。利用该网络结构实现车牌角点位置的回归，然后将得到的角点位置利用透视变换实现车牌矫正。将矫正后的图像直接送入改进的字符识别网络 CR-YOLO 中，实现字符识别，输出字符识别结果。

利用带有完整标签的图像数据对网络模型进行训练，依据车牌字符本身特点使用 K-means++ 算法进行锚框（Anchor）自定义选择，更好地匹配车牌字符的特征，最后得到训练好的模型。利用该模型对上一阶段车牌定位的结果进行字符识别，得到最终字符识别结果。同时，对模型做了针对性优化：针对原网络结构进行剪枝、压缩，以降低网络复杂性，提升网络训练效率、降低实际检测耗时；增加优化后的空间金字塔池化（spatial pyramid pooling，SPP），实现对多尺度中局部特征的拼接，将全局多尺度特征与局部特征相结合，提高目标检测准确率；增加空间注意力模块（spatial attention module，SAM），以改善网络的表征功能；使用 Focal loss 策略优化损失函数，增强多种类别损失的均衡性，将多个浅层网络的信息融合，降低网络过拟合可能性。

12.4.11　春生：望闻问切的传承

作品文档下载（二维码、网址）：https://www.51eds.com/tdjy/courseDetail/searchCourseDetail.action?courseId=692

作品信息

作品编号：2023060354　　　　作品大类：数媒动漫与短片

作品小类：数字短片普通组

获得奖项：一等奖

参赛学校：成都理工大学

作　　者：刘芮、夏菁、殷浩杰、李梓杰、胡渝徽

指导教师：周祥

作品简介

《难经》第六十一难曰：经言，望而知之谓之神，闻而知之谓之圣，问而知之谓之工，切脉而知之谓之巧。可见“望闻问切”是中医药学中的理论和诊断基础。本影片将传统的中医学和现代中医学相结合，利用古代和现代两种不同环境和时空的对比、相同诊断方法的传承，通过“望闻问切”四个板块来展现中医药学的魅力，弘扬中华优秀传统文化中医药学的同时，也使同学们发掘到中国传统医药学的价值和中国传统医学的内涵。

安装说明

无须安装。

演示效果

设计思路

当今中医的宣传多为中医师药开得好，针灸扎得好为主，很少有宣传病看得准的，中医看病不像西医更多依靠仪器，而是靠“望闻问切”,“望闻问切”自然是中医看病的重要基础，所以我们将主题定为了“望闻问切”。当我们确定了以中医药学中的“望闻问切”作为拍摄主题之后，想过用很多种形式来呈现。但是大家在这里发生了分歧，有选择微电影的同学，也有选择纪录片的同学。最终决定采用数字短片的形式，我们认为采用这样的方式是更为大家接受的，更简单、更明了、更直接。于是我们采取了将内容分成四个板块的模式。在这里我们再一次遇到了难题：我们对于中医药学的理论知识了解得不够具体，如何将“望闻问切”的主题展开？于是我们翻阅大量资料，查到了《难经》中对“望闻问切”的讲解，最终有了本次拍摄的经历。

设计重点、难点

1. 视频制作重点

（1）中医药的基础知识；

（2）古今中医药的对比认知；

（3）画外知识课堂的讲解。

2. 视频制作难点

（1）外景受到天气、光感影响；

（2）现场取音；

（3）后期动画制作和绿幕抠图。

12.4.12 仁医 张仲景

作品文档下载（二维码、网址）：https://www.51eds.com/tdjy/courseDetail/searchCourseDetail.action?courseId=692

作品信息

作品编号：2023053232　　　　作品大类：数媒动漫与短片

作品小类：动画专业组

获得奖项：一等奖

参赛学校：景德镇陶瓷大学

作　　者：汤正章、孔倩

指导教师：熠薇、于超

作品简介

东汉年间，南阳有位名医叫张仲景，他在当地开了一家医馆，有一天府台家来人找他过去给未出阁的大小姐看病，可是他不在，于是他儿子代替他去看了。他儿子看了一会说这是个喜脉，怀孕了。府台听了不信，觉得张仲景的儿子在侮辱自己，不会看病，就把他打出去了。回到家，他儿子就将这件事告诉张仲景。张仲景劝说儿子，然后就去熬药去了。半夜，他儿子气不过，又出来在第二天用的药里面加了一些药，将养胎药变成催产药，但是被张仲景发现了，于是又被张仲景教育了一顿。第二天张仲景来到府台家，通过仔细的查看，发现儿子说的没错。于是开始劝说府台，女儿的命比什么都重要。

安装说明

无须安装。

演示效果

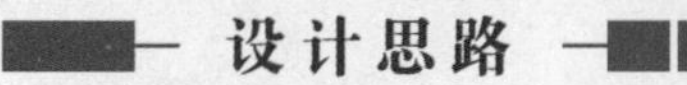

设计思路

故事保留了原版故事剧情的开头与结尾，改编故事上多加了一层父子之间的矛盾，体现出张仲景大夫的遵守医德、仁者人心、尊重病人、谨言慎行、一视同仁的良好品德。

人物设计上将府台从原版片面的恶人形象改编成深爱女儿但被封建礼数所束缚不愿接受现实的矛盾形象。害怕猜忌但不愿去面对，后又请多位大夫为女儿问诊，想从专业的医生口中得到自己想要的答案，但事与愿违后恼羞成怒，后又殴打了张仲景的儿子，为后面的劝说埋下伏笔。

人物设计上我们给儿子增加了好胜心强、一根筋的特点，自告奋勇地替父看病，为之后儿子偷换药想自证清白的情节增加合理性。

人物设计上张仲景是个沉着冷静的人，他深知百姓的疾苦，也懂得女人怀胎的辛苦，若母体气血不足就强行顺下孩子也许会一尸两命，当得知儿子偷换药剂时，第一反应就是生气呵斥。

第二天，张仲景孤身去府台家拜访其实也是保护病人隐私的行为，在古代女子未婚先孕是件失德的大事，他只身一人前往其实也是在保护小姐的名誉。

设计重点、难点

1. 动作的设计

由于对定格的尝试，人偶的运动规律十分重要，要不断地去观察和对比，在做之前将自己比作成人偶，所有的动作自己先试一遍。

2. 场景

故事场景在古代，整体以木质为主，需要着重注意纹理和质感的表现。

3. 人物

首先是一老一少的对比，两个人的穿衣风格、行为举止都需要注意，然后是好与坏的区分。

12.4.13 认识倍的含义

作品文档下载（二维码、网址）：https://www.51eds.com/tdjy/courseDetail/searchCourseDetail.action?courseId=692

作品信息

作品编号：2023017944　　　　作品大类：微课与教学辅助

作品小类：中、小学数学或自然科学课程

获得奖项：一等奖

参赛学校：南京特殊教育师范学院

作　　者：于娜、李雨阳、刘烨

指导教师：李明扬

作品简介

本作品选取了融合教育背景下，普通学生和特殊学生小学数学教学的难点和重点认识倍的含义作为题目，在视频字幕和真人出镜的基础上，添加手语翻译，降低一定授课速度，共同适用于小学三年级特殊儿童和普通儿童课堂知识的补充学习。我们将学校教学特色和课程内容进行融合，制作教案、脚本、PPT，以及制作了视频封面、简约的动画开头和部分动画结尾。我们的作品主要使用 Camtasia 和 PPT 两大软件，根据教学大纲将 PPT 讲解分为四部分，从建立倍的概念—理解水果个数之间的关系—认识倍的本质是两个数量在相互比较—由感性思维上升到理性思维，利用动画效果层层深入，并制作了各种水果和小朋友交谈解决问题的动画，化抽象为具体，旨在更加真实地让学习者感受数的几倍的存在。本作品运用简洁明了的语言，讲述倍的含义，微课制作具有一定的创新性，相信可以给小学数学的讲授和学习带来一定帮助。

安装说明

无须安装。

演示效果

设计思路

本作品在融合教育普遍发展的背景下，选取以小学普通学生和特殊学生共同的教学重点和难点认识“倍”的含义为题目。

首先，根据小学三年级人教版教材进行教案设计，在普通学生的基础上，根据特殊学生的学习特点，构思教学内容和教学重点。

其次，根据教学内容进行 PPT 制作，PPT 制作倾向于简洁、易懂，动画和图片居多，分为四大模块：温故知新、倍的认识、小试牛刀、小组研讨，层层深入。PPT 的封面结合了学校特色自己设计，PPT 的关键部分是倍的认识，以小朋友的灵活对话引入题目，通过类比结合具体情境，用简单准确的语言将本节课内容进行总结回顾，把旧的知识进行迁移，理解“倍”的含义，建立倍的概念。

然后，根据 PPT 和教案进行视频脚本设计，结合手语翻译降低一定的授课速度，根据脚本分段拍摄微课视频，以保证呈现出最好的教学状态。

最后，利用 Camtasia、剪映等软件剪辑微课视频，后期配音，添加字幕，在真人抠像基础上添加动画效果，根据三年级小朋友的兴趣爱好，制作了开头和结尾，力求呈现出具有浓厚课堂氛围的授课环境。

设计重点、难点

本节微课设计的最大的重难点是将真人视频自然抠像，添加手语翻译，以及微课视频共同适用于融合教育背景下的特殊学生。

手语翻译一般比口语更加复杂，根据手语翻译和画面进行配音，做到音话同步，带来了一定挑战。我们主要利用 Camtasia 进行人物抠像，根据多段视频和人物多次进行对比和调节参数，利用互联网搜索学习，历时六个月最终完成了这节微课。

特殊学生的学习能力稍弱于普通学生，因此我们降低了授课速度，增加了更多图文并茂的课堂内容，便于特殊学生理解。

12.4.14 生物微课堂——腐乳知多少?

作品文档下载（二维码、网址）：https://www.51eds.com/tdjy/courseDetail/searchCourseDetail.action?courseId=692

作品信息

作品编号：2023059361　　作品大类：微课与教学辅助

作品小类：中、小学数学或自然科学课程

获得奖项：一等奖

参赛学校：华东师范大学

作　　者：赵文婕、高原绮霏、李蕊萍

指导教师：陈志云

作品简介

作品选取高中生物选修一《生物技术实践》中《腐乳的制作》这一课，基于 PBL 教学法，依次讲解腐乳的诞生—腐乳制作的原理—腐乳制作的过程，致力于用生动形象的画面与通俗易懂的语言辅助高中生物课堂教学，为学生提供预习、复习和拓展兴趣的渠道。同时，希望该作品可以帮助社会普及腐乳的科学知识，树立正确的是非观。动画中相关人物、场景素材均为 AI 原创制作，并在 AE 中完成整体动画及特效的制作后，使用 PR 进行剪辑。

为了更好地拉近与同学们之间的距离，本作品没有使用传统的“老师与学生”的教学场景，而是原创了“腐乳小人”的拟人化人物形象，由腐乳小人带领学生们逐步探索腐乳的诞生、制作流程等需要掌握的重点知识，在新奇的同时，更好地与同学们进行沟通，增强了互动性，更易引起学生们的学习兴趣，进而达到较好的学习效果。作品对课本知识讲解较详细，知识覆盖面广、归纳完整，教学互动性较高。

本作品贴合教学场景，在设计中力求带给学生不同于传统课堂的体验，同时解决了目前传统生物课堂难以满足生物实践课教学需求的痛点，为后续生物实践课的教学提供了新思路。此外，教案设计逻辑感强，遵循 PBL 教学法，教学中穿插着问题，以学生为主体，带领学生逐步探索，变被动学习为主动学习，激发学生的学习兴趣。同时，配有课堂小结、课后练习、价值观教育的全课程环节。整体而言，本微课在课程设计、应用实践等过程中，具有以下特色：

（1）原创了“腐乳小人”的拟人化人物形象，增强了作品互动性；

（2）知识点代表性强，讲解方式立体契合；

（3）将课堂与实践相结合，创设腐乳的诞生、腐乳现代化生产等多处情景，让学生不仅了解传统的制作方法，还认识了现代化的制作方法；

（4）素材的设计精细化、完整，以静态素材最终的动态效果为依据确定素材的数量和图层的分割；

（5）整体动画流畅，素材过渡自然、有逻辑；

（6）视听和谐、完整，以亲和力较强的卡通音色进行配音，背景音乐采取较为欢快的音乐，并加入部分生动活泼的细节音效。

安装说明

无须安装。

演示效果

我听说呀，腐乳里有很多细菌
我听说腐乳里有很多细菌

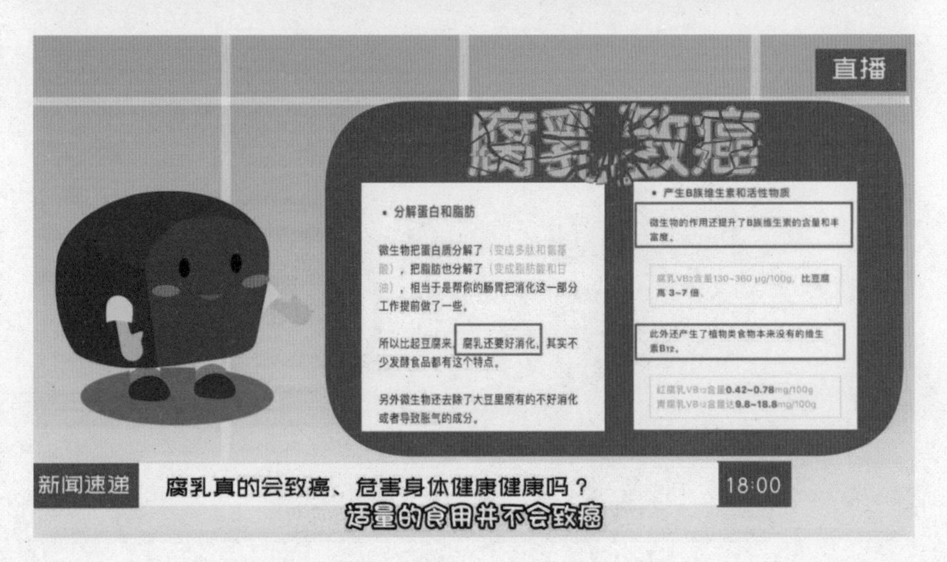

直播
腐乳致癌
• 分解蛋白和脂肪
微生物把蛋白质分解了（变成多肽和氨基酸），把脂肪也分解了（变成脂肪酸和甘油），相当于是帮你的肠胃把消化这一部分工作提前做了一些。
所以比起豆腐来，腐乳还要好消化，其实不少发酵食品都有这个特点。
另外微生物还去除了大豆里原有的不好消化或者导致胀气的成分。
• 产生B族维生素和活性物质
微生物的作用还提升了B族维生素的含量和丰富度。
腐乳VB_2含量130~360 μg/100g，比豆腐高 3~7 倍。
此外还产生了植物类食物本来没有的维生素B_{12}。
红腐乳VB_{12}含量0.42~0.78mg/100g
青腐乳VB_{12}含量达9.8~18.8mg/100g
新闻速递
腐乳真的会致癌、危害身体健康健康吗？
18:00
适量的食用并不会致癌

·多种微生物参与发酵
毛霉
曲霉
青霉
酵母
·毛霉的特点
·丝状真菌，生长迅速
·具有发达的白色菌丝
·毛霉分布广泛
水果
蔬菜
谷物
水果、蔬菜、谷物中都有它的踪影

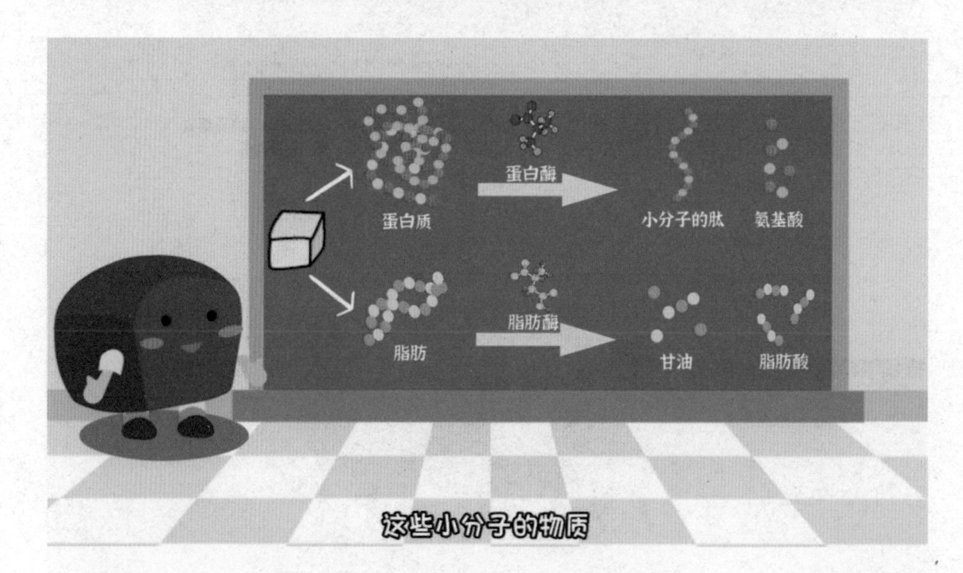
蛋白质
蛋白酶
小分子的肽
氨基酸
脂肪
脂肪酶
甘油
脂肪酸
这些小分子的物质

严格无菌
优良菌种
将优良毛霉菌种直接接种在豆腐上

第三步 加卤汤装瓶
香辛料
酒
胡椒
八角
桂皮
姜
料酒
黄酒
米酒

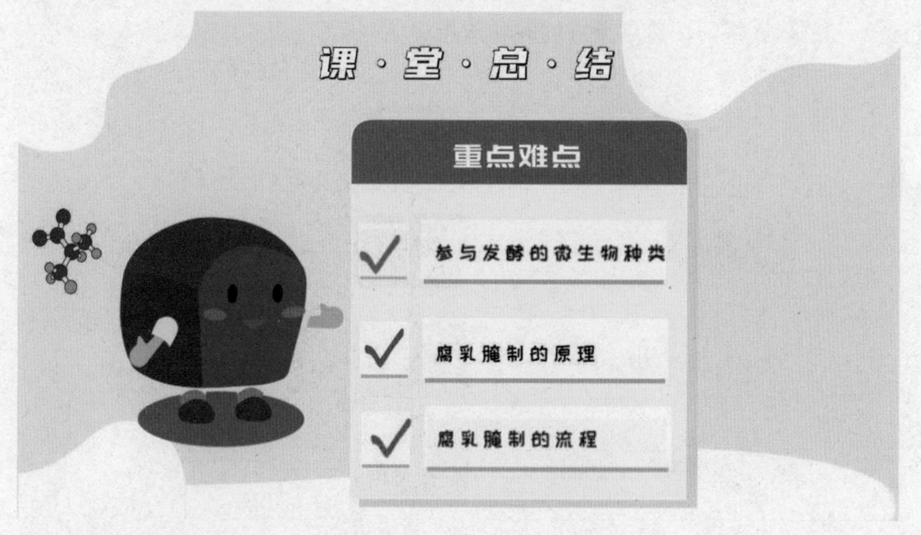
课·堂·总·结
重点难点
参与发酵的微生物种类
腐乳腌制的原理
腐乳腌制的流程

扫描二维码 ．关注生物小课堂
深入了解科学奥秘
一、选择题
1. 腐乳味道鲜美，易于消化、吸收，是因为其内含有（）
A. 无机盐、水、维生素
B. NaCl、水、蛋白质
C. 多肽、氨基酸、甘油和脂肪酸
D. 蛋白质、脂肪、NaCl、水
2. 在腐乳制作过程中，起主要作用的是（）
A. 酵母菌
B. 青霉
C. 毛霉
D. 大肠杆菌
3. 在腐乳制作过程中加盐腌制的操作，
（）
A. 分层加盐，并逐层增加，瓶口处最
B. 分层加盐，各层加盐量应相等
C. 将盐溶于开水中，等冷却后加入瓶内，
浓度为 12%为宜
D. 应先加入卤汤，再加盐，以便使盐缓缓进入
腐中
4. 腐乳制作过程中要注意防止杂菌污染。下列措施中，不能起抑制杂菌污染作用的是（）
A.加入 12%的料酒
B.逐层增加盐的用量
C.装瓶时让瓶口通过酒精灯火焰
D.用含水量为 70%的豆腐制腐乳

2008

设计思路

1. 总体设计思路

（1）资料搜集与访谈。

首先，研读高中生物选修一课本《腐乳的制作》这一课，对知识点进行归纳整理，并查阅相关教学方法，选择适合的教学方法。同时，小组成员还与高中生物老师取得联系，了解他们教学过程中的教学方式以及教学重难点。

（2）设计思路。

整节课总共分为三个部分：课程引入、课程主体以及课程结尾。课程开头部分通过一家人吃饭的餐桌场景进行引入，激发学生的学习兴趣，同时，贴近现实生活，将课堂与现实结合得更紧密。课程主体主要分为腐乳的诞生、腐乳制作的原理以及腐乳制作的过程，通过微课使生产生活实践过程可视化，能够更好地使实践技术与课本知识相结合。最后通过课后小练习进行课程结尾，巩固知识内容，检验学习成果。并引导同学们课后在公众号中进行进一步的巩固练习，达到更好的教学效果。

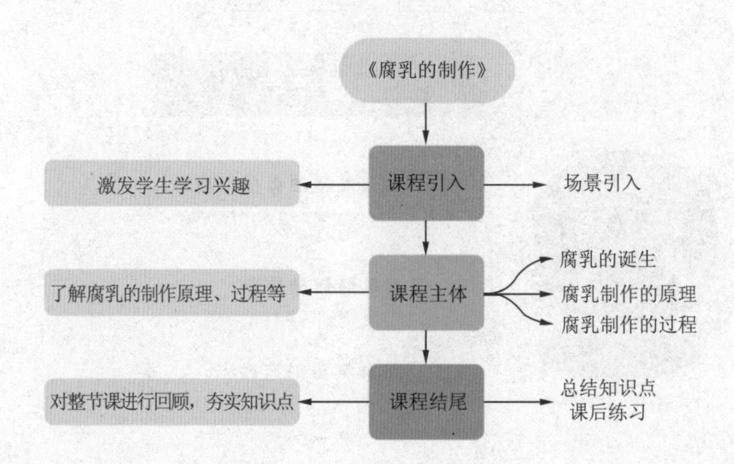

（3）脚本设计。

本作品参照高中生物选修一课本中《腐乳的制作》这一课中给出的腐乳的制作原理、各种微生物的发酵作用、腐乳的制作流程等，围绕这一课程主体内容展开教学。动画将知识内容的讲解作为主体，其中穿插讨论“腐乳是否能食用”“腐乳的起源”等小场景，使得整体的讲解更加生动有趣，激发学生的学习兴趣，使得课堂效率更高。

基于设计思路，构建动画脚本以及旁白文案。脚本采用动画加知识点相结合的方式展开，课程以腐乳讲解的方式进行叙述，更加生动形象。且课程中穿插着腐乳与学生的沟通交流，摒弃了刻板的教学方式，互动性更强。

（4）元素设计。

本作品旨在给学生更好的课堂与技术实践的交互体验，需要兼具科学性、正确性、趣味性。因此，在元素设计方面，我们采用 AI 手绘的方式，让课本中扁平化的图片“动起来”。基于此，我们从以下 3 个方面进行元素设计。

① 人物设计动漫化。为了让作品更易让中学生接受，提高整个作品的趣味性，我们将

作品中出现的人物形象都进行了动漫化，使用更柔化的线条。例如拟人化的腐乳、动漫化的王致和和街坊邻居等。

② 现实场景细节化。为了将微课与现实联系更紧密，除了介绍腐乳制作的理论流程，我们同样还原了现实中流水线机器化制作腐乳的动画，将现实场景细节化。

③ 生物知识可视化。将腐乳制作过程中的生物学知识以动画的形式展示，与课本知识结合更紧密，帮助学生进行记忆。

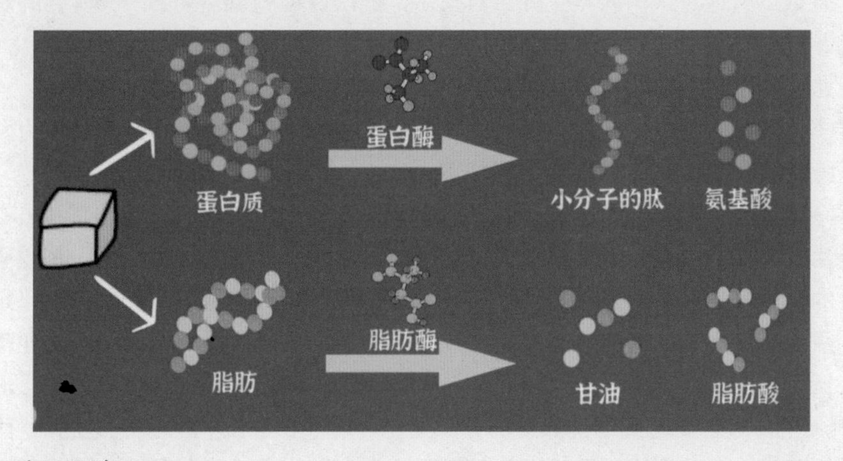

（5）动画设计。

动画制作主要根据脚本的设计，对元素、场景、转场、特效等进行制作，使得画面流畅、自然连贯。对于课程讲解的主体部分，在腐乳的诞生部分，使用关键帧和肢体动作绑定的方式，设计了王致和做豆腐、腌制豆腐、走路、品尝豆腐等动作，使动画流畅易懂，自然地从“王致和无意中腌制得到腐乳”过渡到带领学生学习课程内容。利用黑板、书本等形式展现知识点，并给腐乳设计了一系列讲解的动作，使腐乳看起来活泼可爱，提升了画面的生动性。对于场景动画的部分，利用腐乳的动作、引导性的话语等方式实现自然的转场，流畅且和谐。

（6）音乐设计。

选取亲和力较强的卡通音色进行配音，背景音乐采取较为欢快的音乐，并加入部分生动活泼的细节音效，提高背景音乐、配音与整体画面的协调度，使学生能够更好地接受。

2. 课程设计思路

本节微课的课程设计分为三个部分，分别是课程引入、课程主体以及课程结尾，思维导图如下：

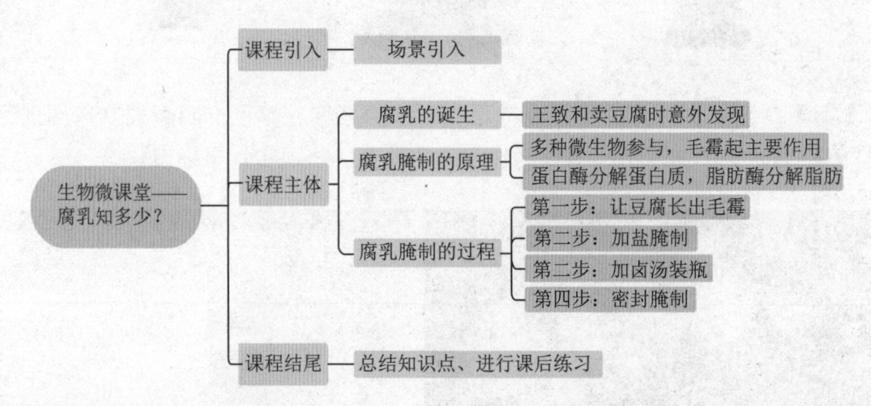

（1）课程引入。

为了引起学生的学习兴趣，我们通过一家人吃饭对于“腐乳能不能吃”“腐乳是否有害健康”等问题的讨论，引入课堂。这样贴近现实生活，生动有趣，容易激发学生的学习兴趣，也能使微课和现实结合得更为紧密。在学生短暂的思考后，本节微课的主人公——“腐乳小人”直截了当地进入，向学生介绍自己后，进入课程的重点内容——腐乳的制作，有效推动了课堂的发展，为学生全面释疑。

（2）课程主体。

课程主体部分主要以生动有趣的画面和通俗易懂的语言讲解课本知识，分为腐乳的诞生、腐乳腌制的原理以及腐乳腌制的过程三部分。

① 腐乳的诞生。腐乳的诞生部分以王致和的小故事进行讲解。王致和京考未中，以卖豆腐维持生计，在一次意外事件中发现了这种闻着臭、吃着香的青色豆腐。将故事场景以动画短片的形式展开，同时绘制王致和、街坊邻居等人物形象。最后提出问题：“是什么在王致和的豆腐变成腐乳的过程中起到了作用？”承上启下，自然而然地引出腐乳腌制的原理部分。

② 腌制的原理。腐乳腌制的原理部分，主要讲解了参与其中的多种微生物，同时将重点生物知识可视化。不同于传统的书本，微课动画中详细展示了各种微生物的形态，包括青霉、酵母、曲霉、毛霉。除此以外，将“蛋白质分解成小分子的肽和氨基酸”“脂肪分解为甘油和脂肪酸”的生物分解过程，以可视化的动画展示，让枯燥的生物知识“动起来”。

③ 腌制的流程。腐乳腌制的过程我们以课本知识为基础设计教案，但整体内容不局限于课本知识，将理论与现实紧密结合，同时，按照“提出问题—解决问题”的 PBL 教学法进行讲解，坚持以学生为主体，以问题为导向。

按照课本，腐乳的腌制过程分为四个步骤：

第一步长出毛霉，提出问题“豆腐在什么条件下才能长出毛霉？”，绘制长毛豆腐、笼屉、温度计等，在讲解中重点关注豆腐长出毛霉的环境要求，如 15 ～ 18℃，豆腐间需要有一定空隙等，这些也是知识重点，以动画形式展现也可以帮助学生记忆。同时结合现实，展示腐乳现代化流水线生产场景。

第二步加盐腌制，提出问题“应该怎样控制盐的用量，为什么？”，以动画形式展示盐量逐层增加，并着重强调了在瓶口处铺得很厚的盐层。

第三步加卤汤装瓶，提出问题“应该怎样选取最适宜腌制的酒呢？”，分别展示不同的香辛料和酒的品种，如花椒、八角，料酒、米酒等。

第四步密封腌制中，提出问题“密封过程中应该怎样防止杂菌污染？”，以生动形象的画面展示如何“将瓶口通过酒精灯火焰”，如何在密封腌制过程中严格防止杂菌污染。

3. 课程结尾

课程结尾部分，总结归纳知识点，并通过课后练习夯实学习内容，检验学习成果，鼓励学生敢于通过实践击碎生活中的谣言。同时，展示自创公众号，在课后继续通过公众号帮助学生进行巩固，辅助课堂教学。

设计重点、难点

1. 脚本撰写

在撰写脚本之前首先要熟练理解课本内容，将平面化的内容拆分为几个模块，并依据各部分特点设计不同的讲解方式，避免照本宣科式的 PPT 讲解。例如，在课题引入部分构造腐乳的虚拟形象，并以腐乳的第一视角亲临生活中常见的误解场合，在破除谣言的同时吸引学生的兴趣；而背景介绍部分采取动画渲染的方式将课本上碎片化的背景知识变得生动，以腐乳讲故事的视角让学生了解实验的相关知识。最后通过画面衔接和讲稿过渡，实现各部分的串联，自然不突兀，从而完成课本的解构与重构。

同时，如何在不同于传统 45 分钟课堂的微型课堂高质量地完成教学内容也是一个难点，对于内容的选择，如教学的重点、教学的疑点的选取较为重要，也需要从这些方面着重整

体微课不同板块的把握。

2. 素材设计

考虑到需要实现动画的交互效果，在静态素材的设计中就需要预设最终的动态效果，并以此为依据确定素材的数量和图层的分割。例如人物素材王致和的设计中，不仅需要设计不同场景中的角色，如读书、摆摊时的角色形象，还需要考虑到五官、四肢的图层分割，来实现眨眼、挥手等动画效果。

3. 软件使用

在AI软件的学习和使用中，需要充分理解锚点和弧线工具的绘图原理，在一定程度上改变手绘或其他板绘时的作图习惯；在运用AE进行动画制作的过程中需要对矢量图有一定的理解，熟练掌握对各图层的处理，同时需要一定的动画构思能力，避免素材之间的生硬切换，从而形成流畅有逻辑的动画镜头。

4. 交互式设计

不同于传统的固定课堂学习，在微课堂中，学生可以随时提问，更容易引起学生的学习兴趣和课外自主学习的积极性。如何在微课堂中吸引学生的注意力也是一大难点。我们在微课过程中，使用了腐乳为第一人称视角的课堂讲述，在最后提出课堂练习等都有助于拉近与学生之间的距离，实现交互设计。

12.4.15 本草舞动之五禽戏

作品文档下载（二维码、网址）：https://www.51eds.com/tdjy/courseDetail/searchCourseDetail.action?courseId=692

作品信息

作品编号：2023043964　　作品大类：数媒静态设计

作品小类：平面设计专业组

获得奖项：一等奖

参赛学校：湖北工程学院新技术学院

作　　者：邹先缘、李昱臻、李帆

指导教师：张蕊、周巍

作品简介

华佗五禽戏是由东汉末年著名医学家华佗在总结前人导引养生术的基础上，依据中医阴阳五行、脏象、经络、气血运行规律原理，模仿虎、鹿、猿、熊、鸟等动物的神态和动作创编的一套健身养生功法。在《后汉书·方术列传·华佗传》中有所记载。2011年，华佗五禽戏被国务院批准列入第三批国家级非物质文化遗产名录。

我们根据华佗五禽戏设计了五张海报，海报中包括中草药、动物和华佗。我们将中草药与动物通过正负图形的表现形式巧妙地结合在一起，以华佗五禽戏为主、中草药为辅进行创意表现。画面中间是华佗的剪影，左下角的华佗小头像，还有文字表述则更能直观地传达出华佗五禽戏。同时，每一张海报我们也做了GIF动图的格式，以便更直观地展现五禽戏动作。五张海报画面唯美生动，视觉感染力强，既传播了华佗五禽戏，又能达到图形创意表现效果，做到传统中医药文化的再次创新。

在成果展示方面，我们将五张平面海报进行延伸，与博物馆3D全息投影结合，由平面到立体，做到多角度的创新与传播。同时在对外传播方面，我们也做了相关研究。健康是每一个人都追求的一种生活方式，比如以色列的热沙浴、美国的泡浮箱、加拿大的保健乐队等。以平面设计为出发点，用多种传播方式以达到跨文化传播交流才是我们的最终目的。

安装说明

无须安装。

演示效果

吾有一术，名五禽之戏：一曰虎，二曰鹿，三曰熊，四曰猿，五曰鸟。亦以除疾，兼利蹄足，以当导引。——《后汉书·方术列传·华佗传》

天南星，又名虎掌草，出自《本草纲目·草部·虎掌》

吾有一术，名五禽之戏：一曰虎，二曰鹿，三曰熊，四曰猿，五曰鸟。亦以除疾，兼利蹄足，以当导引。——《后汉书·方术列传·华佗传》

麋衔，即鹿衔草，出自《本草纲目·草部·薇衔》

吾有一术，名五禽之戏：一曰虎，二曰鹿，三曰熊，四曰猿，五曰鸟。亦以除疾，兼利蹄足，以当导引。——《后汉书·方术列传·华佗传》

覆盆子，出自《本草纲目·草部·覆盆子》

吾有一术，名五禽之戏：一曰虎，二曰鹿，三曰熊，四曰猿，五曰鸟。亦以除疾，兼利蹄足，以当导引。——《后汉书·方术列传·华佗传》
骨碎补，又名猴姜，出自《本草纲目·草部第二十卷》

吾有一术，名五禽之戏：一曰虎，二曰鹿，三曰熊，四曰猿，五曰鸟。亦以除疾，兼利蹄足，以当导引。——《后汉书·方术列传·华佗传》
萝藦，又名飞来鹤，出自《本草纲目·草部·萝藦》。

设计思路

1. 灵感来源

本作品灵感来源于刘畊宏因教跳健身操而爆红网络，从中我们可以得知，广大人民群众对于健身操、广播体操这类喜闻乐见的形式是乐于接受的。那么，对于中医药代表人物华佗的五禽戏，它本身也是一套健身养身功法，若是能对它进行创新，就可以让传统文化焕发出新的生机，以便达到文化的再次输出。

2. 成品展示

在整个作品的构思过程中，成品展示方面我们认为仅仅是创办文创作品那是远远达不到文化输出传播的效果的，因此我们选择与博物馆的全息投影结合，可以在博物馆内专门开辟华佗五禽戏沉浸式展厅，配合家庭 VR 眼镜设备随时随地进行沉浸式体验。之所以与博物馆的全息投影结合，是因为据我们整理到的资料发现，目前大多数中医博物馆内主要是收藏文物书籍，在年轻群体中相对于科技博物馆而言缺乏活力和吸引力。当今科技发展如此迅猛，传统的中医药或许也可以借助当下最流行的科学技术重新活起来。我们也做了五张海报的 3D 效果和模型，为五禽戏的传播提供参考。

当我们戴上 VR 眼镜时，前后左右头顶看到的便是我们的五张海报效果图，好像进入了一个五禽戏的森林世界，中间人物的剪影展示着每一个动物的动作，我们可以跟着剪影进行学习。全方位覆盖，每一面都可以看到不同的动作教学，增加教学过程中的趣味性。

当我们走进博物馆时，我们可以穿梭于不同的动物戏之间，中间华佗的剪影不停变换着动作，吸引人们增加对此的兴趣。

文创方面，我们可以基于模型做一个小玩具，立方体底面可以是一个展台，四周和顶部是我们的海报效果图，中间的空白以及人物剪影做成镂空，立方体中心有一个小人做着不同的动作。例如，当熊戏这面对着我们时，中间的小人便做出熊戏的动作。

3. 对外传播

我们借鉴德国汽车公司设计的 Dance Traffic Light，在路人等红绿灯附近设置了一个小房间，里面有设备，可以将人们跳舞的影像转化成低解析度的“小红人”图像，即时投影在周围的红灯小人上。将五禽戏的各个动作投影在红灯小人上，吸引等红绿灯的路人，也可能起到降低人们乱闯红绿灯的现象发生。

华佗通过模仿五种动物创办五禽戏强身健体，借此我们可以与世界动物保护协会加强联系，促使人们研究探讨还可以模仿哪些动物来增进身心健康，共同探讨动物与人类之间的友好关系，同时增强人们保护动物的意识。

与当地博物馆合作，举办华佗沉浸式展厅，深入宣传中医代表人物华佗。这里不局限于五禽戏，可以从多个方面介绍华佗本人的成就，例如，华佗是世界上最早的麻醉剂的创始人。

还可以以平面设计为载体，从国际视野出发，运用多种传播方式达到跨文化交流，增强文化之间的认同感。

4. 作品策划

前期搜集大量素材资料，确定好五张海报选取哪种中草药、画面的排版构图以及配色；中期绘图制作平面海报；后期打磨提升，制作 GIF 动图、3D 效果和模型。

5. 作品制作

五张海报用 PS、画世界 Pro 手绘，GIF 动图以及 3D 效果图均为画世界 Pro 制作，模型运用 3ds max 制作。

整个作品设计思路从平面的角度延伸到立体的，建设性较强，实际性较强。多角度、全方位地考虑了如何让华佗五禽戏“活起来”。

设计重点、难点

1. 设计重点

（1）五禽戏中动物与植物的有机结合。我们将每种植物形态刻意绘制成动物的形态，达到正负图形的效果。

（2）GIF 动图的制作。为了更能直观地传达出华佗五禽戏，我们将每一种戏的动作要领一帧一帧地绘制出来。在完成科普的目的之外，还要保证动图的有趣性和生动性。

（3）3D 效果视频以及模型的制作。五张海报与全息投影结合，为了更直观地展现，我们做了 3D 效果视频和模型，为打造五禽戏虚拟世界提供参考，人们在沉浸式的体验中不知不觉对五禽戏有了更深入的了解。也可以基于模型制作出五禽小玩具。健身养身功法不仅仅是中老年人的专属，年轻群体也可以参与进来。我们以传统的中医药为核心，以现代科学技术为载体，给传统文化赋能，让华佗五禽戏“动起来”“活起来”。

（4）跨文化交流传播。我们针对五禽戏如何对外传播进行了研究。我们可以举行户外装置活动，根据当地实际情况可举办华佗沉浸式展厅，加强与世界动物保护协会联系等方式进行文化的交流。

2. 设计难点

（1）我们寻找了大量中草药，最终挑选其中五种与动物有关的中草药进行创意表现。画面的配色、构图，以及绘画技巧十分费工费时。五张海报均是原创手绘作品，工作量巨大。

（2）GIF 动图为了保证流畅性，需要一帧一帧绘制，工作量巨大，最后五个动物动作分别挑选了其中一组动作进行绘制。

（3）模型的制作，3D 软件边学边做，操作难度较大。

（4）文化背景不同，难以了解当地人对华佗五禽戏的接受程度，因此我们从现有的成功案例入手，借鉴已有的成功案例吸引人们的注意，一步步深入发展，做到多角度、全方位的跨文化传播。

12.4.16 灿若繁星——古代自然科学成就

作品文档下载（二维码、网址）：https://www.51eds.com/tdjy/courseDetail/searchCourseDetail.action?courseId=692

作品信息

作品编号：2023030103　　　　作品大类：信息可视化设计

作品小类：信息图形设计

获得奖项：一等奖

参赛学校：东北大学

作　　者：常新怡、崔雯萱、朱虹霖

指导教师：王晗、霍楷

作品简介

在人类历史上，封建社会科学文化的最高成就是由中国创造的。在中国漫长的历史中，出现过的自然科学成就灿若繁星，对世界产生了重大影响，为世界科学技术做出了重大贡献。而随着时代的发展许多科技却逐渐失传，甚至张冠李戴，导致现在许多人对中国古代自然科学成就知之甚少。

本作品经过采访调研，选取了中国古代天文地理方面的自然科学成就创作信息图，介绍了中国古代观星仪、历法、星象、科技发展、古代科学家、地理观测等方面信息，通过信息图、线上线下延展品及互动小游戏等，激发观者兴趣，观古揽今，对响应国家科教兴国号召、弘扬古代科学文化、助推现代科学发明有借鉴意义。

安装说明

点击作品即可用图像播放软件浏览。

演示效果

第一张信息图：灿若繁星——古代自然科学成就。

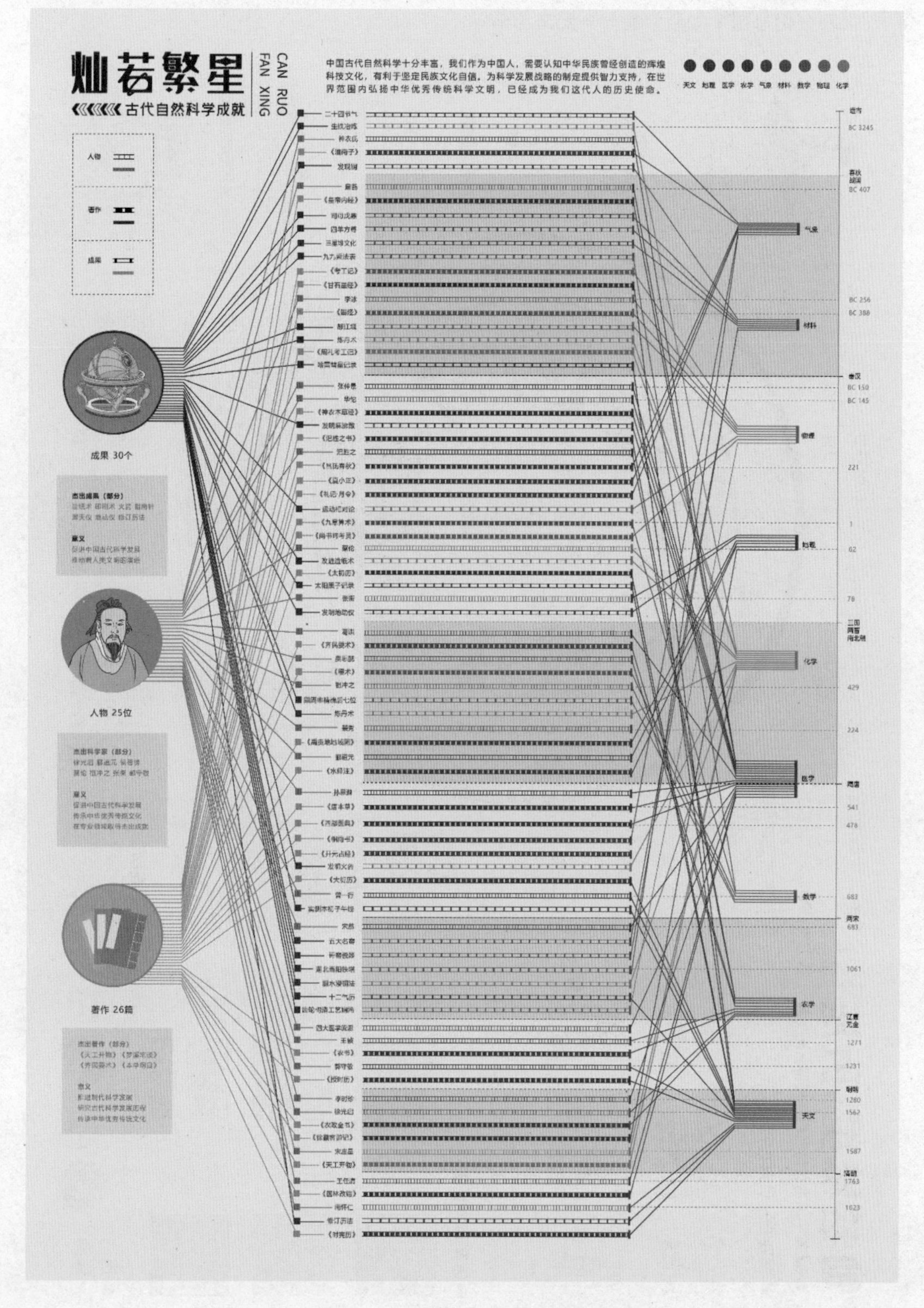
灿若繁星
CAN RUO
FAN XING
古代自然科学成就
中国古代自然科学十分丰富，我们作为中国人，需要认知中华民族曾经创造的辉煌科技文化，有利于坚定民族文化自信。为科学发展战略的制定提供智力支持，在世界范围内弘扬中华优秀传统科学文明，已经成为我们这代人的历史使命。
天文 地理 医学 农学 气象 材料 数学 物理 化学
成果 30个
人物 25位
著作 26篇

第二张信息图：灿若繁星——天文历法。

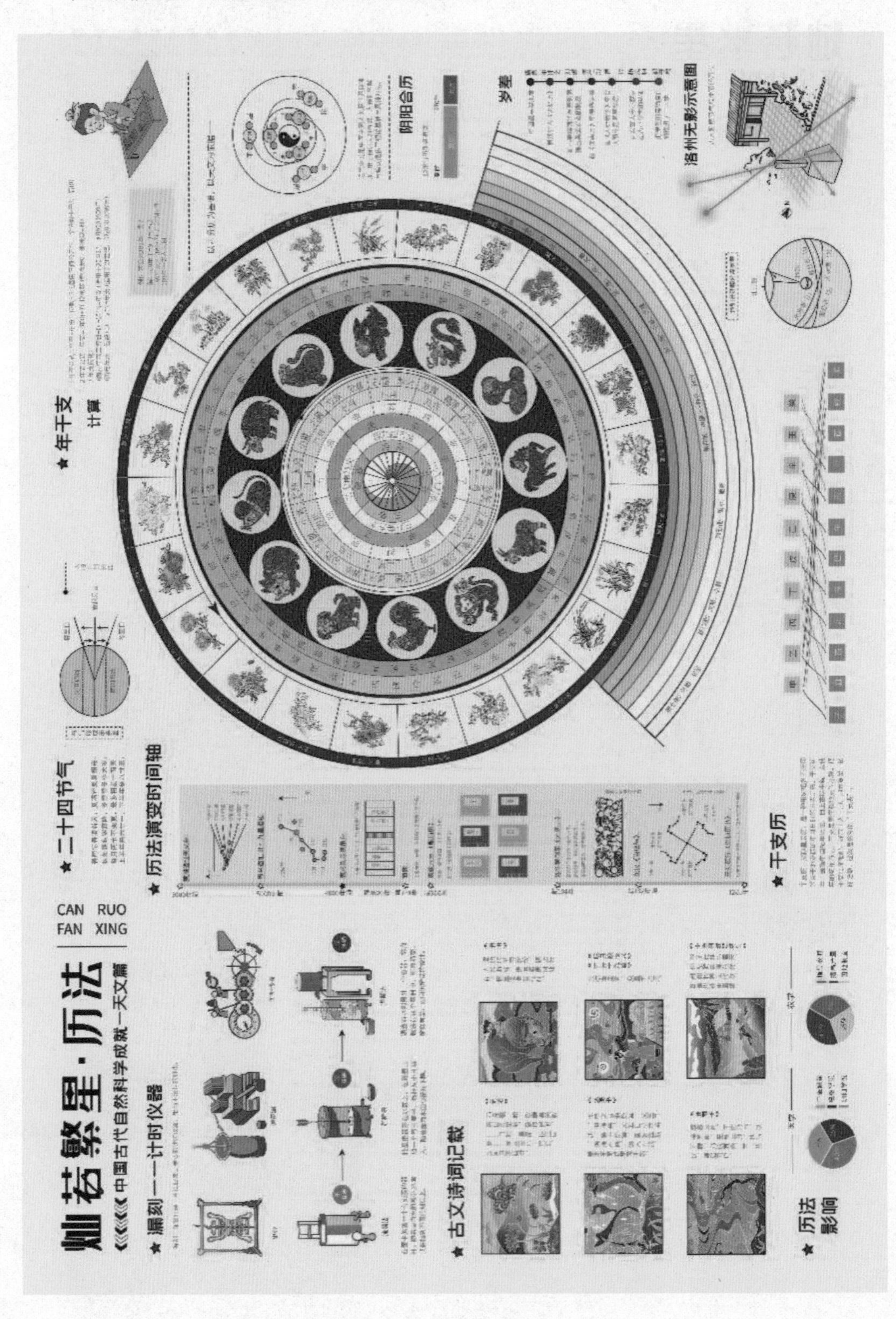

第三张信息图：灿若繁星——天文仪器。

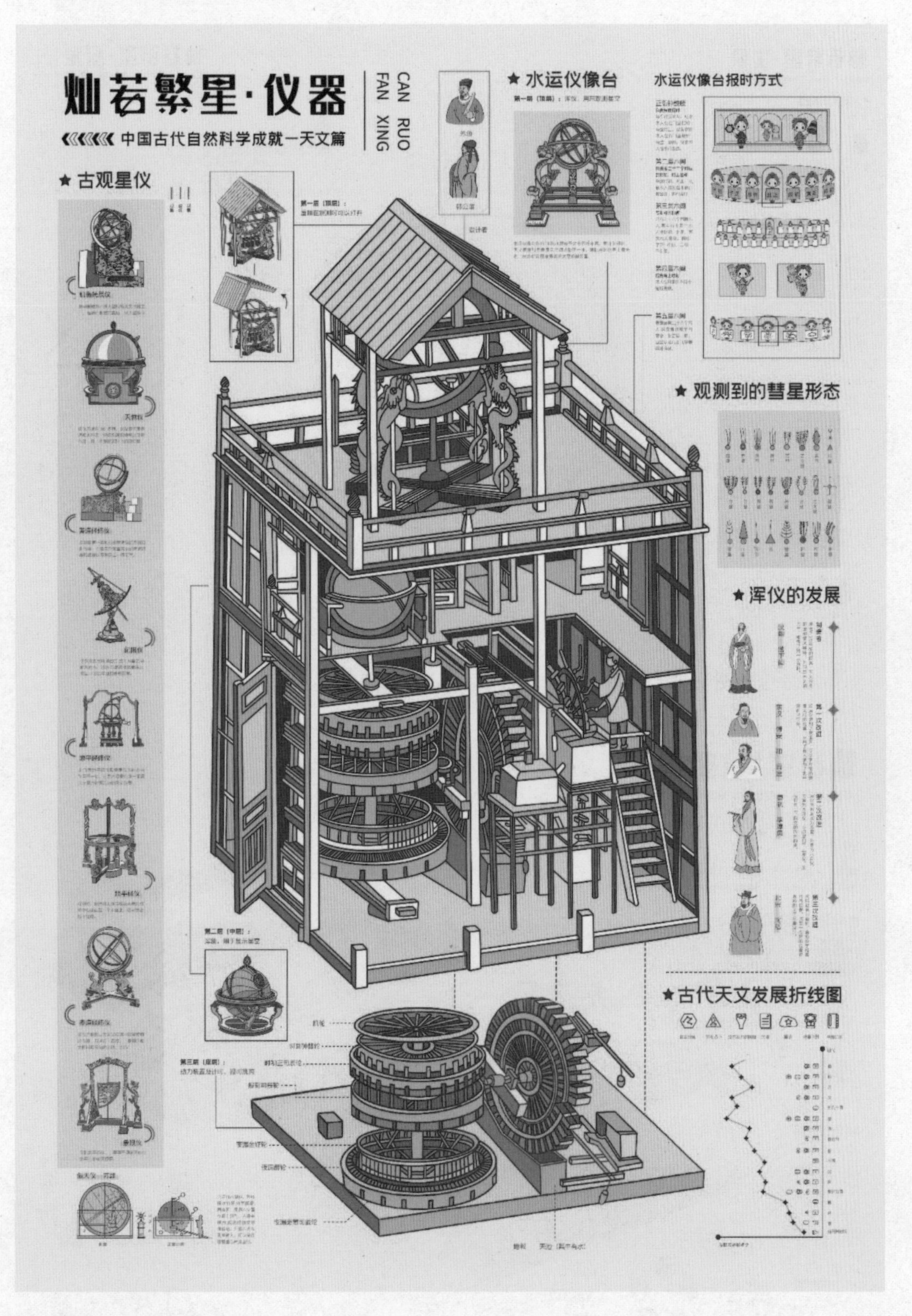

第四、五张信息图：灿若繁星—天文星象。

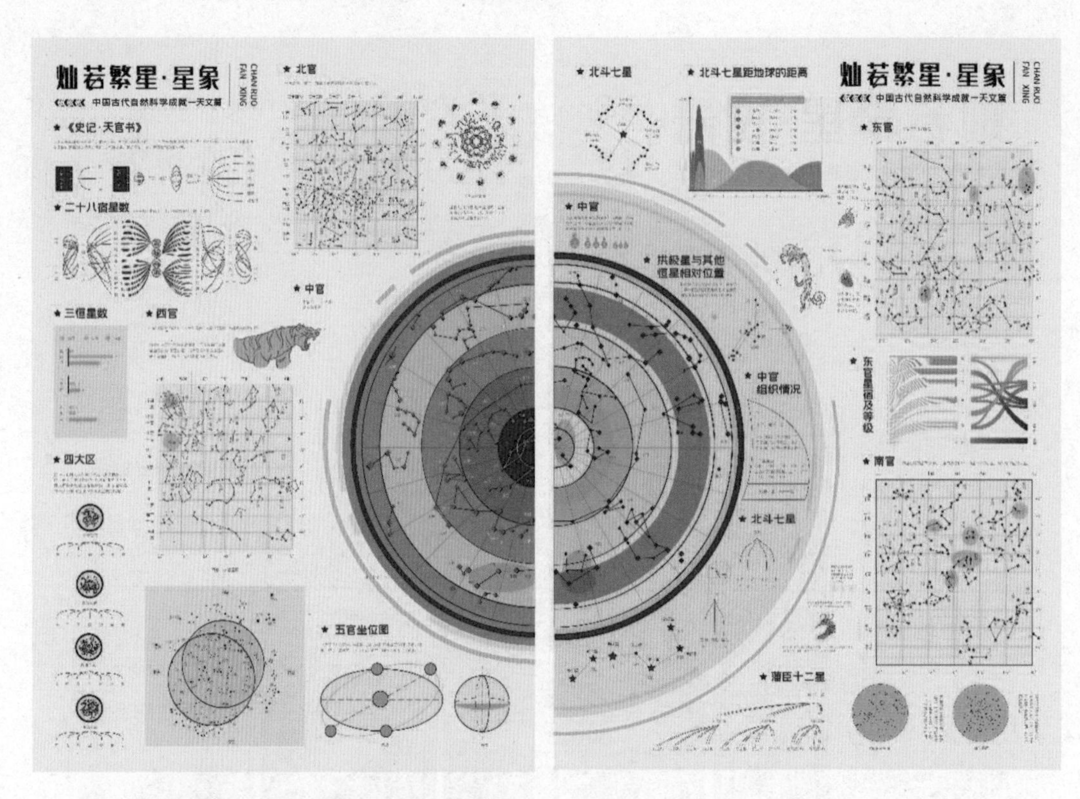

第六张信息图：灿若繁星—天文机构。

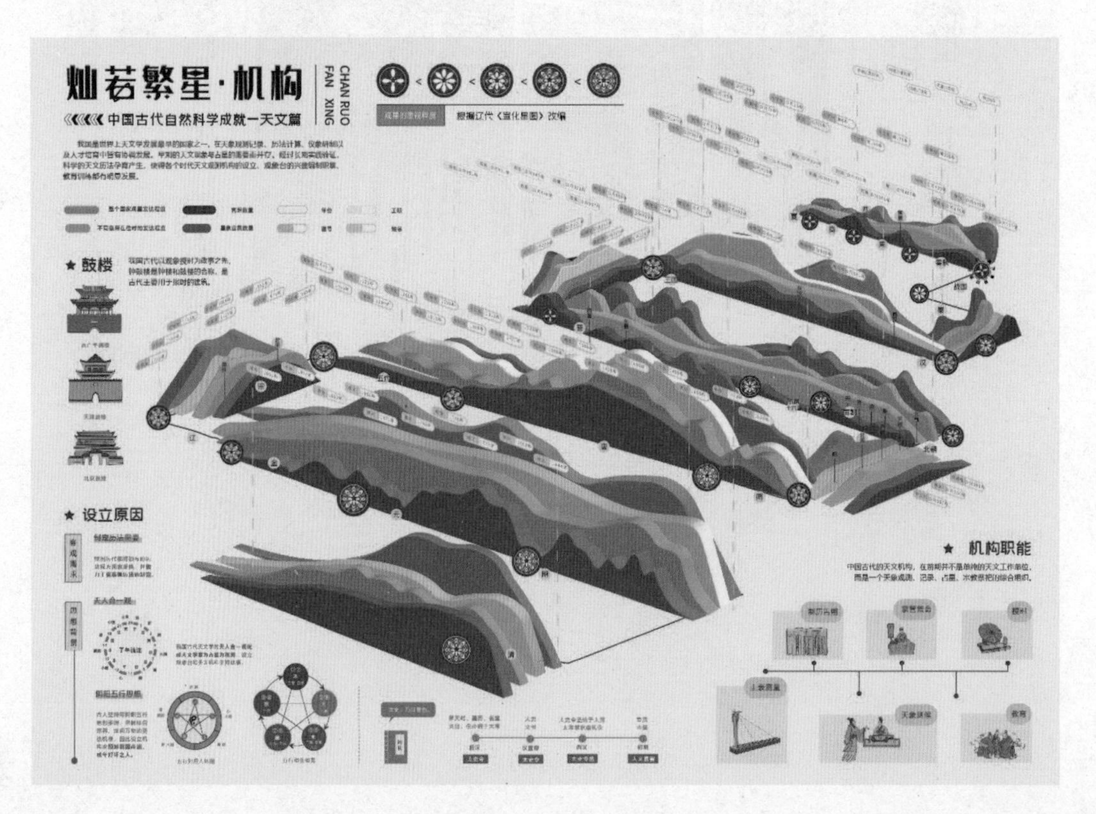

第七张信息图：灿若繁星—天文学家。

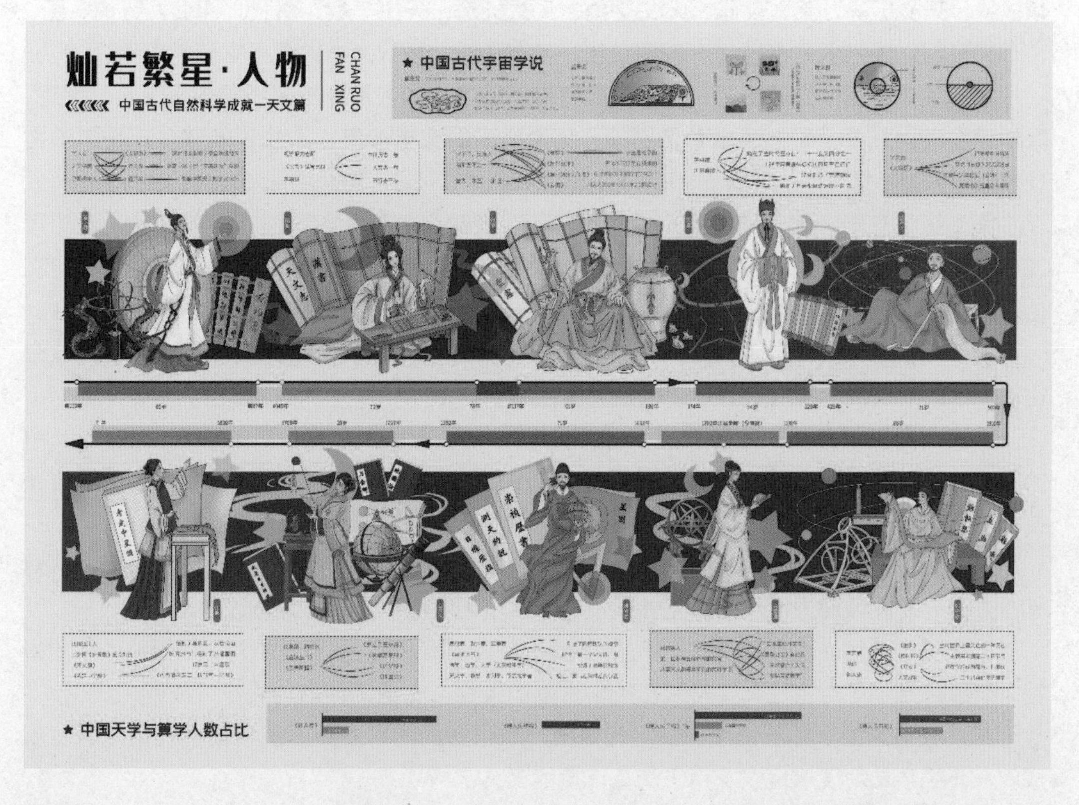

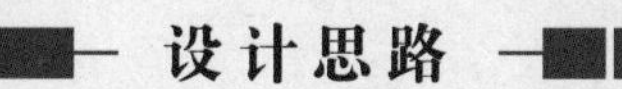

设计思路

中华民族创造了灿烂的古代文明，其众多杰出的自然科学成就在人类文明长河中熠熠生辉。天文学和数学、农学、医学是公认为中国古代最发达的自然科学。中国古代自然科学的成就不仅在当时引领着世界，在如今依然具有十分重要的研究意义。然而，随着历史的车轮滚滚向前，许多古代科学技术面临失传，需要我们以现代技术手段进行复原和再现。

1. 策划

为了能够对中国古代自然科学成就进行科普，让大家熟知中国古代自然科学成就，我们以“灿若繁星——古代自然科学成就”为选题创作信息图，选取中国古代优秀的自然科学成就进行可视化分析，重点聚焦于中国古代天文、地理这两个大家所熟知，且在中国古代自然科学领域占有重要地位的学科进行细致的信息图设计。

2. 创意

以传统和现代相融合的风格，将大量的文字信息用简单、直观、形象的图展现。在高效、清晰地科普古代天文地理等科学知识的同时，传播古代自然科学文化，将传统文化以现代化的形式去展现，助力提升国家文化软实力，为当前科学发展提供一定的智力支持。

3. 创作过程

本小组根据调研收集的资料内容做出了思维导图，在经过不断地讨论调整以及老师的指点后，形成了独特鲜明的设计风格，确定了一套完整的方案。本小组完成了古代自然科学成就、天文历法、天文仪器、天文星象、天文机构、天文学家、古代地图共八张信息图。

几张图在统一的风格形式下各具特色，各有创新，可以清晰地看出它们的系列感。

第一张信息图：灿若繁星——古代自然科学成就，本张图介绍了中国古代天文、地理、医学、农学、气象、材料、数学、物理、化学方面的突出成果、人物以及著作，是中国古代自然科学成就的汇总。

第二张信息图：灿若繁星——天文历法，本张图为中国古代历法方面的知识，介绍了二十四节气、天干地支、岁差等方面的知识，并配以形象的图形进行了详细解释，图文并茂，信息翔实，便于理解。

第三张信息图：灿若繁星——天文仪器，本张图以水运仪象台为主体，并展示了北京古观象台的观星仪和报时装置，以图形和文字结合，演示了其运作方式。

第四、五张信息图：灿若繁星——天文星象，两张信息图选取了《史记·天官书》中的星象知识，并进行了信息处理。将两幅信息图合二为一，又能组成一幅面貌全新的排版设计。

第六张信息图：灿若繁星——天文机构，本张图整理了从夏到清的天文观测机构，对其多方面的发展情况进行了图像化处理，并介绍了天文机构的设立原因及其职能。

第七张信息图：灿若繁星——天文学家，本张图搜集了古代天文学家的各种生平，根据时间线，展示了对古代天文学做出杰出贡献的人物，介绍了他们的著作、成就。

第八张信息图：灿若繁星——古代地图，本张图的内容主要围绕中国古代地图的发展成就，介绍了其发展历程以及用于测算计量的工具。

4. 优化

今后本小组将继续以这一系列的风格，对中国古代自然科学知识进行可视化信息图形设计，将结合多种展览方式，运用多媒介、多手段、多技术、多领域进行线上线下的广泛推广，继承与发扬传统文化，让人们以更加简洁易懂的方式获取古代自然科学知识。

设计方案

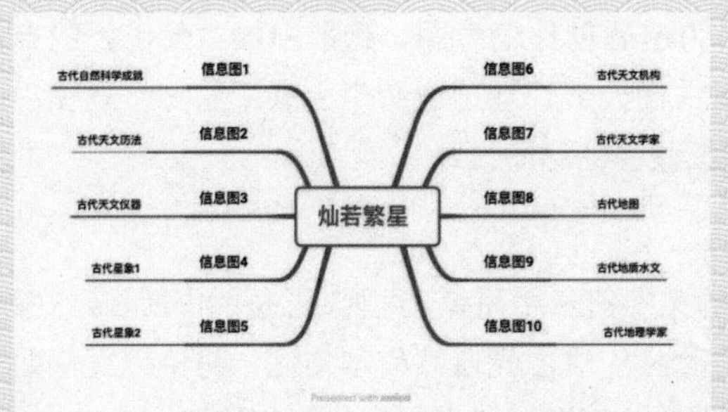

本作品将晦涩的古书文字进行可视化科普，从普通人的角度出发，化繁为简，增强国人自然科学领域知识面。即使看过即忘，但能记住那种穿越时空与古人共鸣的感觉，其历史独有的美感可以让读者直甘之如饴，产生继续深入学习的兴趣。

思维导图

草图设计（最初）

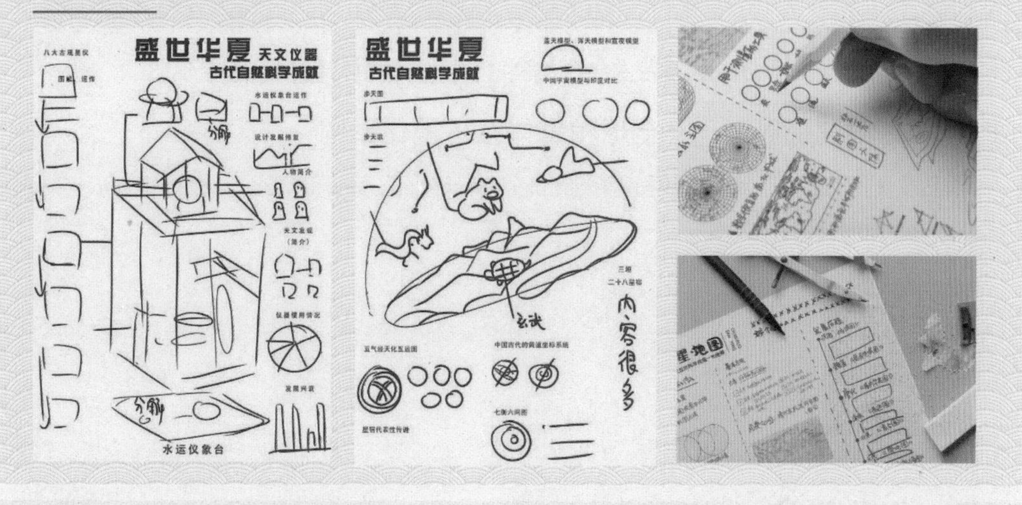

草图设计（最终）

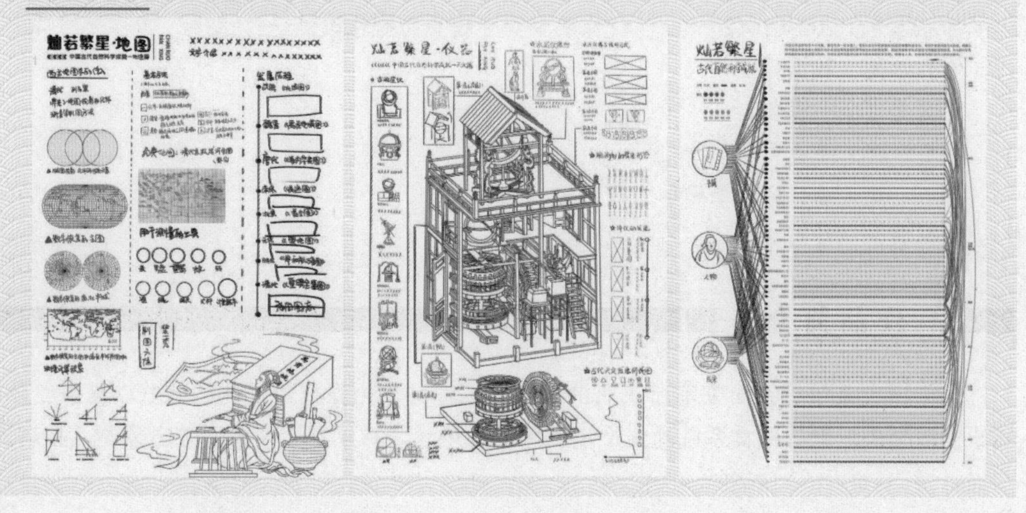

设计重点、难点

1. 设计重点

（1）传统与现代融合：在设计风格上，将传统文化以现代化的风格展现，视觉表现力更好；

（2）内容简洁直观：将大量的文字信息用简单、直观、快速形象的图的形式展现；

（3）内容来源严谨：信息图的资料整合上我们很严谨，翻阅大量古画与典籍，确保资料的准确；

（4）活用黄金比构图和软件再处理技术：在信息图中我们活用黄金比构图和计算机软件再处理技术，展现理性思维。

2. 设计难点

（1）科普古代自然科学知识：很多人并不了解古代自然科学知识，因此我们想用信息图为大家展示；

（2）文化的保护与传承：优秀的传统文化需要发扬继承，我们想通过此创作让更多人了解我国优秀的传统文化，希望我们的作品可以有更多应用价值和积极传播，而不是停留在设计表面；

（3）增强民族自信：在回溯完古代自然科学知识的同时，增强民族自信。

12.4.17 “粮食视界”——全球粮食体系可视化系统

作品文档下载（二维码、网址）：https://www.51eds.com/tdjy/courseDetail/searchCourseDetail.action?courseId=692

作品信息

作品编号：2023016127　　　　作品大类：信息可视化设计

作品小类：数据可视化

获得奖项：一等奖

参赛学校：东南大学

作　　者：周楚翘、李昊玥、师俊璞

指导教师：沈军

作品简介

全球粮食系统正在面临前所未有的挑战，本作品使用数据可视化的方式，从供给侧、需求侧清晰展示世界粮食系统的生产情况和潜在风险，并建立数学模型做出预测，具有现实意义和参考价值。

在当前世界经济快速发展和人口爆炸的趋势下，全球粮食供应的情况越来越受到社会关注，尤其是当今全球粮食生产面临着诸多挑战和隐患，如天气、自然灾害、资源紧缺以及政治等不稳定的因素。因此，我们的数据可视化系统旨在为人们提供直观、实时和全面的粮食数据信息和分析，有助于各方面对粮食生产和供应链进行有效的管理、调整和改进。

除此之外，我们的系统可以提供各种粮食相关的数据和分析，如产量、种植地点等。交互式数据可视化技术的使用，使得用户可以根据时间范围、地理位置、类型等多个维度筛选和分析数据信息。与此同时，我们还可以为用户提供自定义查询和生成粮食数据图表的服务，以便用户自由选择所需显示的粮食数据信息内容。

本系统包括了多种工具和图表来帮助用户更好地理解全球粮食数据。例如，我们可以使用地图图表，显示全球各个国家和地区的产量差异；可以使用折线图，显示全球不同地区的粮食供应和需求的变化趋势等。除此之外，我们的系统还提供预测和趋势分析，以及实现对于实时报告的支持，方便用户随时掌握最新的粮食市场动态。

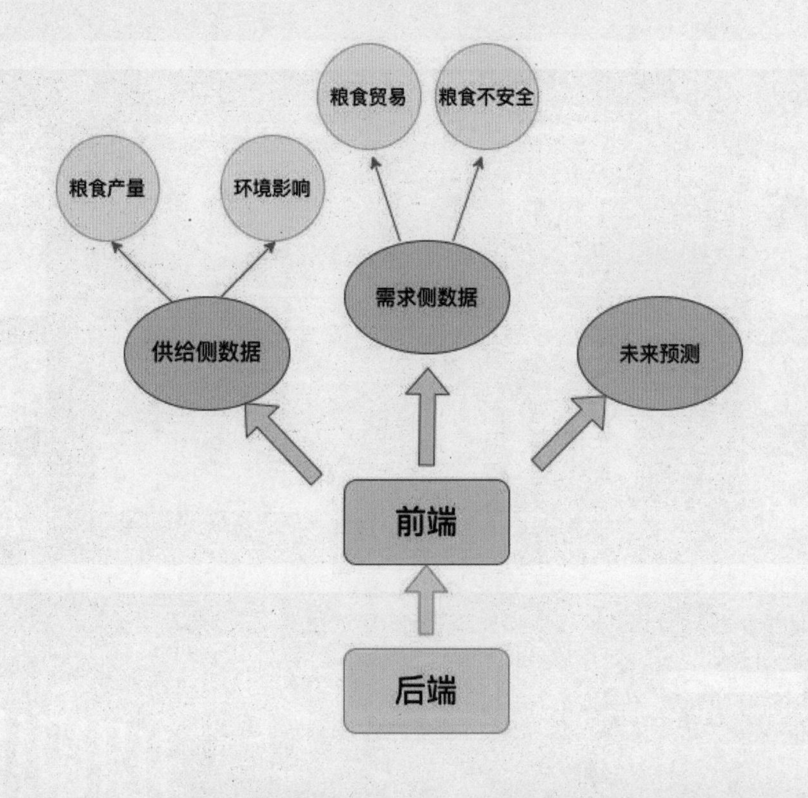

安装说明

本项目最终打包发布部署在云服务器上，公网 IP:120.27.235.189，在浏览器中输入网址 http://120.27.235.189:8080/food_version_world/index.html#/home 即可访问该项目。

粮食
视界

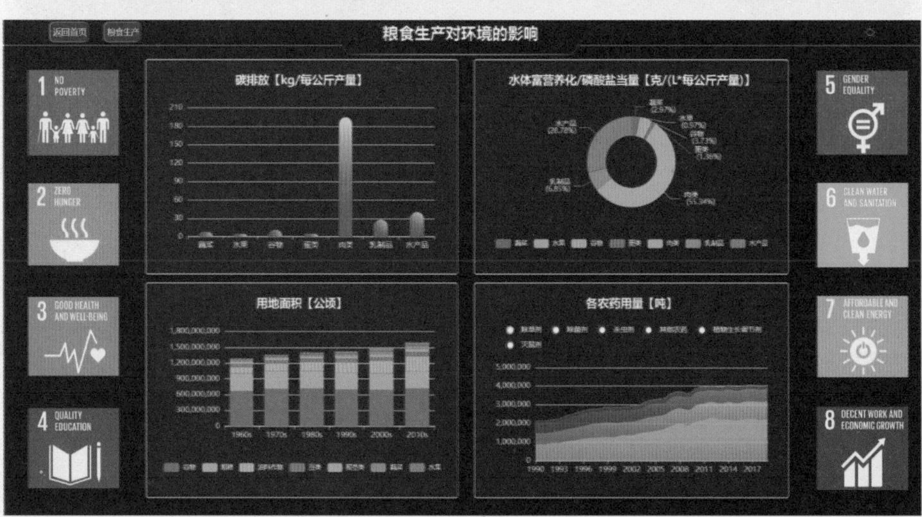

返回首页
粮食生产
粮食生产对环境的影响
碳排放【kg/每公斤产量】
水体富营养化/磷酸盐当量【克/(L*每公斤产量)】
用地面积【公顷】
各农药用量【吨】
1 NO POVERTY
2 ZERO HUNGER
3 GOOD HEALTH AND WELL-BEING
4 QUALITY EDUCATION
5 GENDER EQUALITY
6 CLEAN WATER AND SANITATION
7 AFFORDABLE AND CLEAN ENERGY
8 DECENT WORK AND ECONOMIC GROWTH

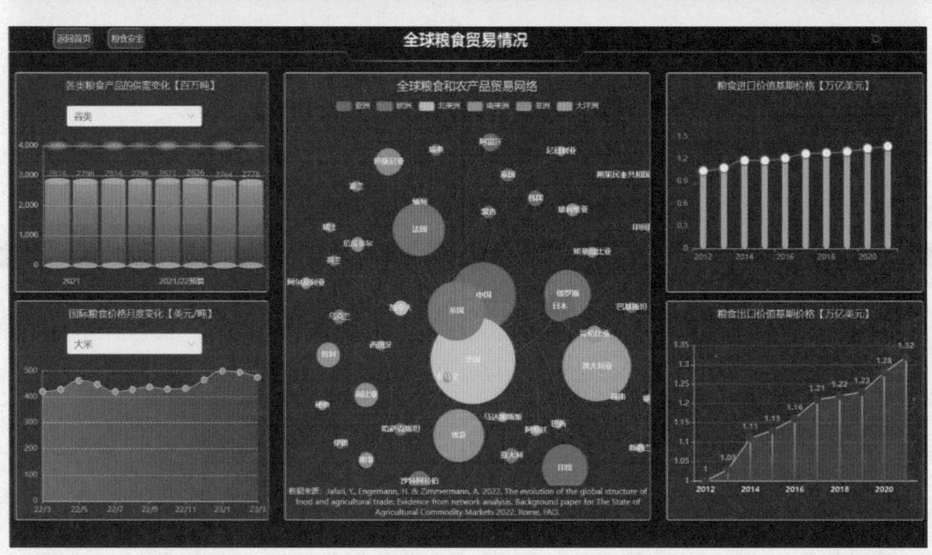

返回首页
粮食安全
全球粮食贸易情况
各类粮食产品的供需变化【百万吨】
谷类
国际粮食价格月度变化【美元/吨】
大米
全球粮食和农产品贸易网络
粮食进口价值基期价格【万亿美元】
粮食出口价值基期价格【万亿美元】

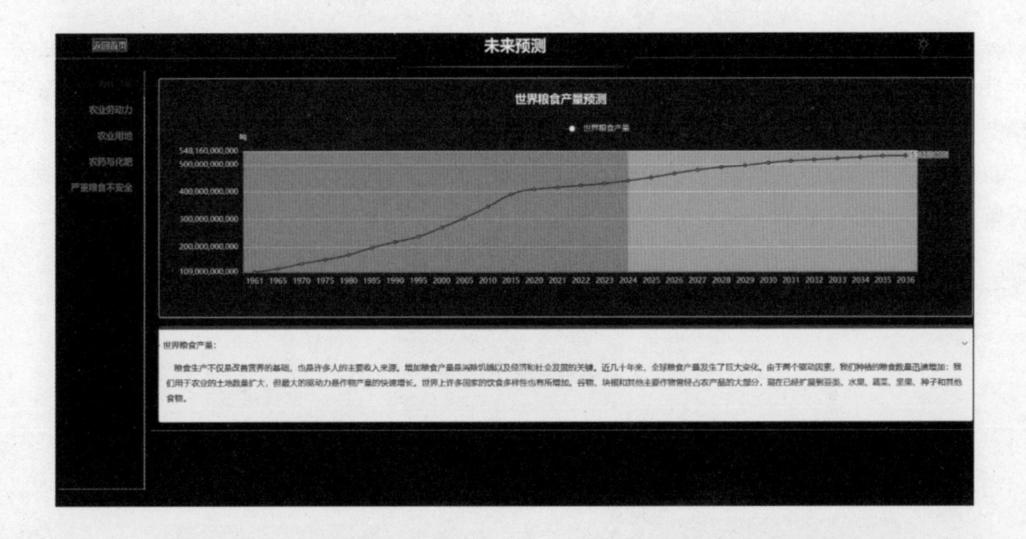

设计思路

1. 网页系统架构

本系统总体框架分为前端和后端，前端用来展示数据图表，后端用来存储数据以及处理前端的请求，从而减少各组件间的依赖性，提高系统的流畅性。前端和后端的通信方式为前端向后端发送请求，后端经处理后返回前端相应的数据以绘制图表。

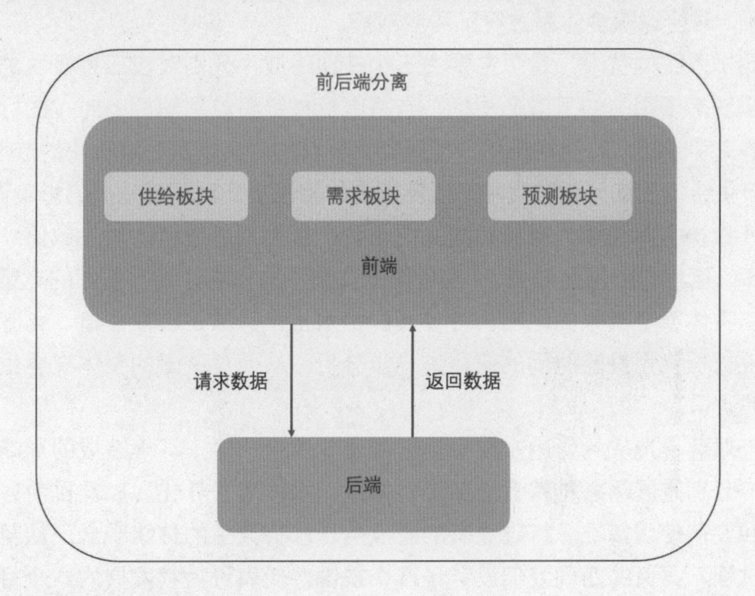

2. 网页设计模式

本系统采用 MVC 设计模式，分为 View、Controller、Model 模块。View 模块位于前端，主要用于页面显示与人机交互，并向 Controller 发送请求，接收并展示控制器处理后的结果；Controller 模块用于选择处理模型和选择视图；Model 模块用于处理业务逻辑以及处理数据，并返回处理结果。

以下例子详细分析 MVC 工作流程。例如，在“儿童营养不良比例图表中”，用户与

View 模块进行交互，点击按钮选择柱状图的显示方式，向 Controller 请求具有代表性的六个儿童营养不良比例最高国家的数据；Controller 根据请求的柱状图图表类型以及图表名称选择相应的 Model，并获取该 Model 数据；Model 将处理后的结果返回给 Controller，由 Controller 进行数据汇总，再由统一接口向 View 模块进行传输，最后由 View 对结果数据进行响应并在界面中显示。

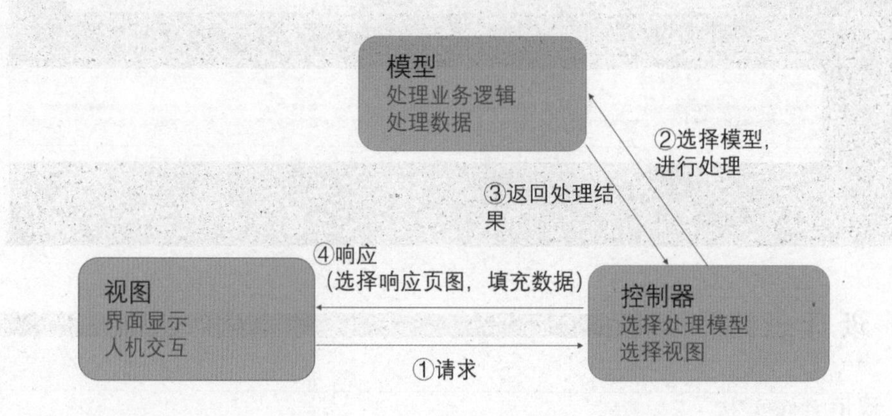

3. 网页设计板块

本系统的数据可视化主要展示三个板块的数据，分别从供给侧、需求侧以及未来预测三个角度入手，对全球粮食体系进行了深度剖析。

首先介绍本系统的首页。首页主要由三个按钮组成，分别对应三大板块的入口。按钮初始显示为板块高度相关的五边形图标，当将鼠标指针移动到图标上时，图标会自动翻转为对应板块的文字介绍，方便系统用户理解三大板块的内容以及后续板块的选择。

（1）生产供给侧又细分为粮食生产以及衍生的相关生产对环境造成的影响两个小板块。

粮食生产板块主要视图为世界各国主要粮食产量图，通过色条对应数值（其中色条红色代表产量多，蓝色代表产量较少），在地图上突显不同作物在世界各国的产量差异。同时可以通过点击具体某个国家的地图，对该国的粮食生产总量、农业总值、化肥用量、农业用量以及农业机械化用量随时间的变化进一步分析，从而对该国的整体农业生产有较为全面以及深刻的认识。

相关生产对环境造成的影响主要侧重于展示农业生产对于环境造成的影响。主要从两个方面展开，分别是展示各种粮食造成的碳排放、水体富营养化，以及目前各种食物生产的占地面积和农药使用情况。打破原有的农业生产优势为主的传统观念，从新的视角展示农业的生产过程。页面的四周我们设计了八个按键，代表可持续发展的八个目标，点击按键会出现弹出框，解释八个目标的具体内容。

（2）第二大板块为需求侧数据可视化界面，需求侧数据聚焦粮食贸易以及当今世界上存在的粮食短缺和粮食不安全问题。

粮食贸易板块主要视图为全球粮食和农产品贸易网络图，通过不同大小的圆圈和牵引线展示世界主要的粮食贸易中心，以及国家间主要的粮食贸易关系。四周展示了世界各类粮食产品的供需变化、国际粮食价格月度变化、粮食进口价值基期价格以及出口值基价，便于粮食交易者选择合适的交易时间和交易地点。

除了粮食贸易外，我们放眼全世界粮食不安全问题。在这个板块中，我们通过可以动态地展示世界各国粮食不足的人口比例；除此之外，我们同样关心粮食不足引起的营养不良以及其他疾病的人口比例，致力于让更多人认识到全球粮食系统的困境，齐心协力攻克难关。

（3）第三大板块为未来预测板块，在这个板块中，我们预测了世界粮食产量、农业用地、农药和化肥的使用量、农业劳动力数量以及处于粮食不安全状态下的人数的发展趋势，我们使用机器学习分析影响上述指标的因素，建立数学模型，使用过去 60 年的数据作为测试集，测得模型的误差约为 2.5%，较为精确，对政策制定者来说，本部分的数据具有参考价值。

设计重点、难点

1. 如何增加用户体验感——交互事件的及时响应和跨组件文件的协调问题

为了给予使用者更好的图形界面交互体验，我们设计了较多点击响应和图表数据切换效果。这需要对交互事件进行细致分类和变量跟踪，规划不同交互情况下的响应函数。为此，我们特地采用异步方式（async，await）获取数据，这样就可以在中间件里以较高的优先级获取数据进行响应。

关于跨组件的协调问题，需要进行组件间参数传递。我们一开始试图使用 props 父子组件传参法，由于本项目使用了较多组件文件，结构关系较为复杂，此法会使得代码过于复杂且难以管理。为此我们引入 Vuex 状态管理库，在 store 的 index.js 文件中按需定义 state 变量和 mutations 函数。Vuex 是项目级别的组件，各组件都可以通过调用相关的函数访问和修改 state 变量，进而实现地图下钻时周围图表数据实时切换。

然而实际操作时遇到了 echarts 图表渲染函数 setOption() 在组件生命周期中默认只执行一次的问题，导致图表无法实时切换。此时可以引入 watch() 函数监听 state 变量的变化情况，再次调用 setOption 渲染函数重绘图表即可实现同步响应。

2. 如何在黑暗和明亮的环境中带给用户更佳的视觉体验——深色浅色模式的全局切换问题

目前，适配深色模式已经成为网页设计的一个主流趋势，我们也为可视化网页设计了这一功能，以提高网页的观感，满足用户在不同使用场景下的使用需求。

在具体实现时，我们发现在 template 中定义的内容默认是无法响应切换的，为此我们为需要变化的层次单元添加上 style 类名，在 computed 计算属性的响应函数中根据 Vuex 变量判断 style 是否改变，进而实现深 / 浅模式的准确切换。

12.4.18 六诀邈思

作品文档下载（二维码、网址）：https://www.51eds.com/tdjy/courseDetail/searchCourseDetail.action?courseId=692

作品信息

作品编号：20230498282　　　　作品大类：计算机音乐创作

作品小类：原创歌曲类专业组

获得奖项：一等奖

参赛学校：中国传媒大学

作　　者：耿楚萱

指导教师：王铉

作品简介

“邈思”即遐想，歌曲《六诀邈思》以“药王”孙思邈及其“嘘呵呬吹嘻呼”——“六字诀”为创作核心展开想象与延伸，意在通过写意化的表达方式传递作者的理解与感受。

安装说明

无须安装。

演示效果

编曲工程截图：

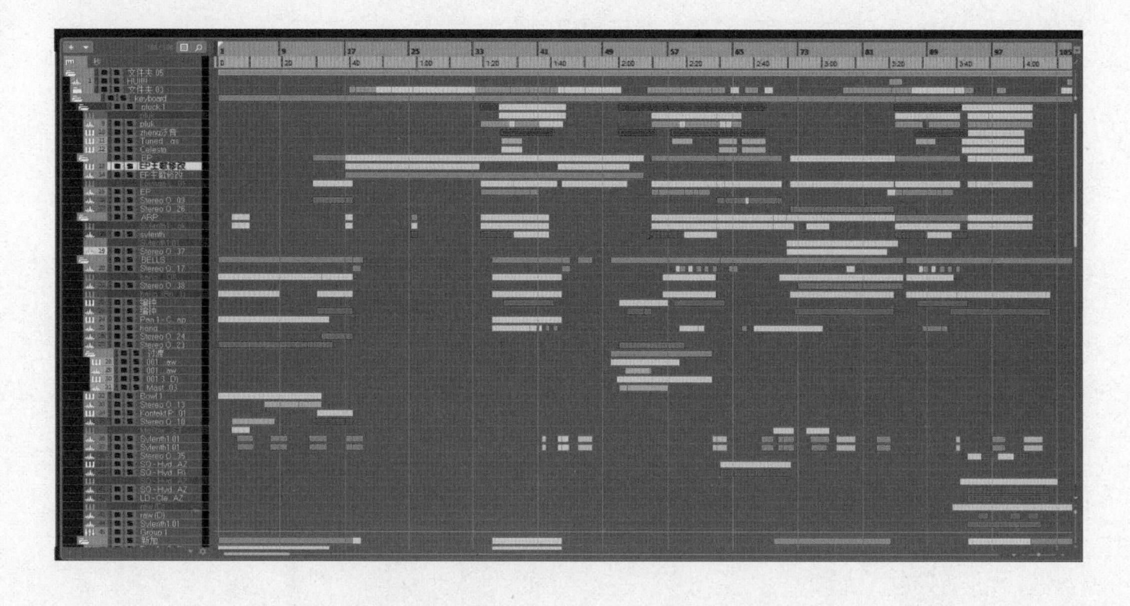

录音工程截图：

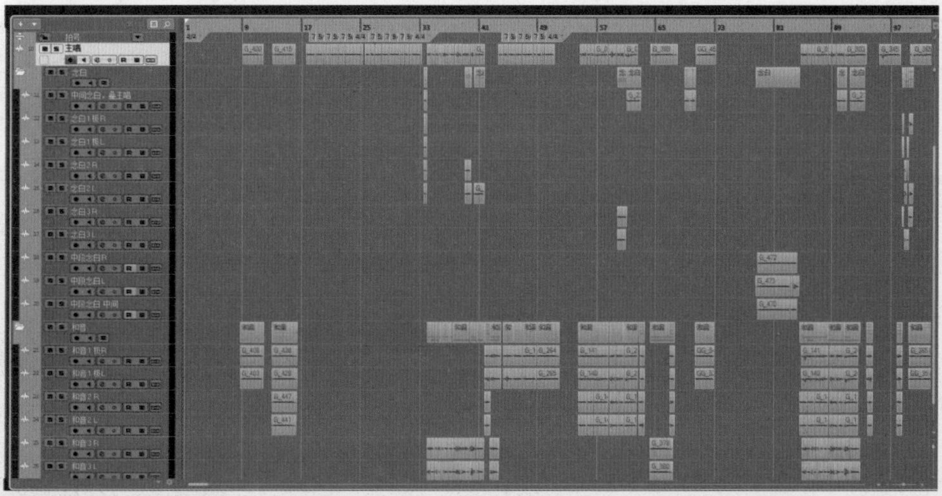

打击组轨道集合截图：

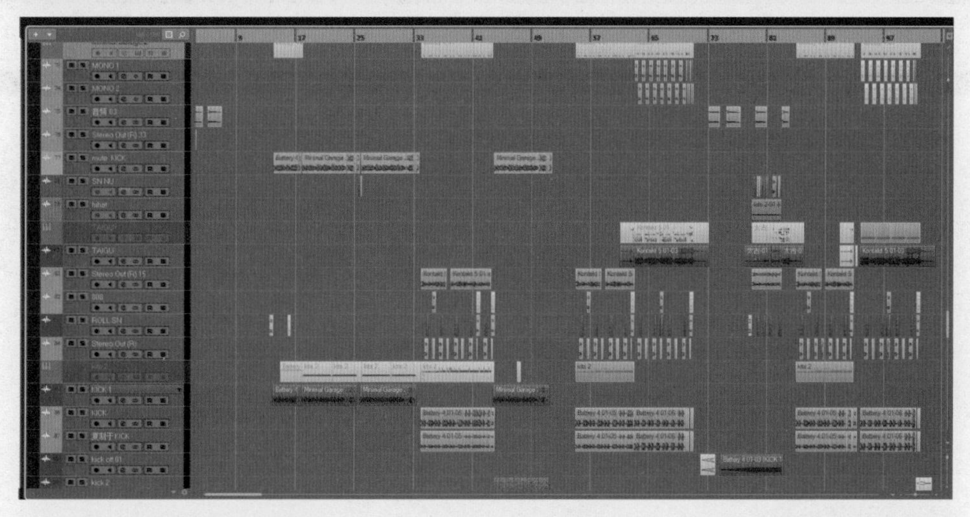

器乐段合成贝斯组合截图：

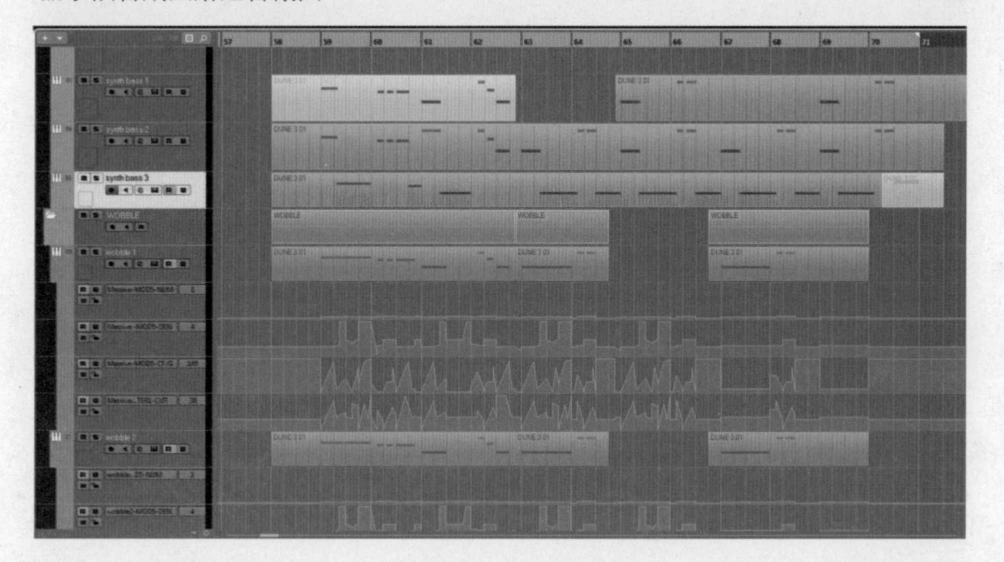

“药”字人声音效组合截图：

设计思路

1. 歌词设计思路

歌词整体可分为主歌、副歌两部分，主歌简述“药王”孙思邈，副歌则是提取自孙思邈的《卫生歌》并加以改编，突出“嘘呵呬吹嘻呼”——“六字诀”，并以此延伸出“平安”一词作为另一“题眼”，贯穿全曲，与主题相互映照。

《六诀邈思》歌词主体如下：

你在
五岩石刻下圣言
踏过了万水千山
寻遍那百草繁花
你似
悬壶济世的神仙
驭一虎救了人间
逍遥隐终南
你说
春嘘明目
夏呵心
秋呬
冬吹宁肾肺
三焦嘻却除了热烦
四季常呼保平安
平安

2. 歌曲风格及编曲配器设计思路

《六诀邈思》的人声旋律及唱腔具有明显的“中国五声化”特征，但编曲层面的设计则更偏向于融合性的电子音乐，除去部分中国大鼓、太鼓、古筝泛音音色及旋律色彩性打击乐器外，始终未加入传统化的民族乐器，意在形成伴奏音乐与人声之间的对比及反差，从而以一种更加写意的方式传递歌词意境，表达作者自身的想象与思考。

设计重点、难点

1. 歌曲结构及和声设计

结构		小节数	调式调性
前奏	I	13	a多利亚调式
	II	4	
主歌	A1	8	a多利亚调式
	A2	8	
副歌	A1	8	a自然小调
	连接1	2	
主歌	A3	8	a多利亚调式
	连接2	3	
副歌	B2	8	a自然小调
器乐段1		8	a多利亚调式
间奏		14	a多利亚调式
副歌	B3	8	a自然小调
	连接3	1	
器乐段2		8	a自然小调
尾奏		6	a自然小调

如上图所示，《六诀邈思》在常规歌曲“主 - 副歌”的循环之下，融入了更多的器乐化结构思维，人声与伴奏交替互为主体，以求在结构层面形成一定的对比与张力。而和声层面全曲调性为 a，调式则在自然小调及多利亚调式之间反复切换，副歌结尾处还特意设计了游离于调式调性之外的，从小属和弦的同中音大三和弦到主和弦的和声进行，形成色彩性的终止处理。

2. 歌曲节奏设计

《六诀邈思》整体律动为电子乐常规的 4/4 拍，但在歌曲的主歌段落特意将其重音规律打破，形成了“7/8+9/8”的“奇数拍”律动循环，如下谱例所示：

3. 歌曲声音设计

（1）人声声音设计

歌曲《六诀邈思》中所有人声类声音均为作者自身演唱采样，或使用合成器、声码器调制而成，以歌曲中的“药”字音效举例，如下图所示：

该音效是由上图五轨叠加设计而成。上方蓝色为作者使用 Massive 合成器自己设计出的一个接近“Yao”字发音的音效，最下方紫色轨道为作者自己的人声采样，上方黄色轨道为使用 iZotope VocalSynth 2 对下方采样进行调制后导出的电子化人声，以上五轨相互叠加，从而形成贯穿全曲的“药”字音效，且每一次出现，五轨之间的音量比例亦略有不同。

（2）电子音色设计

歌曲《六诀邈思》作为明显具有电子化风格倾向的作品，其中大量使用了合成器类的电子音色，以其器乐段中的贝斯音色设计为例，如下图所示：

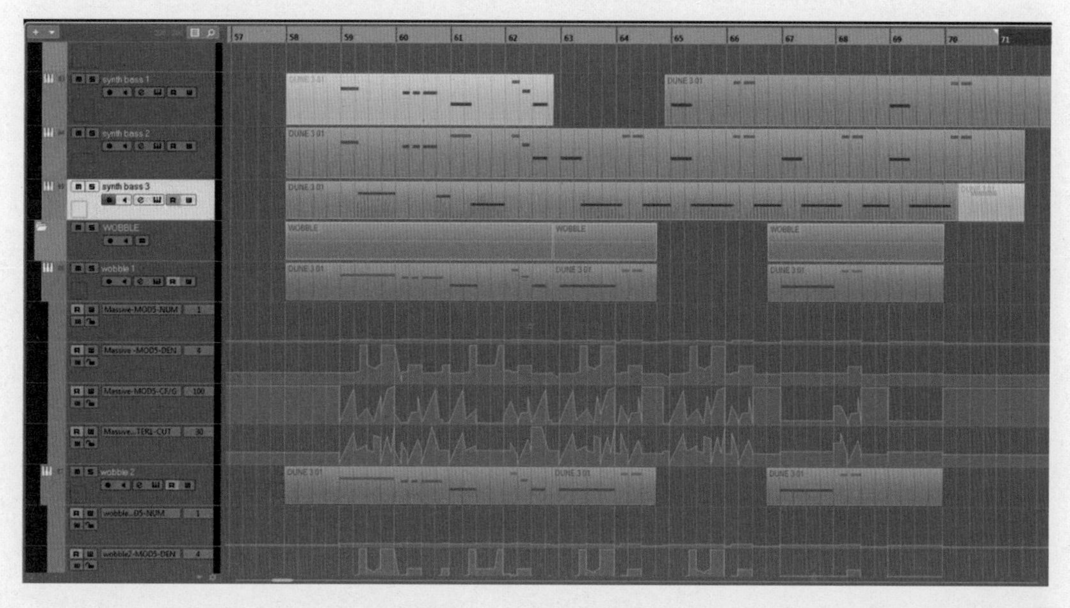

该音色是由左图五轨音色联合而成。上方绿色三轨道使用 Dune 3 合成器，主要为交替关系，并在“synthbass 3”轨道中激活“cut off”旋钮，利用 MIDI 的 CC1 控制器形成节奏性的音色变化。下方蓝色两轨为 Massive 合成器中的 wobble 类音色，二者极左极右掰开，并通过自动化包络线对其进行了细致的节奏及声音设计，同时与上方三轨相互叠加，形成贝斯声部的混合音色。